近世代数

（第三版）

朱平天　李伯葓　邹　园　编

科学出版社

北　京

内 容 简 介

本书是根据近世代数教学大纲的要求编写的. 全书分为4章:第1章讲基本概念,它是后面各章的基础;第2章介绍群的基本理论;第3章介绍环的基本理论;第4章专门讲整环里的因子分解. 这次再版在总体框架不变的前提下对个别地方的表述作了修改,使其更加严谨通俗,同时增加了一些习题,以利于读者能更深入地理解近世代数的理论与思维方法.

本书可作为师范院校数学教育专业(包括全日制、函授、夜大等)本科学生学习近世代数的教材,也可供从事代数、数论、几何、函数、计算机等的专业人员或教师作为参考书.

图书在版编目(CIP)数据

近世代数/朱平天,李伯葓,邹园编. —3版. —北京:科学出版社,2022.1

ISBN 978-7-03-070162-6

Ⅰ.①近… Ⅱ.①朱… ②李… ③邹… Ⅲ.①抽象代数-高等学校-教材 Ⅳ.①O153

中国版本图书馆CIP数据核字(2021)第213993号

责任编辑:张中兴 梁 清/责任校对:杨聪敏
责任印制:霍 兵/封面设计:蓝正设计

科 学 出 版 社 出版
北京东黄城根北街16号
邮政编码:100717
http://www.sciencep.com

石家庄继文印刷有限公司 印刷
科学出版社发行 各地新华书店经销

*

2001年8月第 一 版 开本:B5(720×1000)
2009年2月第 二 版 印张:10 3/4
2022年1月第 三 版 2023年11月第三十次印刷
字数:210 000

定价: 32.00元

(如有印装质量问题,我社负责调换)

前　言

近世代数是以讨论代数体系的性质与构造为中心的一门学科.它是现代科学各个分支的基础,而且随着科学技术的不断进步,特别是计算机的发展与推广,近世代数的思想、理论与方法的应用日臻广泛,现已渗透到科学领域的各个方面与实际应用的各个部门.目前,在高等学校相关系科都开设了近世代数这门课程.作为高等学校数学系本科生,近世代数是必修课程.

近世代数内容丰富,在高校不可能全部讲授,本书根据近世代数的教学大纲、教学时数和高等学校学生的实际需要,选取了近世代数的基本概念和基本理论的内容编写而成.全书以群、环理论为重点,将域的扩张理论适当压缩并入环论中,既丰富了内容,又精简了章节,可以在规定的80学时左右讲授完.

在全书编写过程中,我们努力做到突出重点,精选典型例题,叙述简明扼要,运用新的符号,内容编排由浅入深符合认识规律,加强基本训练.为了培养学生掌握和运用知识的能力,每节后都配有习题,每章后有复习题,书末还附有习题解答或提示,便于自学者参考.

本教材是从1996年开始编写的,1997年完成初稿,经我校以及有关兄弟院校试用4年,其间,校内外代数专家们提出了许多宝贵意见,数易其稿.这其中包含了南京师范大学数学系代数组几代人的科研成果与教学经验,是集体创作的结晶.随着我们认识的不断提高和教育改革的不断深入,我们也将不断修订使之更臻完善,敬请各位专家和广大读者在使用中提出宝贵的意见.

本教材在编写过程中,得到系领导和出版社大力支持,以及同行专家关心,谨此致谢.

编　者

2001年7月

目　　录

第1章　基本概念

本章中介绍的一些基本概念是数学各个分支的基础,也是学习本书后面各个代数体系的必备知识.

1.1　集　　合

集合是近代数学上最基本的概念之一,它指由一些事物所组成的一个整体.

集合通常用大写拉丁字母 $A,B,C,\cdots$ 表示. 特别,粗体 $\mathbf{C}$ 表示复数集,粗体 $\mathbf{R}$ 表示实数集,粗体 $\mathbf{Q}$ 表示有理数集,粗体 $\mathbf{Z}$ 表示整数集,粗体 $\mathbf{N}$ 表示自然数集,又 $\mathbf{C}^*$ 表示非零复数集,$\mathbf{R}^+$ 表示正实数集,$\mathbf{R}^-$ 表示负实数集, $2\mathbf{Z}$ 表示偶数集,其余类同.

组成一个集合的各个事物称为这个集合的元素,通常用小写拉丁字母 $a,b,c,\cdots$表示. 当 a 是集合 A 的元素时,称为 a 属于 A,记作“$a\in A$”;当 a 不是集合 A 的元素时,称为 a 不属于 A,记作“$a\notin A$”或“$a\overline{\in} A$”.

不含任何元素的集合称为空集,记作“$\varnothing$”. 由全部元素所组成的集合称为全集,记作“U”.

包含有限个元素的集合称为有限集,否则称为无限集. 有限集 A 所包含的元素个数是一个非负整数,记作$|A|$. 特别,$|\varnothing|=0$.

表示一个集合的方法通常有两种. 一种是列举法,即列出它的所有元素,并且用一对花括号括起来. 例如包含两个整数$-1,3$ 的集合 S 记作

$$S=\{-1,3\}.$$

另一种是描述法,即用它的元素所具有的特性来刻画,例如

$$T=\{x \mid x^2-2x-3=0\}$$

表示 T 是由方程 $x^2-2x-3=0$ 的根所组成的集合. 又如

$$\left\{\frac{a}{b}\,\middle|\, a,b\in\mathbf{Z},b\neq 0\right\}$$

表示有理数集 $\mathbf{Q}$,而

$$\{a+bi \mid a,b\in\mathbf{R}\}$$

表示复数集 $\mathbf{C}$.

在本书中,有一些语句经常出现,为了简便,现引用一些逻辑符号予以表达.

“对于任意 $a\in A$”表示为“$\forall a\in A$”，“存在一个 $a\in A$”表示为“$\exists a\in A$”，“存在唯一的 $a\in A$”表示为“$\exists !\ a\in A$”. 设 P,Q 是两个命题，“若 P 成立，则 Q 成立”表示为“$P\Rightarrow Q$”，“P 成立当且仅当 Q 成立”表示为“$P\Leftrightarrow Q$”.

定义 1.1　设 A,B 是两个集合.

(1) 若

$$\forall a \in A\Rightarrow a \in B,$$

则称 A 是 B 的子集，B 是 A 的扩集，或 A 包含于 B，B 包含 A，记作“$A\subseteq B$”或“$B\supseteq A$”. 当 A 不是 B 的子集时，记作“$A\not\subseteq B$”.

(2) 若 $A\subseteq B$，且 $\exists b\in B$，而 $b\notin A$，则称 A 是 B 的真子集，记作“$A\subset B$”或“$B\supset A$”. 例如，对于任何集合 A，都有 $A\subseteq A$. 又如，$\{1,2\}\subset\{1,2,3\}$.

空集 $\varnothing$ 是任何集合 A 的子集.

集合的包含关系具有下列性质：

(1) 自反性：对于任意的集合 A，有 $A\subseteq A$；

(2) 传递性：若 $A\subseteq B$，$B\subseteq C$，则 $A\subseteq C$.

定义 1.2　设 A,B 是两个集合，若 $A\subseteq B$，且 $B\subseteq A$，则称 A 与 B 相等，记作“$A=B$”.

两个相等的集合包含相同的元素. 例如上面列出的两个集合 S 与 T 相等.

设 A 是一个给定的集合，由 A 的全体子集所组成的集合称为 A 的幂集，记作 2^A. 例如，设 $A=\{1,2,3\}$，则

$$2^A = \{\varnothing,\{1\},\{2\},\{3\},\{1,2\},\{1,3\},\{2,3\},A\}.$$

下面讨论集合的运算.

定义 1.3　设 A,B 是全集 U 的两个子集.

(1) 由 A 或 B 中所有元素所组成的集合称为 A 与 B 的并，记作“$A\cup B$”，即

$$A \cup B = \{x \mid x \in A \text{ 或 } x \in B\}.$$

(2) 由 A 与 B 的所有公共元素所组成的集合称为 A 与 B 的交，记作“$A\cap B$”，即

$$A \cap B = \{x \mid x \in A \text{ 且 } x \in B\}.$$

(3) 在全集 U 中取出 A 的全部元素，余下的所有元素所组成的集合称为 A 的余，记作“A'”，即

$$A' = \{x \mid x \in U, x \notin A\}.$$

特别

$$U' = \varnothing,\quad \varnothing' = U.$$

例 1　设 $U=\{x\mid 2\leqslant x\leqslant 10, x\in\mathbf{Z}\}$，$A=\{2,4,6,8\}$，$B=\{2,3,5,7\}$，则

$$A \cup B = \{2,3,4,5,6,7,8\}, \quad A \cap B = \{2\},$$
$$A' = \{3,5,7,9,10\}, \quad B' = \{4,6,8,9,10\}.$$

集合的上述三种运算具有下列性质.

定理 1.1 设 A,B,C 是集合 U 的三个子集,则有

(1) 交换律:$A \cup B = B \cup A, A \cap B = B \cap A$;

(2) 结合律:$(A \cup B) \cup C = A \cup (B \cup C)$,
$(A \cap B) \cap C = A \cap (B \cap C)$;

(3) 分配律:$A \cup (B \cap C) = (A \cup B) \cap (A \cup C)$,
$A \cap (B \cup C) = (A \cap B) \cup (A \cap C)$;

(4) 模 律:若 $A \subseteq C$,则 $A \cup (B \cap C) = (A \cup B) \cap C$;

(5) 幂等律:$A \cup A = A, A \cap A = A$;

(6) 吸收律:$A \cup (A \cap B) = A \cap (A \cup B) = A$;

(7) 两极律:$A \cup U = U, A \cap U = A$,
$A \cup \varnothing = A, A \cap \varnothing = \varnothing$;

(8) 补余律:$A \cup A' = U, A \cap A' = \varnothing$;

(9) 对合律:$(A')' = A$;

(10) 对偶律:$(A \cup B)' = A' \cap B', (A \cap B)' = A' \cup B'$.

证 我们证明(4)作为例子,其余留给读者练习.

$\forall x \in A \cup (B \cap C)$,有 $x \in A$ 或 $x \in B \cap C$. 当 $x \in A$ 时,有 $x \in A \cup B$,又因为 $A \subseteq C$,所以 $x \in C$,从而 $x \in (A \cup B) \cap C$;当 $x \in B \cap C$ 时,有 $x \in B$ 且 $x \in C$,于是 $x \in A \cup B$ 且 $x \in C$,从而 $x \in (A \cup B) \cap C$. 由此推出,$A \cup (B \cap C) \subseteq (A \cup B) \cap C$.

反之,$\forall x \in (A \cup B) \cap C$,有 $x \in A \cup B$ 且 $x \in C$,于是"$x \in A$ 或 $x \in B$",且 $x \in C$,所以 $x \in A$,或"$x \in B$ 且 $x \in C$",从而 $x \in A \cup (B \cap C)$. 由此推出,$(A \cup B) \cap C \subseteq A \cup (B \cap C)$.

因此,$A \cup (B \cap C) = (A \cup B) \cap C$.

两个集合的并、交的概念可以推广到任意多个集合的情形. 设 I 是一个下标集,$A_i (i \in I)$ 是集合 U 的子集,定义集合族 $\{A_i \mid i \in I\}$ 的并为

$$\bigcup_{i \in I} A_i = \{x \mid \exists i \in I, x \in A_i\},$$

集合族 $\{A_i \mid i \in I\}$ 的交为

$$\bigcap_{i \in I} A_i = \{x \mid \forall i \in I, x \in A_i\}.$$

特别,当下标集 $I = \varnothing$ 时,规定:

$$\bigcup_{i \in I} A_i = \varnothing, \quad \bigcap_{i \in I} A_i = U.$$

对于 U 的任意子集 B,下列两个等式成立:

$$B \cup (\bigcap_{i\in I} A_i) = \bigcap_{i\in I} (B \cup A_i), \quad B \cap (\bigcup_{i\in I} A_i) = \bigcup_{i\in I} (B \cap A_i).$$

例 2　设 A,B 是全集 U 的两个子集,证明:若 $A\cup B=U$,$A\cap B=\varnothing$,则$B=A'$.

证　因为

$$\begin{aligned} A' &= A' \cap U = A' \cap (A \cup B) = (A' \cap A) \cup (A' \cap B) \\ &= \varnothing \cup (A' \cap B) = A' \cap B, \end{aligned}$$

所以

$$A' \subseteq B.$$

又因为

$$\begin{aligned} A' &= A' \cup \varnothing = A' \cup (A \cap B) = (A' \cup A) \cap (A' \cup B) \\ &= U \cap (A' \cup B) = A' \cup B, \end{aligned}$$

所以

$$B \subseteq A'.$$

因此 $A'=B$.

又证　$\forall b\in B$,因为 $A\cap B=\varnothing$,所以 $b\notin A$,于是 $b\in A'$,从而 $B\subseteq A'$. 反之,$\forall a'\in A'$,则 $a'\notin A$,而 $a'\in U$,即 $a'\in A\cup B$,所以 $a'\in B$,从而 $A'\subseteq B$. 因此$A'=B$.

定义 1.4　设 A,B 是全集 U 的两个子集,由属于 A 而不属于 B 的所有元素所组成的集合称为 B 在 A 中的余,记作"$A\backslash B$",即

$$\begin{aligned} A\backslash B &= \{x \mid x \in A \text{ 且 } x \notin B\} \\ &= \{x \mid x \in A \text{ 且 } x \in B'\} = A \cap B'. \end{aligned}$$

特别,

$$U\backslash A = A'.$$

例如,对于例 1 中的集合 A,B,有

$$A\backslash B = \{4,6,8\}, \quad B\backslash A = \{3,5,7\}.$$

例 3　证明:(1) $A\backslash B=\varnothing \Leftrightarrow A\subseteq B$;(2)$A\backslash B=A \Leftrightarrow A\cap B=\varnothing$.

证　(1) 若 $A\backslash B=\varnothing$,则

$$\begin{aligned} A &= A \cap U = A \cap (B \cup B') = (A \cap B) \cup (A \cap B') \\ &= (A \cap B) \cup (A\backslash B) = (A \cap B) \cup \varnothing = A \cap B \subseteq B. \end{aligned}$$

反之,若 $A\subseteq B$,则

$$\begin{aligned} A\backslash B &= A \cap B' = (A \cap B) \cap B' \\ &= A \cap (B \cap B') = A \cap \varnothing = \varnothing. \end{aligned}$$

因此 $A\backslash B=\varnothing \Leftrightarrow A\subseteq B$.

(2) 若 $A\backslash B=A$,则

$$\begin{aligned} A\cap B &= (A\backslash B)\cap B=(A\cap B')\cap B \\ &= A\cap (B'\cap B)=A\cap \varnothing=\varnothing. \end{aligned}$$

反之,若 $A\cap B=\varnothing$,则

$$\begin{aligned} A &= A\cap U=A\cap (B\cup B')=(A\cap B)\cup (A\cap B') \\ &= \varnothing \cup (A\cap B')=A\cap B'=A\backslash B. \end{aligned}$$

因此,$A\backslash B=A\Leftrightarrow A\cap B=\varnothing$.

习　题　1.1

1. 指出下列各命题的真假.

(1) $1\in\{1\}$；　(2) $1\subseteq\{1\}$；　(3) $1=\{1\}$；

(4) $\{1\}\in\{1\}$；　(5) $\{1\}\subseteq\{1\}$；　(6) $\{1\}\in\{1,\{1\}\}$；

(7) $\varnothing\in\{1\}$；　(8) $\varnothing\subseteq\{1\}$；　(9) $\varnothing\subset\{1\}$；

(10) $\varnothing\in\varnothing$；　(11) $\varnothing\subseteq\varnothing$；　(12) $\varnothing\subset\varnothing$.

2. 设 $U=\{a,b,c,d,e,f,g,h\}$,$M=\{a,c,e,h\}$,$N=\{a,d,e,f,g\}$,求 $M\cup N$,$M\cap N$,$M\backslash N$,$N\backslash M$,M',N',$M'\cup N'$,$M'\cap N'$.

3. 设 A,B 是两个集合,若 $A\cap B=A\cup B$,证明:$A=B$.

4. 设 A,B,C 是三个集合,若 $A\cap B=A\cap C$,$A\cup B=A\cup C$,证明:$B=C$.

5. 证明下列三个命题等价:

(1) $A\subseteq B$；　(2) $A\cap B=A$；　(3) $A\cup B=B$.

6. 设 A,B,C 是三个集合,证明:

(1) $A\backslash B=A\backslash (A\cap B)$；

(2) $A\backslash (A\backslash B)=A\cap B$；

(3) $A\backslash (B\cup C)=(A\backslash B)\cap (A\backslash C)$；

(4) $A\backslash (B\cap C)=(A\backslash B)\cup (A\backslash C)$；

(5) $A\cap (B\backslash C)=(A\cap B)\backslash (A\cap C)$；

(6) $(A\backslash B)\cup (B\backslash A)=(A\cup B)\backslash (A\cap B)$.

7. 设 $A=\{x\mid x^2-2x-3=0\}$,写出 A 的幂集 2^A.

8. 设 A 是包含 n 个元素的有限集,求 A 的幂集 2^A 所包含元素个数.

1.2　映　射

映射是在两个集合之间建立的一种联系,它也是近代数学上最基本的概念之一.我们借助通俗的词"法则"来说明映射的含义.

定义 1.5　设 A,B 是两个给定的非空集合,若有一个对应法则 f,使 $\forall a\in A$,

通过 f，$\exists!\ b\in B$ 与其对应，则称 f 是 A 到 B 的一个映射，记作

$$f:A\to B \text{ 或 } A\xrightarrow{f}B.$$

A 称为 f 的定义域，B 称为 f 的值域. b 称为 a 在 f 下的像，a 称为 b 在 f 下的原像，记作 $b=f(a)$ 或 $f:a\mapsto b$.

例 1　设 $A=\{a,b,c\}$，$B=\{1,2,3,4\}$，则

$$f:a\mapsto 1,b\mapsto 2,c\mapsto 3$$

是 A 到 B 的一个映射.

$$g:a\mapsto 2,b\mapsto 2,c\mapsto 2$$

也是 A 到 B 的一个映射. 但是，

$$h:a\mapsto 1,b\mapsto 2$$

不是 A 到 B 的映射，因为 $c\in A$ 在 h 下没有像.

例 2　设 $A=\mathbf{Z}$，$B=\mathbf{N}$，则

$$f:n\mapsto |n|+1,\quad \forall n\in\mathbf{Z}$$

是 $\mathbf{Z}$ 到 $\mathbf{N}$ 的一个映射. 但是，

$$h:n\mapsto |n|,\quad \forall n\in\mathbf{Z}$$

不是 $\mathbf{Z}$ 到 $\mathbf{N}$ 的映射，因为 $0\in\mathbf{Z}$ 在 h 下的像 0 不在 $\mathbf{N}$ 中.

例 3　设 $A=\mathbf{R}^+=\{x\mid x\in\mathbf{R},x>0\}$，$B=\mathbf{R}$，则

$$f:x\mapsto\sqrt{x},\quad \forall x\in\mathbf{R}^+$$

是 $\mathbf{R}^+$ 到 $\mathbf{R}$ 的一个映射. 但是，

$$h:x\mapsto\pm\sqrt{x},\quad \forall x\in\mathbf{R}^+$$

不是 $\mathbf{R}^+$ 到 $\mathbf{R}$ 的映射，因为 $x\in\mathbf{R}^+$ 在 h 下的像不唯一.

例 4　设 $A=B=\mathbf{Z}$，则

$$f:n\mapsto n+1,\quad \forall n\in\mathbf{Z}$$

是 $\mathbf{Z}$ 到 $\mathbf{Z}$ 的一个映射.

例 5　设 A 是一个非空集合，则

$$I_A:x\mapsto x,\quad \forall x\in A$$

是 A 到 A 自身的一个映射，称为 A 的恒等映射(或单位映射).

例 6　设 $A\subseteq B$，则

$$i_A:x\mapsto x,\quad \forall x\in A$$

是 A 到 B 的一个映射，称为 A 到 B 的包含映射.

定义 1.6　设 f 是 A 到 B 的映射.

(1) 若 $S\subseteq A$，则称 B 的子集 $\{f(x)\mid x\in S\}$ 为 S 在 f 下的像，记作 $f(S)$. 特别，

当 $S=A$ 时，$f(A)$称为映射 f 的像，记作 $\mathrm{Im}f$.

(2) 若 $T\subseteq B$，则称 A 的子集$\{x\in A\mid f(x)\in T\}$为 T 在 f 下的完全原像，记作 $f^{-1}(T)$. 特别，当 T 是单元集$\{b\}$时，$f^{-1}(\{b\})$也可记作 $f^{-1}(b)$.

例如，对于例 1 中 A 到 B 的映射 f,g，设 $S=\{a,b\}$是 A 的一个子集，$T=\{2,3,4\}$是 B 的一个子集，则

$$f(S)=\{1,2\},\quad f^{-1}(T)=\{b,c\},$$
$$g(S)=\{2\},\quad g^{-1}(T)=\{a,b,c\}=A.$$

而

$$\mathrm{Im}f=f(A)=\{1,2,3\},\quad f^{-1}(2)=\{b\},\quad f^{-1}(4)=\varnothing,$$
$$\mathrm{Im}g=g(A)=\{2\},\quad g^{-1}(2)=\{a,b,c\}=A,\quad g^{-1}(4)=\varnothing.$$

定义 1.7 设 f 是 A_1 到 B_1 的映射，g 是 A_2 到 B_2 的映射，若 $A_1=A_2$，$B_1=B_2$，且 $\forall x\in A_1$，都有 $f(x)=g(x)$，则称 f 与 g 相等，记作 $f=g$.

例如，设 $A=\{1,2,3\}$，$B=\{1,2,\cdots,16\}$是两个集合，$f:n\mapsto 2^n$，$g:n\mapsto n^2-n+2$ 是 A 到 B 的两个映射. 因为 $f(1)=2=g(1)$，$f(2)=4=g(2)$，$f(3)=8=g(3)$，所以 $f=g$. 但是，如果将 A 改作 $D=\{1,2,3,4\}$，并把 f,g 看作 D 到 B 的映射，因为 $f(4)=16$，$g(4)=14$，所以 $f\neq g$.

定义 1.8 设 A,B,C 是三个集合，f 是 A 到 B 的映射，g 是 B 到 C 的映射，规定

$$h:x\mapsto g(f(x)),\quad \forall x\in A,$$

则 h 是 A 到 C 的映射，称为 f 与 g 的合成(或乘积)，记作 $h=g\circ f$，即

$$(g\circ f)(x)=g(f(x)),\quad \forall x\in A.$$

例 7 设 $A=B=C=\mathbf{R}$，

$$f:x\mapsto x^2,\quad \forall x\in\mathbf{R},$$
$$g:x\mapsto 2x,\quad \forall x\in\mathbf{R}$$

是 $\mathbf{R}$ 到 $\mathbf{R}$ 的两个映射，则它们的合成分别为

$$g\circ f:x\mapsto 2x^2,\quad \forall x\in A,$$
$$f\circ g:x\mapsto (2x)^2,\quad \forall x\in A.$$

由例 7 可见，映射的合成不满足交换律. 但是我们有下面的定理.

定理 1.2 设 $f:A\to B$，$g:B\to C$，$h:C\to D$，则

(1) $h\circ(g\circ f)=(h\circ g)\circ f$(结合律成立)；

(2) $I_B\circ f=f$，$f\circ I_A=f$.

证 (1) 显然，$h\circ(g\circ f)$与$(h\circ g)\circ f$ 有相同的定义域 A，相同的值域 D. 又 $\forall x\in A$，有

$$(h \circ (g \circ f))(x) = h((g \circ f)(x)) = h(g(f(x))),$$
$$((h \circ g) \circ f)(x) = (h \circ g)(f(x)) = h(g(f(x))),$$

因此,$h\circ(g\circ f)=(h\circ g)\circ f$.

(2) 显然,$I_B\circ f$ 与 f 有相同的定义域 A,相同的值域 B. 又 $\forall x\in A$,有

$$(I_B \circ f)(x) = I_B(f(x)) = f(x),$$

因此,$I_B\circ f=f$. 另一式同理可证.

定义 1.9 设 f 是 A 到 B 的一个映射.

(1) 若 $\forall a_1,a_2\in A$,当 $a_1\neq a_2$ 时,有 $f(a_1)\neq f(a_2)$,则称 f 是 A 到 B 的一个单射;

(2) 若 $\forall b\in B$, $\exists a\in A$,使 $f(a)=b$,则称 f 是 A 到 B 的一个满射;

(3) 若 f 既是满射,又是单射,则称 f 是一个双射.

例如,例 1 中的映射 f 是单射但不是满射;g 既不是单射,也不是满射;例 2 中的映射 f 是满射但不是单射;例 3 中的映射 f 是单射但不是满射;例 4 中的映射 f 与例 5 中的映射 I_A 都是双射.

定义 1.10 设 f 是 A 到 B 的一个映射.

(1) 若存在 B 到 A 的映射 g_l,使 $g_l\circ f=I_A$,则称 f 是左可逆映射,称 g_l 是 f 的左逆映射;

(2) 若存在 B 到 A 的映射 g_r,使 $f\circ g_r=I_B$,则称 f 是右可逆映射,称 g_r 是 f 的右逆映射;

(3) 若存在 B 到 A 的映射 g,使 $g\circ f=I_A$, $f\circ g=I_B$,则称 f 是可逆映射,称 g 是 f 的逆映射.

由定义可见,可逆映射一定既是左可逆映射,又是右可逆映射,而且可逆映射 f 的逆映射 g 既是 f 的左逆映射,又是 f 的右逆映射.

例如,例 1 中的映射 f 是左可逆的,它有左逆映射:

$$g_l: 1 \mapsto a, 2 \mapsto b, 3 \mapsto c, 4 \mapsto b.$$

例 2 中的映射 f 是右可逆的,它有右逆映射:

$$g_r: n \mapsto n-1, \ \forall n \in \mathbf{N}.$$

例 4 中的映射 f 是可逆的,它有逆映射:

$$g: n \mapsto n-1, \ \forall n \in \mathbf{Z}.$$

定理 1.3 设 A,B 是两个非空集合,f 是 A 到 B 的一个映射,则下列四个命题等价:

(1) f 是单射;

(2) $\forall a_1,a_2\in A$,当 $f(a_1)=f(a_2)$时,有 $a_1=a_2$;

(3) f 左可逆;

(4) f 左可消,即对任意非空集合 C,C 到 A 的任意映射 h,k,若 $f\circ h=f\circ k$,则 $h=k$.

证 由单射的定义,(1)与(2)是互为逆否命题,从而(1)⇔(2)当然成立. 下面用循环论证方法证明其他结果.

(2)⇒(3). 由(2),$\forall b\in \mathrm{Im}f$ 在 f 下的原像是唯一的,设为 $a\in A$. 其次再取定一个 $a_0\in A$,令

$$g(b)=\begin{cases}a, & \text{当 } b\in \mathrm{Im}f,\text{且 } f(a)=b \text{ 时},\\ a_0, & \text{当 } b\in B\backslash \mathrm{Im}f \text{ 时},\end{cases}$$

则 g 是 B 到 A 的一个映射,而且 $\forall a\in A$,

$$(g\circ f)(a)=g(f(a))=g(b)=a,$$

所以 $g\circ f=I_A$,即 f 是左可逆的.

(3)⇒(4). 若 $f\circ h=f\circ k$. 由(3),存在 f 的左逆映射 $g:B\to A$,使 $g\circ f=I_A$. 于是 $g\circ(f\circ h)=g\circ(f\circ k)$. 由结合律,$(g\circ f)\circ h=(g\circ f)\circ k$. 从而,$I_A\circ h=I_A\circ k$,所以 $h=k$.

(4)⇒(1). 反设 f 不是单射,则 $\exists a_1,a_2\in A$,使 $a_1\neq a_2$,而 $f(a_1)=f(a_2)$. 令 C 是任意非空集合,作 C 到 A 的两个映射 h,k,使 $\forall c\in C$,

$$h(c)=a_1,\quad k(c)=a_2.$$

于是 $h\neq k$,但是 $\forall c\in C$,

$$(f\circ h)(c)=f(h(c))=f(a_1)=f(a_2)=f(k(c))=(f\circ k)(c),$$

所以 $f\circ h=f\circ k$. 这与命题(4)矛盾. 因此 f 是单射.

定理 1.4 设 A,B 是两个非空集合,f 是 A 到 B 的一个映射,则下列四个命题等价:

(1) f 是满射;

(2) $\mathrm{Im}f=B$;

(3) f 右可逆;

(4) f 右可消,即对任意非空集合 C,B 到 C 的任意映射 h,k,若 $h\circ f=k\circ f$,则 $h=k$.

证 由满射与 $\mathrm{Im}f$ 的定义,(1)与(2)显然等价. 下面用循环论证方法证明其他结果.

(1)⇒(3). 由(1),$\forall b\in B$,存在原像 $a\in A$,即 $f(a)=b$. 令

$$g(b)=a,$$

则 g 是 B 到 A 的映射,而且 $\forall b\in B$,

$$(f\circ g)(b)=f(g(b))=f(a)=b,$$

所以 $f\circ g=I_B$，即 f 是右可逆的.

(3)⇒(4). 若 $h\circ f=k\circ f$. 由(3)，存在右逆映射 $g:B\to A$，使 $f\circ g=I_B$. 于是 $(h\circ f)\circ g=(k\circ f)\circ g$. 由结合律，$h\circ(f\circ g)=k\circ(f\circ g)$. 从而，$h\circ I_B=k\circ I_B$，所以 $h=k$.

(4)⇒(1). 反设 f 不是满射，则 $\exists b_0\in B\backslash \mathrm{Im}f$. 令 C 是任意一个包含两个不同元素 c_1,c_2 的集合，作 B 到 C 的两个映射 h,k，使 $\forall b\in B$，

$$h(b)=c_1,\quad k(b)=\begin{cases}c_1,\text{当 } b\neq b_0 \text{ 时},\\ c_2,\text{当 } b=b_0 \text{ 时}.\end{cases}$$

于是 $h\neq k$，但是 $\forall a\in A$，$f(a)\in\mathrm{Im}f$，于是

$$(h\circ f)(a)=h(f(a))=c_1=k(f(a))=(k\circ f)(a).$$

所以 $h\circ f=k\circ f$. 这与命题(4)矛盾. 因此 f 是满射.

定理 1.5　设 A,B 是两个非空集合，f 是 A 到 B 的一个映射，则

(1) 若 f 是双射，则 f 的左逆映射与右逆映射相等；

(2) f 是双射的充要条件为 f 是可逆映射，而且可逆映射的逆映射也是双射；

(3) 可逆映射的逆映射是唯一的.

证　(1) 设 f 是双射，由定理 1.3 与定理 1.4，f 存在左逆映射与右逆映射. 令 g_l 是 f 的任意一个左逆映射，g_r 是 f 的任意一个右逆映射，即

$$g_l\circ f=I_A,\quad f\circ g_r=I_B,$$

于是

$$g_r=I_A\circ g_r=(g_l\circ f)\circ g_r=g_l\circ(f\circ g_r)=g_l\circ I_B=g_l.$$

(2) 若 f 是双射，则由(1)，存在 B 到 A 的映射 g，使 $g\circ f=I_A$，$f\circ g=I_B$，因此 f 是可逆映射.

反之，若 f 是可逆映射，则存在逆映射 g，使 $g\circ f=I_A$，$f\circ g=I_B$，因此由定理 1.3 与定理 1.4 得 f,g 都是双射.

(3) 设 f 是可逆映射，则由(2)得 f 是双射. 而 f 的逆映射既是左逆映射，又是右逆映射，因此由(1)得 f 的逆映射是唯一的.

我们把可逆映射 f 的唯一的逆映射，记作 f^{-1}. 显然 $(f^{-1})^{-1}=f$.

定理 1.6　设 A,B 是两个有限集，则 A 与 B 之间存在双射的充要条件为 $|A|=|B|$.

证　设 f 是一个双射. 因为 f 是映射，所以 $\forall a\in A$，存在 $f(a)\in B$；又因为 f 是单射，所以当 $a_1\neq a_2$ 时，$f(a_1)\neq f(a_2)$，从而 $|A|\leqslant|B|$. 另一方面，因为 f 是满射，所以 $\forall b\in B$，在 A 中都有原像 a，又因为 f 是映射，所以当 $b_1\neq b_2$ 时，其原像 a_1,a_2 也不相等，从而 $|B|\leqslant|A|$. 因此 $|A|=|B|$.

反之，设 $|A|=|B|=n$，且 $A=\{a_1,a_2,\cdots,a_n\}$，$B=\{b_1,b_2,\cdots,b_n\}$，令 $f:a_i\mapsto b_i(i=1,2,\cdots,n)$，则 f 是 A 到 B 的双射.

由定理 1.6 可见，有限集与其真子集之间不能建立双射.

习　题　1.2

1. 设 m 是一个正整数，$\forall n\in \mathbf{Z}$，作带余除法：

$$n=mq+r,\quad 0\leqslant r<m.$$

规定

$$f:n\mapsto r,$$

问：f 是否为 $\mathbf{Z}$ 到 $\mathbf{Z}$ 的映射？单射？满射？

2. (1) 设 f 是 A 到 B 的单射，g 是 B 到 C 的单射，证明 $g\circ f$ 是 A 到 C 的单射.

(2) 设 f 是 A 到 B 的满射，g 是 B 到 C 的满射，证明 $g\circ f$ 是 A 到 C 的满射.

3. 设 $A=\{1,2,3\}$，$B=\{a,b,c\}$，问：

(1) 有多少个 A 到 B 的映射？

(2) 有多少个 A 到 B 的单射？满射？双射？

4. 设给出三个 $\mathbf{Z}$ 到 $\mathbf{Z}$ 的映射：

$$f:x\mapsto 2x;\quad g:x\mapsto 2x+1;\quad h:x\mapsto\begin{cases}\dfrac{x}{2}, & \text{当 } 2\mid x \text{ 时},\\[2mm] \dfrac{x-1}{2}, & \text{当 } 2\nmid x \text{ 时}.\end{cases}$$

(1) 计算：$f\circ g$，$g\circ f$，$h\circ f$，$h\circ g$，$f\circ h$，$g\circ h$；

(2) 证明：f，g 是单射，并分别求出 f，g 的一个左逆映射；

(3) 证明：h 是满射，并求出 h 的一个右逆映射.

5. 设 f 是 A 到 B 的映射，g 是 B 到 C 的映射.

(1) 若 $g\circ f$ 有左逆映射，问 f，g 是否都有左逆映射？

(2) 若 $g\circ f$ 有右逆映射，问 f，g 是否都有右逆映射？

6. 设 A，B 都是有限集，且 $|A|=|B|$. 又 $f:A\to B$ 是一个映射，证明：

$$f \text{ 是单射} \Leftrightarrow f \text{ 是满射}.$$

1.3　卡氏积与代数运算

定义 1.11　设 A，B 是两个集合，作一个新的集合：

$$\{(a,b)\mid a\in A,b\in B\},$$

称这个集合是 A 与 B 的笛卡儿(Descartes)积(简称卡氏积)，记作 $A\times B$.

注意 (a,b) 是一个有序元素对，从而

$$B\times A=\{(b,a)\mid b\in B,a\in A\}.$$

一般来说，$A\times B$ 并不等于 $B\times A$. 例如，设 $A=\{1,2,3\}$，$B=\{4,5\}$，则

$$A\times B=\{(1,4),(1,5),(2,4),(2,5),(3,4),(3,5)\},$$

$$B \times A = \{(4,1),(4,2),(4,3),(5,1),(5,2),(5,3)\}.$$

然而，当 A,B 都是有限集时，$A\times B$ 与 $B\times A$ 包含元素的个数是相同的，都等于 $|A||B|$.

卡氏积的概念可以推广，n 个集合 $A_1,A_2,\cdots,A_n$ 的卡氏积定义为

$$\{(a_1,a_2,\cdots,a_n) \mid a_i \in A_i, i = 1,2,\cdots,n\},$$

并记作 $A_1\times A_2\times\cdots\times A_n$，或 $\prod_{i=1}^{n} A_i$.

定义 1.12　设 A,B,D 是三个非空集合，从 $A\times B$ 到 D 的映射称为 A,B 到 D 的代数运算. 特别，当 $A=B=D$ 时，A,A 到 A 的代数运算简称为 A 上的代数运算.

一个代数运算可以用"$\circ$"来表示，并将 (a,b) 在 $\circ$ 下的像记作 $a\circ b$.

例 1　一个 $\mathbf{Z}\times\mathbf{Z}^*$ 到 $\mathbf{Q}$ 的映射：

$$\circ:(a,b) \mapsto \frac{a}{b}$$

是 $\mathbf{Z}$, $\mathbf{Z}^*$ 到 $\mathbf{Q}$ 的代数运算. 这就是普通数的除法.

例 2　一个 $\mathbf{Z}\times\mathbf{Z}$ 到 $\mathbf{Z}$ 的映射：

$$\circ:(a,b) \mapsto a(b+1)$$

是 $\mathbf{Z}$ 上的代数运算.

例 3　设 A 是一个非空集合，则集合的并与交是幂集 2^A 上的两个代数运算.

当 A,B 是有限集时，A,B 到 D 的代数运算常用一个矩形表给出. 例如，设 $A=\{a_1,a_2,\cdots,a_m\}$，$B=\{b_1,b_2,\cdots,b_n\}$，则 A,B 到 $D=\{d_{ij} \mid i=1,2,\cdots,m; j=1,2,\cdots,n\}$ 的一个代数运算 $a_i\circ b_j=d_{ij}$ 可以表为

$\circ$	b_1	b_2	$\cdots$	b_n
a_1	d_{11}	d_{12}	$\cdots$	d_{1n}
a_2	d_{21}	d_{22}	$\cdots$	d_{2n}
$\vdots$	$\vdots$	$\vdots$		$\vdots$
a_m	d_{m1}	d_{m2}	$\cdots$	d_{mn}

这个表通常称为运算表或凯莱(Cayley)表.

A 上的代数运算给出了集合 A 中两个元素的结合法. 对于集合 A 中三个元素 a_1,a_2,a_3，可以通过加括号将其中两个元素先行运算，所得结果再与第三个元素进行运算. 但是，当三个元素 a_1,a_2,a_3 的排列顺序不变时，有两种不同的加括号方法：$(a_1\circ a_2)\circ a_3$ 与 $a_1\circ(a_2\circ a_3)$. 一般，对于集合 A 中 n 个元素，当元素的排列顺序不变时，可以有 $\frac{(2n-2)!}{n!\,(n-1)!}$ 种不同的加括号方法(证明见本章附录). 它们计算的

结果是未必相同的，如在例 2 中，

$$(1\circ 2)\circ 3=(1\times 3)\circ 3=3\times 4=12,$$

$$1\circ(2\circ 3)=1\circ(2\times 4)=1\times 9=9,$$

所以$(1\circ 2)\circ 3\neq 1\circ(2\circ 3)$.

下面讨论当$(a_1\circ a_2)\circ a_3$与$a_1\circ(a_2\circ a_3)$相同时，代数运算$\circ$的性质.

定义 1.13　设$\circ$是集合 A 上的一个代数运算，若$\forall a_1,a_2,a_3\in A$，都有

$$(a_1\circ a_2)\circ a_3=a_1\circ(a_2\circ a_3),$$

则称$\circ$适合结合律.

定理 1.7　设集合 A 上的代数运算$\circ$适合结合律，则对于 A 中任意 $n(n\geqslant 3)$个元素 $a_1,a_2,\cdots,a_n$，只要不改变元素的排列顺序，任何一种加括号方法计算所得的结果都相同.

证　我们证明任何一种加括号方法计算所得的结果都等于按自然顺序依次计算所得结果，记作 $a_1\circ a_2\circ\cdots\circ a_n$ 或$\prod\limits_{i=1}^{n}a_i$，即

$$\prod_{i=1}^{n}a_i=(((a_1\circ a_2)\circ a_3)\circ\cdots\circ a_{n-1})\circ a_n.$$

对 n 作归纳法. 当 $n=3$ 时，由结合律，命题成立. 下面假定对 $n<k$ 命题成立，考虑 $n=k$ 的情形.

k 个元素的任何一种计算方法，最后一步总是 $u\circ v$ 形式，其中 u 表示 m 个元素 $a_1,a_2,\cdots,a_m$ 的计算结果，v 表示 $k-m$ 个元素 $a_{m+1},a_{m+2},\cdots,a_k$ 的计算结果，$1\leqslant m<k$. 由归纳假设，

$$u=\prod_{i=1}^{m}a_i,\quad v=\prod_{j=1}^{k-m}a_{m+j},$$

于是当 $k-m>1$ 时，

$$u\circ v=\left(\prod_{i=1}^{m}a_i\right)\circ\left(\prod_{j=1}^{k-m}a_{m+j}\right)=\left(\prod_{i=1}^{m}a_i\right)\circ\left(\left(\prod_{j=1}^{k-m-1}a_{m+j}\right)\circ a_k\right)$$

$$=\left(\prod_{i=1}^{m}a_i\circ\prod_{j=1}^{k-m-1}a_{m+j}\right)\circ a_k=\left(\prod_{i=1}^{k-1}a_i\right)\circ a_k=\prod_{i=1}^{k}a_i.$$

这就证明了命题对一切 n 都成立.

设$\circ$是集合 A 上的代数运算，对于 A 中两个元素 a_1,a_2 来说，$a_1\circ a_2$ 与 $a_2\circ a_1$ 未必相同，如在例 2 中，$1\circ 2=3,2\circ 1=4$，所以，$1\circ 2\neq 2\circ 1$. 下面讨论当 $a_1\circ a_2$ 与 $a_2\circ a_1$ 相同时，代数运算$\circ$的性质.

定义 1.14　设$\circ$是集合 A 上的一个代数运算，若$\forall a_1,a_2\in A$，都有

$$a_1\circ a_2=a_2\circ a_1,$$

则称$\circ$适合交换律.

交换律在运算表上很容易得到检验. 当A是有限集时,A上的代数运算$\circ$适合交换律的充要条件是在$\circ$的运算表中关于主对角线对称的元素都相等.

定理 1.8　设集合A上的代数运算$\circ$同时适合结合律与交换律,则在n个元素的运算$a_1 \circ a_2 \circ \cdots \circ a_n (n \geqslant 2)$中,元素的顺序可以任意调换.

证　对n作归纳法. 当$n=2$时,由交换律命题成立. 下面假定对$n-1$个元素命题成立,考虑n个元素的情形. 设$i_1, i_2, \cdots, i_n$是$1, 2, \cdots, n$的任意一个排列,我们证明$a_{i_1} \circ a_{i_2} \circ \cdots \circ a_{i_n} = a_1 \circ a_2 \circ \cdots \circ a_n$.

在$i_1, i_2, \cdots, i_n$中必有一个等于n,不妨设$i_k = n$,那么

$$
\begin{aligned}
a_{i_1} \circ a_{i_2} \circ \cdots \circ a_{i_n} &= (a_{i_1} \circ \cdots \circ a_{i_{k-1}}) \circ a_n \circ (a_{i_{k+1}} \circ \cdots \circ a_{i_n}) \\
&= (a_{i_1} \circ \cdots \circ a_{i_{k-1}}) \circ (a_{i_{k+1}} \circ \cdots \circ a_{i_n}) \circ a_n \\
&= (a_{i_1} \circ \cdots \circ a_{i_{k-1}} \circ a_{i_{k+1}} \circ \cdots \circ a_{i_n}) \circ a_n \\
&= (a_1 \circ a_2 \circ \cdots \circ a_{n-1}) \circ a_n \\
&= a_1 \circ a_2 \circ \cdots \circ a_n.
\end{aligned}
$$

这就证明了命题对一切n都成立.

例 4　判定下列有理数集$\mathbf{Q}$上的代数运算$\circ$是否适合结合律、交换律.

(1) $a \circ b = a + b + ab$;　　(2) $a \circ b = (a+b)^2$;

(3) $a \circ b = a$;　　(4) $a \circ b = b^3$.

解 (1) $\forall a, b, c \in \mathbf{Q}$,因为

$$
\begin{aligned}
(a \circ b) \circ c &= (a + b + ab) \circ c \\
&= (a + b + ab) + c + (a + b + ab)c \\
&= a + b + c + ab + bc + ac + abc, \\
a \circ (b \circ c) &= a \circ (b + c + bc) \\
&= a + (b + c + bc) + a(b + c + bc) \\
&= a + b + c + ab + bc + ac + abc,
\end{aligned}
$$

所以$(a \circ b) \circ c = a \circ (b \circ c)$. 又

$$a \circ b = a + b + ab = b + a + ba = b \circ a.$$

因此,$\mathbf{Q}$上的代数运算$\circ$适合结合律、交换律.

(2) $\forall a, b \in \mathbf{Q}$,

$$a \circ b = (a + b)^2 = (b + a)^2 = b \circ a.$$

因此,$\mathbf{Q}$上的代数运算$\circ$适合交换律.

但是,取$a=1, b=2, c=3$,有

$$(1\circ 2)\circ 3=[(1+2)^2+3]^2=(9+3)^2=144,$$
$$1\circ(2\circ 3)=[1+(2+3)^2]^2=(1+25)^2=676,$$

因此 **Q** 上的代数运算∘不适合结合律.

(3) $\forall a,b,c\in \mathbf{Q}$,因为

$$(a\circ b)\circ c=a\circ c=a,\ a\circ(b\circ c)=a\circ b=a,$$

所以$(a\circ b)\circ c=a\circ(b\circ c)$,因此 **Q** 上的代数运算∘适合结合律.

但是取 $a=1,b=2$,有 $1\circ 2=1$, $2\circ 1=2$,因此 **Q** 上的代数运算∘不适合交换律.

(4) 因为

$$(1\circ 3)\circ 2=(3^3)\circ 2=2^3=8,\ 1\circ(3\circ 2)=1\circ 2^3=8^3=512,$$

又

$$1\circ 2=2^3=8,\ 2\circ 1=1^3=1,$$

因此 **Q** 上的代数运算∘既不适合结合律,也不适合交换律.

定义 1.15 设⊙是 B,A 到 A 的代数运算,⊕是 A 上的代数运算,若 $\forall a_1,a_2\in A,b\in B$,都有

$$b\odot(a_1\oplus a_2)=(b\odot a_1)\oplus(b\odot a_2),$$

则称⊙对于⊕适合左分配律.

定义 1.16 设⊗是 A,B 到 A 的代数运算,⊕是 A 上的代数运算,若 $\forall a_1,a_2\in A,b\in B$,都有

$$(a_1\oplus a_2)\otimes b=(a_1\otimes b)\oplus(a_2\otimes b),$$

则称⊗对于⊕适合右分配律.

定理 1.9 (1) 设 A 上的代数运算⊕适合结合律,B,A 到 A 的代数运算⊙对于⊕适合左分配律,则对于 A 中任意 $n(n\geqslant 2)$个元素 $a_1,a_2,\cdots,a_n$,B 中任意元素 b,都有

$$b\odot(a_1\oplus a_2\oplus\cdots\oplus a_n)=(b\odot a_1)\oplus(b\odot a_2)\oplus\cdots\oplus(b\odot a_n).$$

(2) 设 A 上的代数运算⊕适合结合律,A,B 到 A 的代数运算⊗对于⊕适合右分配律,则对于 A 中任意 $n(n\geqslant 2)$个元素 $a_1,a_2,\cdots,a_n$,B 中任意元素 b,都有

$$(a_1\oplus a_2\oplus\cdots\oplus a_n)\otimes b=(a_1\otimes b)\oplus(a_2\otimes b)\oplus\cdots\oplus(a_n\otimes b).$$

定理 1.9 的证明留给读者练习.

定义 1.17 设∘是集合 A 上的一个代数运算.

(1) 若 $\forall a,b,c\in A$,有

$$a\circ b=a\circ c\Rightarrow b=c,$$

则称∘适合左消去律.

(2) 若$\forall a,b,c\in A$,有

$$b\circ a=c\circ a\Rightarrow b=c,$$

则称$\circ$适合右消去律.

例如,数的加法运算与非零数的乘法运算都适合左消去律、右消去律.

例5 判定例4中有理数集$\mathbf{Q}$上的各个代数运算是否适合左消去律与右消去律?

解 (1) 因为

$$(-1)\circ 2=(-1)+2+(-1)\times 2=-1,$$
$$(-1)\circ 3=(-1)+3+(-1)\times 3=-1,$$

所以$(-1)\circ 2=(-1)\circ 3$,但是$2\neq 3$,因此$\circ$不适合左消去律.同样也不适合右消去律.

(2) 因为

$$1\circ 2=(1+2)^2=9,\ (-5)\circ 2=(-5+2)^2=9,$$

所以$1\circ 2=(-5)\circ 2$,但是$1\neq -5$,因此$\circ$不适合右消去律.同样也不适合左消去律.

(3) $\forall a,b,c\in A$,若$b\circ a=c\circ a$,则$b=c$,因此$\circ$适合右消去律.但是

$$2\circ 1=2=2\circ 2,\quad 而\ 1\neq 2,$$

因此$\circ$不适合左消去律.

(4) $\forall a,b,c\in A$,若$a\circ b=a\circ c$,则$b^3=c^3$,所以$b=c$,因此$\circ$适合左消去律.但是

$$1\circ 2=2^3=2\circ 2,\quad 而\ 1\neq 2,$$

因此$\circ$不适合右消去律.

习 题 1.3

1. 设$A=\{1,2,3,4\}$,问下列各个命题是否正确?

(1) $A\subseteq\{1\}\times A$;　(2) $A\subseteq A\times A$;

(3) $\varnothing\subseteq A\times A$;　(4) $|A|=|\{1\}\times A|$;

(5) $|A|=|A\times A|$;　(6) $|A|^2=|A\times A|$.

2. 判定下列法则"$\circ$"是否为有理数域$\mathbf{Q}$上的代数运算?

(1) $a\circ b=\frac{1}{2}(a+b)$;　(2) $a\circ b=b\sqrt{a}+2b^2$;

(3) $a\circ b=a^2-ab+b^2$;　(4) $a\circ b=\frac{b}{a}$;

(5) $a\circ b=|a|\cdot b$.

3. 设$A=\{a,b,c\}$上的代数运算$\circ$适合结合律、交换律,试完成下列运算表中的计算.

$\circ$	a	b	c
a	a		
b	b	c	a
c	c		

4. 在非零实数集 $\mathbf{R}^*$ 上普通数的除法运算是否适合结合律、交换律?

5. 在实数集 $\mathbf{R}$ 上规定一个代数运算$\circ$:$a\circ b=a+2b$,问这个代数运算是否适合结合律、交换律?

6. 证明定理 1.9.

7. 设 $A=\{o,a,b,c\}$上的两个代数运算$\oplus$与$\odot$由下列运算表给出:

$\oplus$	o	a	b	c
o	o	a	b	c
a	a	o	c	b
b	b	c	o	a
c	c	b	a	o

$\odot$	o	a	b	c
o	o	o	o	o
a	o	o	o	o
b	o	a	b	c
c	o	a	b	c

证明:$\odot$对于$\oplus$适合左、右分配律.

1.4　等价关系与集合的分类

将集合按一定的规则进行分类是研究集合的一种有效方法,而等价关系对于集合的分类起着重要的作用.

定义 1.18　设 A,B 是两个集合,则 $A\times B$ 的子集 R 称为 A,B 间的一个二元关系.当$(a,b)\in R$ 时,称 a 与 b 具有关系 R,记作 aRb;当$(a,b)\notin R$ 时,称 a 与 b 不具有关系 R,记作 $aR'b$.

设 R 是 $A\times B$ 的子集,则 R 在 $A\times B$ 中的余集 $R'=(A\times B)\backslash R$ 也是 $A\times B$ 的子集,所以 R' 也是 A,B 间的一个二元关系,称为 R 的余关系.

设 R 是 $A\times B$ 的子集,则$\{(b,a)\mid(a,b)\in R\}$是 $B\times A$ 的子集,从而是 B,A 间的一个二元关系,称为 R 的逆关系,记作 R^{-1}.

对于任意$(a,b)\in A\times B$,或者在 R 中,或者在 R' 中,所以 aRb 或 $aR'b$ 二者有且仅有一个成立.

下面主要讨论 A,A 间的二元关系,简称为 A 上的关系.

例 1　设 $A=\mathbf{R}$,则

$$R_1=\{(a,b)\mid(a,b)\in\mathbf{R}\times\mathbf{R},a=b\},$$
$$R_2=\{(a,b)\mid(a,b)\in\mathbf{R}\times\mathbf{R},a\leqslant b\},$$
$$R_3=\{(a,b)\mid(a,b)\in\mathbf{R}\times\mathbf{R},a=2b\},$$
$$R_4=\{(a,b)\mid(a,b)\in\mathbf{R}\times\mathbf{R},a^2+b^2=1\}$$

都是实数集 $\mathbf{R}$ 上的关系. 而且,$aR_1b\Leftrightarrow a=b$,所以 R_1 就是实数间的“相等”关系;$aR_2b\Leftrightarrow a\leqslant b$,所以 R_2 就是实数间的“小于或等于”关系. 而且 R_1 的逆关系 R_1^{-1} 就是 R_1;R_1 的余关系 R_1' 就是实数间的“不等”关系;R_2 的逆关系 R_2^{-1} 就是实数间的“大于或等于”关系;R_2 的余关系 R_2' 就是实数间的“大于”关系.

例 2　设 $A=\{a,b,c\}$,则

$$R_1=\{(a,a),(b,b),(c,c),(a,b),(b,a)\},$$
$$R_2=\{(a,a),(b,b),(a,b),(b,a)\},$$
$$R_3=\{(a,a),(b,b),(c,c),(a,b),(b,c),(a,c)\},$$
$$R_4=\{(a,a),(b,b),(c,c),(a,b),(b,a),(a,c),(c,a)\}$$

都是 A 上的关系.

例 3　设 $A=\mathbf{Q}$,则

$$R=\left\{\left(\frac{a}{b},\frac{c}{d}\right)\middle|\, a,c\in\mathbf{Z},b,d\in\mathbf{Z}^*,ad=bc\right\}$$

是有理数集 $\mathbf{Q}$ 上的一个关系.

例 4　设 $\mathbf{R}[x]$ 表示所有实数域 $\mathbf{R}$ 上的一元多项式所组成的集合,则

$$R=\{(f(x),g(x))\mid f(x),g(x)\in\mathbf{R}[x],f(x)\mid g(x),\text{且 }g(x)\mid f(x)\}$$

是 $\mathbf{R}[x]$ 上的一个关系.

例 5　设 $A=\mathbf{Z}$,则

$$R=\{(a,b)\mid a,b\in\mathbf{Z},\ a,b\text{ 的奇偶性相同}\}$$

是整数集 $\mathbf{Z}$ 上的一个关系.

定义 1.19　设 $\sim$ 是集合 A 上的一个二元关系,若满足下列性质:

(1)自反性:$\forall a\in A,\ a\sim a$;

(2)对称性:$\forall a,b\in A,\ a\sim b\Rightarrow b\sim a$;

(3)传递性:$\forall a,b,c\in A, a\sim b,b\sim c\Rightarrow a\sim c$.

则称 $\sim$ 是 A 上的一个等价关系. 当 $a\sim b$ 时,称 a 与 b 等价.

例 1 中的 R_1 是实数集 $\mathbf{R}$ 上的一个等价关系,例 2 中的 R_1 是集合 A 上的一个等价关系,例 3 中的 R 是有理数集 $\mathbf{Q}$ 上的一个等价关系,例 4 中的 R 是 $\mathbf{R}[x]$ 上的一个等价关系,例 5 中的 R 是整数集 $\mathbf{Z}$ 上的一个等价关系. 但是例 1 中的 R_2,R_3,

R_4 都不是等价关系，因为 R_2，R_3 不满足对称性，R_4 不满足传递性. 同样例 2 中的 R_2，R_3，R_4 都不是等价关系，因为 R_2 不满足自反性，R_3 不满足对称性，R_4 不满足传递性.

定义 1.20　设一个集合 A 分成若干个非空子集，使得 A 中每一个元素属于且只属于一个子集，则这些子集的全体称为 A 的一个分类. 每个子集称为一个类. 类里任何一个元素称为这个类的一个代表.

由定义可知，A 的非空子集族 $S=\{A_i\mid i\in I\}$ 是 A 的一个分类当且仅当其满足下列性质：

(1) $\bigcup\limits_{i\in I}A_i=A$；

(2) 当 $i\neq j$ 时，$A_i\cap A_j=\varnothing$，即不同的类互不相交.

例 6　设 $A=\{1,2,3,4,5,6\}$，则

$$S_1=\{\{1,2\},\{3\},\{4,5,6\}\}$$

是集合 A 的一个分类. 但是，

$$S_2=\{\{1\},\{3,4\},\{5,6\}\}$$

不是 A 的一个分类，因为 2 不属于任何一个子集；

$$S_3=\{\{1,2\},\{2,3,4\},\{5,6\}\}$$

也不是 A 的一个分类，因为 2 属于两个不同的子集：$\{1,2\}$ 与 $\{2,3,4\}$.

例 7　设 $A=\mathbf{R}[x]$，令

$$F_i=\{f(x)\in\mathbf{R}[x]\mid \deg f(x)=i\},\quad i=0,1,2,\cdots,$$

则 $S_1=\{F_0,F_1,F_2,\cdots\}$ 不是集合 $\mathbf{R}[x]$ 的一个分类，因为零多项式 0 没有次数，0 不属于任何一个子集 F_i. 然而 $S_2=\{\{0\},F_0,F_1,F_2,\cdots\}$ 是 $\mathbf{R}[x]$ 的一个分类.

集合 A 上的等价关系与集合 A 的分类之间有着本质的联系. 集合 A 的一个分类可以决定 A 上的一个等价关系；反之，集合 A 上的一个等价关系可以决定 A 的一个分类. 下面的两个定理刻画了这种联系.

定理 1.10　设 $S=\{A_i\mid i\in I\}$ 是 A 的一个分类，规定～为：

$$a\sim b\Leftrightarrow a \text{ 与 } b \text{ 属于同一个类},$$

则～是 A 上的一个等价关系.

证　首先由分类的定义，～是 A 上的一个关系. 而且，显然 $\forall a\in A$，$a\sim a$；又 $\forall a,b\in A$，若 $a\sim b$，则 a 与 b 属于同一个类，从而 $b\sim a$；$\forall a,b,c\in A$，若 $a\sim b$，$b\sim c$，则 a 与 b 属于同一个类，b 与 c 属于同一个类，于是 a 与 c 属于同一个类，从而 $a\sim c$. 因此～是 A 上的一个等价关系.

定理 1.11　设～是 A 上的一个等价关系，对于 $a\in A$，令

$$[a]=\{x\mid x\in A,x\sim a\},$$

则 A 的子集族

$$S=\{[a]\mid a\in A\}$$

是 A 的一个分类.

证　(1) $\forall a\in A$,因为 $a\sim a$,所以 $a\in[a]$,从而$[a]$是一个非空子集,并且 $\bigcup_{a\in A}[a]=A$.

(2) 若$[a]\cap[b]\neq\varnothing$,则 $\exists c\in[a]\cap[b]$,于是 $c\sim a,c\sim b$,从而 $a\sim b$.

$\forall x\in[a]$,有 $x\sim a$,于是 $x\sim b$,所以 $x\in[b]$,即$[a]\subseteq[b]$. 同理,$[b]\subseteq[a]$. 这就得到$[a]=[b]$. 所以不同的等价类互不相交.

定理 2.11 中所构作的子集$[a]$称为 A 的一个包含 a 的$\sim$等价类.

定义 1.21　设$\sim$是 A 上的一个等价关系,由 A 的全体不同$\sim$等价类所组成的集合族称为 A 关于$\sim$的商集,记作 $A/\sim$.

例 8　设 $A=\mathbf{Z},m\in\mathbf{N}$,令

$$R_m=\{(a,b)\mid a,b\in\mathbf{Z},m\mid a-b\},$$

证明 R_m 是整数集 $\mathbf{Z}$ 上的一个等价关系,并给出由这个等价关系所确定的 $\mathbf{Z}$ 的一个分类.

解　显然 R_m 是 $\mathbf{Z}\times\mathbf{Z}$ 的一个子集,所以 R_m 是 $\mathbf{Z}$ 上的一个关系. 又

(1) $\forall a\in\mathbf{Z}$, $m|a-a$,所以 $aR_m a$;

(2) $\forall a,b\in\mathbf{Z}$,若 $aR_m b$,则 $m|a-b$,于是 $m|b-a$,所以 $bR_m a$;

(3) $\forall a,b,c\in\mathbf{Z}$,若 $aR_m b,bR_m c$,则 $m|a-b,m|b-c$,于是 $m|(a-b)+(b-c)$,即 $m|a-c$,所以 $aR_m c$.

因此,R_m 是 $\mathbf{Z}$ 上的一个等价关系. 由这个等价关系 R_m 所确定的R_m 等价类为

$$[0]=\{\cdots,-2m,-m,0,m,2m,\cdots\},$$
$$[1]=\{\cdots,-2m+1,-m+1,1,m+1,2m+1,\cdots\},$$
$$[2]=\{\cdots,-2m+2,-m+2,2,m+2,2m+2,\cdots\},$$

……

$$[m-1]=\{\cdots,-m-1,-1,m-1,2m-1,3m-1,\cdots\}.$$

R_m 称为模 m 的同余关系,由 R_m 所确定的等价类称为模 m 剩余类, $\mathbf{Z}$ 关于 R_m 的商集为

$$\mathbf{Z}/R_m=\{[0],[1],[2],\cdots,[m-1]\},$$

它由 m 个不同的剩余类组成. 今后将 $\mathbf{Z}/R_m$ 记作 $\mathbf{Z}_m$.

习　题　1.4

1. 在集合 $A=\{$平面上所有直线$\}$中,规定二元关系$\sim$为

$$l_1 \sim l_2 \Leftrightarrow l_1 \parallel l_2 \text{ 或 } l_1 = l_2,$$

证明：$\sim$是 A 上的一个等价关系，并确定相应的$\sim$等价类.

2. 在非零复数集 $\mathbf{C}^*$ 中，规定二元关系$\sim$为

$$a \sim b \Leftrightarrow a \text{ 的辐角} = b \text{ 的辐角},$$

证明：$\sim$是 $\mathbf{C}^*$ 上的一个等价关系，并确定相应的$\sim$等价类.

3. 设 $M=\{1,2,3,4\}$，在 2^M 中，规定二元关系$\sim$为

$$S \sim T \Leftrightarrow |S| = |T|,$$

证明：$\sim$是 2^M 上的一个等价关系，并写出商集 $2^M/\sim$.

4. 设 $M=\{1,2,3,4\}$，在 2^M 中，规定二元关系 R 为

$$SRT \Leftrightarrow S \subseteq T,$$

问：R 是不是 2^M 上的一个等价关系，为什么？

5. 设 $M_n(\mathbf{C})$表示复数域 $\mathbf{C}$ 上所有 n 阶矩阵所组成的集合，问下列规定的 $M_n(\mathbf{C})$上的关系 R_i 是不是等价关系，为什么？若 R_i 是等价关系，写出各个等价类的代表元.

(1) $AR_1B \Leftrightarrow \exists n$ 阶可逆矩阵 P，使 $P^{-1}AP=B$.

(2) $AR_2B \Leftrightarrow A$ 的秩$=B$ 的秩.

(3) $AR_3B \Leftrightarrow \det A=\det B$($\det X$ 表示 X 的行列式).

6. 设 S 表示所有 n 阶实对称矩阵所组成的集合，问下列规定的 S 上的关系 R_i 是不是等价关系，为什么？若 R_i 是等价关系，写出各个等价类的代表元.

(1) $AR_1B \Leftrightarrow \exists n$ 阶可逆矩阵 P，使 $P'AP=B$.

(2) $AR_2B \Leftrightarrow \exists n$ 阶正交矩阵 P，使 $P'AP=B$.

7. 设 $A=\{1,2,3,4\}$，求 A 的所有可能的分类.

复 习 题 一

1. 设 $f(x)$，$g(x)$是两个实系数一元多项式，其实根的集合分别记作 A,B，证明：

(1) 多项式 $f(x)g(x)$实根的集合为 $A\cup B$；

(2) 多项式 $f(x)^2+g(x)^2$ 实根的集合为 $A\cap B$.

2. 设 A,B 是两个集合，将 B 在 A 中的余与 A 在 B 中的余的并称为 A 与 B 的对称余，记作 $A+B$，即

$$A+B=(A\backslash B)\cup(B\backslash A)=(A\cap B')\cup(B\cap A').$$

证明：

(1) $A+B=(A\cup B)\cap(A'\cup B')$；

(2) $A+B=(A\cup B)\backslash(A\cap B)$；

(3) $A+B=A'+B'$.

3. 证明：

(1) $A\times(B\cup C)=(A\times B)\cup(A\times C)$；

(2) $A\times(B\cap C)=(A\times B)\cap(A\times C)$.

4. 设 $f:A\to B$ 是映射，$S\subseteq A$，$T\subseteq B$，证明：

(1) $f(f^{-1}(T))=T\cap f(A)$；

(2) $f(S\cap f^{-1}(T))=f(S)\cap T$；

(3) $S\subseteq f^{-1}(f(S))$，并举例说明"="未必成立.

5. 设 A,B 是两个非空集合，且 $|A|=m$，$|B|=n$，问：

(1) A 到 B 可以作多少个不同的映射？

(2) A 到 B 可以作单射的条件是什么？当该条件满足时可以作多少个不同的单射？

(3) A 到 B 可以作满射的条件是什么？当该条件满足时可以作多少个不同的满射？

(4) A 到 B 可以作双射的条件是什么？当该条件满足时可以作多少个不同的双射？

6. 设 R 与 $R_i(i\in I)$ 都是 A 上的关系，证明：

(1) $(R^{-1})^{-1}=R$；

(2) 当 $R_1\subseteq R_2$ 时，有 $R_1^{-1}\subseteq R_2^{-1}$；

(3) $(\bigcup\limits_{i\in I}R_i)^{-1}=\bigcup\limits_{i\in I}R_i^{-1}$；

(4) $(\bigcap\limits_{i\in I}R_i)^{-1}=\bigcap\limits_{i\in I}R_i^{-1}$.

7. 在偶数集 $2\mathbf{Z}$ 中，规定二元关系～为

$$a\sim b\Leftrightarrow 8\mid a-b,$$

证明：～是 $2\mathbf{Z}$ 上的一个等价关系，并确定相应的～等价类.

8. 设～是集合 A 上的一个二元关系，证明：～是 A 上的等价关系的充要条件是～满足下列性质：

(1) $\forall a\in A,\ a\sim a$；

(2) $\forall a,b,c\in A,\ a\sim b,a\sim c\Rightarrow b\sim c$.

附　　录

设 $\circ$ 是集合 A 上代数运算，证明：对于 A 中 n 个元素，当元素的排列顺序不变时，可以有 $\dfrac{(2n-2)!}{n!\ (n-1)!}$ 种不同的加括号方法.

证　设 $N(n)$ 表示 A 中 n 个元素当元素的排列顺序不变时不同的加括号方法的个数，则

$$N(n)=N(n-1)N(1)+N(n-2)N(2)+\cdots+N(1)N(n-1),$$

且 $N(1)=1$. 作幂级数

$$y=N(1)x+N(2)x^2+\cdots+N(n)x^n+\cdots,$$

于是

$$\begin{aligned}y^2&=N(1)N(1)x^2+[N(2)N(1)+N(1)N(2)]x^3+\cdots\\&=N(2)x^2+N(3)x^3+\cdots,\end{aligned}$$

从而

$$y^2-y+x=0.$$

所以

$$y=\frac{1-\sqrt{1-4x}}{2}=\sum_{n=1}^{\infty}\frac{1\cdot 3\cdot \cdots \cdot (2n-3)}{1\cdot 2\cdot \cdots \cdot n}2^{n-1}x^{n}.$$

比较上面两个 y 的表达式中 x^n 的系数,得

$$N(n)=\frac{1\cdot 3\cdot \cdots \cdot (2n-3)}{1\cdot 2\cdot \cdots \cdot n}2^{n-1}=\frac{(2n-2)!}{n!(n-1)!}.$$

第 2 章　群

近世代数的主要研究对象是各种各样的代数系,即具有一些代数运算的集合. 群是具有一种代数运算的代数系,它是近世代数中一个比较古老,而且内容丰富的重要分支,在数学、物理、化学、计算机等自然科学的许多领域都有广泛的应用. 半群是比群更加广泛的一个概念. 在本章中,我们从介绍半群开始.

2.1　半　　群

定义 2.1　设 S 是一个非空集合,若

(1) 在 S 中存在一个代数运算$\circ$;

(2) $\circ$适合结合律:

$$(a \circ b) \circ c = a \circ (b \circ c), \quad \forall a,b,c \in S,$$

则称 S 关于$\circ$是一个半群,记作$(S,\circ)$.

若半群 S 的运算$\circ$还适合交换律:

$$a \circ b = b \circ a, \quad \forall a,b \in S,$$

则称 S 是交换半群.

半群的代数运算"$\circ$"通常称为乘法,并将符号"$\circ$"省略,即 $a\circ b$ 记作 ab,称为 a 与 b 的积.

一个交换半群 S 的代数运算常记作"$+$",并称为加法,此时结合律、交换律分别为

$$(a + b) + c = a + (b + c), \quad \forall a,b,c \in S,$$

$$a + b = b + a, \quad \forall a,b \in S.$$

例 1　对于自然数集 $\mathbf{N}$,由于数的加法、乘法都是 $\mathbf{N}$ 上适合结合律与交换律的代数运算,所以$(\mathbf{N},+)$,$(\mathbf{N},\times)$都是交换半群.

类似地,偶数集 $2\mathbf{Z}$、整数集 $\mathbf{Z}$、正有理数集 $\mathbf{Q}^+$、有理数集 $\mathbf{Q}$、正实数集 $\mathbf{R}^+$、实数集 $\mathbf{R}$、复数集 $\mathbf{C}$ 关于数的加法、乘法分别作成交换半群. 负整数集 $\mathbf{Z}^-$ 关于数的加法也作成交换半群,但 $\mathbf{Z}^-$ 关于数的乘法不是半群,因为$(-2)(-3)=6\notin \mathbf{Z}^-$. 又非零整数集 $\mathbf{Z}^*$ 关于数的乘法作成交换半群,但是 $\mathbf{Z}^*$ 关于数的加法不是半群,因为$(-1)+1=0\notin \mathbf{Z}^*$.

例 2　设 A 是一个非空集合,2^A 是 A 的幂集,由于集合的并$\cup$,集合的交$\cap$都是 2^A 上适合结合律与交换律的代数运算,所以$(2^A,\cup)$,$(2^A,\cap)$都是交换半群.

例 3　对于实数域上全体一元多项式所组成的集合 $\mathbf{R}[x]$,由于多项式的加法、乘法都是 $\mathbf{R}[x]$上适合结合律与交换律的代数运算,所以$(\mathbf{R}[x],+)$,$(\mathbf{R}[x],\times)$都是交换半群.

例 4　设 $M_n(P)$表示数域 P 上全体 n 阶矩阵所组成的集合,由于矩阵的加法是 $M_n(P)$上适合结合律与交换律的代数运算,所以$(M_n(P),+)$是交换半群. 矩阵的乘法是 $M_n(P)$上适合结合律,但不适合交换律的代数运算,所以$(M_n(P),\cdot)$是不可交换半群.

例 5　在自然数集 $\mathbf{N}$ 中,规定

$$a \circ b=(a,b),\quad \forall a,b \in \mathbf{N},$$

其中(a,b)是 a,b 的最大公因数,则$\circ$是 $\mathbf{N}$ 的代数运算,而且$\forall a,b,c\in \mathbf{N}$ 有

$$(a \circ b) \circ c=((a,b),c)=(a,(b,c))=a \circ(b \circ c).$$

所以"$\circ$"适合结合律,因此$(\mathbf{N},\circ)$是半群.

例 6　设 S 是一个非空集合,规定

$$a \cdot b=b,\quad \forall a,b \in S,$$

则"$\cdot$"是 S 的代数运算,而且$\forall a,b,c\in S$ 有

$$(a \cdot b) \cdot c=b \cdot c=c,\quad a \cdot(b \cdot c)=a \cdot c=c,$$

所以"$\cdot$"适合结合律,因此$(S,\cdot)$是半群.

例 7　设 S 是一个非空集合,规定

$$a * b=a,\quad \forall a,b \in S,$$

则"$*$"是 S 的代数运算,而且$\forall a,b,c\in S$ 有

$$(a * b) * c=a * c=a,\quad a *(b * c)=a * b=a,$$

所以"$*$"适合结合律,因此$(S,*)$是半群.

例 8　设 m 是一个正整数,在 $\mathbf{Z}$ 关于等价关系 R_m 的商集(见 1.4 节例 8)

$$\mathbf{Z}_m=\{[0],[1],[2],\cdots,[m-1]\}$$

中,规定

$$[a]+[b]=[a+b], \tag{2.1}$$

$$[a] \cdot[b]=[ab], \tag{2.2}$$

其中$[a]$, $[b]\in \mathbf{Z}_m$,则$(\mathbf{Z}_m,+)$,$(\mathbf{Z}_m,\cdot)$都是交换半群.

证　由于 a,b 分别是等价类$[a]$, $[b]$的代表,而(2.1),(2.2)中, $[a]$, $[b]$间的运算又是通过其代表 a, b 间的运算来规定的,所以需要证明,不论选取等价类中哪一个元素作为代表,所得结果都相同,以保证上述规定确实是代数运算,这通

常称为“与代表元选取无关”.

设 $aR_m a_1, bR_m b_1$,则 $m|a-a_1, m|b-b_1$. 由于

$$(a+b)-(a_1+b_1)=(a-a_1)+(b-b_1),$$

$$ab-a_1b_1=a(b-b_1)+(a-a_1)b_1,$$

于是

$$m \mid (a+b)-(a_1+b_1), \quad m \mid ab-a_1b_1.$$

从而,$(a+b)R_m(a_1+b_1)$,$abR_m a_1b_1$,因此“+”,“·”都是 $\mathbf{Z}_m$ 上的代数运算.

下面再验证“+”,“·”适合结合律. $\forall [a],[b],[c]\in \mathbf{Z}_m$,有

$$\begin{aligned}([a]+[b])+[c]&=[a+b]+[c]=[(a+b)+c]\\&=[a+(b+c)]=[a]+[b+c]\\&=[a]+([b]+[c]),\end{aligned}$$

$$\begin{aligned}([a]\cdot[b])\cdot[c]&=[ab]\cdot[c]=[(ab)c]\\&=[a(bc)]=[a]\cdot[bc]\\&=[a]\cdot([b]\cdot[c]).\end{aligned}$$

这样我们证明了$(\mathbf{Z}_m,+)$,$(\mathbf{Z}_m,\cdot)$都是半群. 由于

$$[a]+[b]=[a+b]=[b+a]=[b]+[a],$$

$$[a]\cdot[b]=[ab]=[ba]=[b]\cdot[a],$$

所以$(\mathbf{Z}_m,+)$,$(\mathbf{Z}_m,\cdot)$都是交换半群.

定义 2.2 设 S 是半群,$n\in\mathbf{N}$,$a\in S$,n 个 a 的连乘积称为 a 的 n 次幂,记作 a^n,即

$$a^n=\overbrace{aa\cdots a}^{n个}.$$

容易证明,在半群 S 中幂的运算具有下列性质:

$$a^m a^n=a^{m+n}, \quad (a^m)^n=a^{mn}, \quad \forall a\in S, m,n\in\mathbf{N}.$$

如果 S 是交换半群,则还有

$$(ab)^n=a^n b^n, \quad \forall a,b\in S, n\in\mathbf{N}.$$

注意:当 S 是交换半群,而且其代数运算是加法时,a 的 n 次幂应为 a 的 n 倍,表示 n 个 a 的和,记作 na,即

$$na=\overbrace{a+a+\cdots+a}^{n个}.$$

相应的运算性质具有下列形式：$\forall a,b\in S, m,n\in \mathbf{N}$，有

$$ma+na=(m+n)a,$$

$$n(ma)=(nm)a,$$

$$n(a+b)=na+nb.$$

定义 2.3　设 S 是半群.

(1) 若存在 $l\in S$，使

$$lx=x,\quad \forall x\in S,$$

则称 l 是 S 的一个左单位元.

(2) 若存在 $r\in S$，使

$$xr=x,\quad \forall x\in S,$$

则称 r 是 S 的一个右单位元.

(3) 若存在 $e\in S$，使

$$ex=xe=x,\quad \forall x\in S,$$

则称 e 是 S 的一个单位元.

由定义可见，S 的单位元一定既是 S 的左单位元，又是 S 的右单位元. 若 S 是交换半群，则 S 的左(右)单位元一定是 S 的右(左)单位元，而且也是 S 的单位元.

定理 2.1　(1) 若半群 S 有左单位元 l，又有右单位元 r，则 $l=r$，而且它是 S 的单位元；

(2) 若 S 是有单位元的半群，则 S 的单位元是唯一的.

证　(1) 因为 r 是右单位元，所以 $lr=l$；又因为 l 是左单位元，所以 $lr=r$. 因此 $l=r$，而且是 S 的单位元.

(2) 若 e_1,e_2 是 S 的两个单位元，则 $e_1=e_1e_2=e_2$，从而 S 的单位元唯一.

注意：当 S 是交换半群，而且其代数运算是加法时，S 的单位元称为零元，记作 0. 即 $\forall x\in S$，有

$$0+x=x+0=x.$$

例如，例 1 中的半群 $(\mathbf{N},\times)$ 有单位元是数 1. 例 2 中的半群 $(2^A,\cup)$ 有单位元是空集 $\varnothing$，$(2^A,\cap)$ 有单位元是 A. 例 3 中的半群 $(\mathbf{R}[x],+)$ 有零元是零多项式 0，$(\mathbf{R}[x],\times)$ 有单位元是多项式 1. 例 4 中的半群 $(M_n(P),+)$ 有零元是零矩阵 O，$(M_n(P),\cdot)$ 有单位元是单位矩阵 I_n. 例 8 中的半群 $(\mathbf{Z}_m,+)$ 有零元是 $[0]$，$(\mathbf{Z}_m,\cdot)$ 有单位元是 $[1]$. 例 1 中的半群 $(\mathbf{N},+)$ 与例 5 中的半群 $(\mathbf{N},\circ)$ 既没有左单位元，又没有右单位元. 在例 6 的半群 $(S,\cdot)$ 中，任何一个元素都是其左单位元，但是当 $|S|\geqslant 2$ 时，没有右单位元. 在例 7 的半群 $(S,*)$ 中，任何一个元素都是其右单位元，但是当 $|S|\geqslant 2$ 时，没有左单位元.

定义 2.4　设 S 是有单位元 e 的半群，$a\in S$，规定

$$a^0 = e.$$

定义 2.5 设 S 是有单位元 e 的半群，$a \in S$.

(1) 若存在 $a' \in S$，使 $a'a=e$，则称 a 是左可逆的，a' 是 a 的一个左逆元；

(2) 若存在 $a'' \in S$，使 $aa''=e$，则称 a 是右可逆的，a'' 是 a 的一个右逆元；

(3) 若存在 $b \in S$，使 $ba=ab=e$，则称 a 是可逆元，b 是 a 的一个逆元.

由定义可见，可逆元一定既是左可逆元，又是右可逆元. 而且可逆元 a 的逆元既是 a 的左逆元，又是 a 的右逆元. 又若 S 是交换半群，则左(右)可逆元一定是右(左)可逆元，而且也是可逆元.

定理 2.2 设 S 是有单位元 e 的半群，$a \in S$.

(1) 若 a 有左逆元 a'，又有右逆元 a''，则 $a'=a''$，而且它是 a 的逆元；

(2) 若 a 是可逆元，则 a 的逆元唯一.

证 (1) 因为 $a'a=e, aa''=e$，所以 $a'=a'e=a'(aa'')=(a'a)a''=ea''=a''$. 从而 $a'=a''$ 是 a 的逆元.

(2) 若 b,c 都是 a 的逆元，则 $ba=e=ac$，从而由(1)得到 $b=c$，因此 a 的逆元唯一.

我们把可逆元 a 的唯一逆元记作 a^{-1}.

注意：当 S 是交换半群，而且其代数运算是加法时，a 的逆元称为 a 的负元，记作 $-a$. 即 $a+(-a)=0$，并且将 $a+(-b)$ 记作 $a-b$，称为 a 与 b 的差.

例如，在例 1 的半群 $(\mathbf{N}, \times)$ 中单位元 1 是可逆元，其逆元为 1 自身，而任何一个大于 1 的正整数都不是可逆元. 在例 2 的半群 $(2^A, \cup)$ 中单位元 $\varnothing$ 是可逆元，其逆元为 $\varnothing$ 自身，而任何一个 $\varnothing \neq S \in 2^A$ 都不是可逆元；半群 $(2^A, \cap)$ 中单位元 A 是可逆元，其逆元为 A 自身，而任何一个 $A \neq S \in 2^A$ 都不是可逆元. 例 3 的半群 $(\mathbf{R}[x], +)$ 中每一个 $f(x) \in \mathbf{R}[x]$ 都是可负元，其负元为 $-f(x)$；半群 $(\mathbf{R}[x], \times)$ 中每一个非零实数 a 都是可逆元，其逆元为 $\frac{1}{a}$，而零多项式与每一个次数大于 0 的多项式都不是可逆元. 例 4 的半群 $(M_n(P), \cdot)$ 中，对于 $M \in M_n(P)$，当 $|M| \neq 0$ 时，M 是可逆元，其逆元为 M^{-1}；而当 $|M|=0$ 时，M 是不可逆元.

定义 2.6 设 S 是有单位元 e 的半群，$a \in S$ 是可逆元，$n \in \mathbf{Z}^-$，规定

$$a^n = (a^{-1})^{-n}.$$

定理 2.3 设 S 是有单位元 e 的半群，$a, b \in S$.

(1) 若 a 是可逆元，则 a^{-1} 也是可逆元，且 $(a^{-1})^{-1}=a$；

(2) 若 a 是可逆元，则 $a^m a^n = a^{m+n}$，$(a^m)^n = a^{mn}$，$\forall m, n \in \mathbf{Z}$；

(3) 若 a, b 都是可逆元，则 ab 也是可逆元，而且 $(ab)^{-1}=b^{-1}a^{-1}$.

证 (1) 由 $aa^{-1}=a^{-1}a=e$ 可知 a 是 a^{-1} 的逆元，从而 $(a^{-1})^{-1}=a$.

(2) 我们证 $a^m a^n = a^{m+n}$，另一式同理可证. 当 $m, n \in \mathbf{N}$ 时，已知结论成立. 当

m,n 中至少有一个是零时,不妨假设 $m=0$,则 $a^m a^n = ea^n = a^n = a^{m+n}$. 当 m,n 都是负整数时,则 $a^m a^n = (a^{-1})^{-m}(a^{-1})^{-n} = (a^{-1})^{-m-n} = a^{m+n}$. 当 m,n 中有一个是负整数,另一个是正整数时,不妨假设 m 是负整数,n 是正整数,且 $-m \geqslant n$,则 $a^m a^n = (a^{-1})^{-m} a^n = (a^{-1})^{-m-1}(a^{-1}a)a^{n-1} = (a^{-1})^{-m-1}a^{n-1} = (a^{-1})^{-m-2}(a^{-1}a)a^{n-2} = (a^{-1})^{-m-2}a^{n-2} = \cdots = (a^{-1})^{-m-n} = a^{m+n}$.

(3)因为 $(ab)(b^{-1}a^{-1}) = ((ab)b^{-1})a^{-1} = (a(bb^{-1}))a^{-1} = (ae)a^{-1} = aa^{-1} = e$,同理 $(b^{-1}a^{-1})(ab) = e$,所以 ab 可逆,而且 $(ab)^{-1} = b^{-1}a^{-1}$.

定义 2.7 设 S 是半群,$\varnothing \neq T \subseteq S$,若 T 对 S 的乘法作成半群,则称 T 是 S 的一个子半群.

由半群的定义,容易得到子半群的下列判别方法.

定理 2.4 设 S 是半群,$\varnothing \neq T \subseteq S$,则

$$T \text{ 是 } S \text{ 的子半群} \Leftrightarrow \forall a,b \in T, \text{有 } ab \in T.$$

习 题 2.1

1. 设 S 是一个半群,在 $S\times S$ 中规定一个代数运算:

$$(a_1,b_1)\circ(a_2,b_2) = (a_1a_2, b_1b_2), \quad \forall (a_1,b_1),(a_2,b_2) \in S\times S.$$

(1) 证明:$S\times S$ 是一个半群;

(2) 证明:当 S 有单位元时,$S\times S$ 也有单位元;

(3) 问:S 是否为 $S\times S$ 的子半群?

2. 设 S 是半群,而且 S 的运算适合左、右消去律,证明:S 可交换的充要条件为:$\forall a,b\in S$,$(ab)^2 = a^2b^2$.

3. 设 S 是一个有单位元的半群,$a,b\in S$,而且 b 是可逆元,证明:若 $ab=ba$,则 $b^{-1}a = ab^{-1}$.

4. 设 S 是一个有单位元的半群,$a_1,a_2,\cdots,a_n \in S$ 都是可逆元,证明:

$$(a_1a_2\cdots a_n)^{-1} = a_n^{-1}\cdots a_2^{-1}a_1^{-1}.$$

2.2 群的定义

定义 2.8 设 $(G,\cdot)$ 是一个有单位元的半群,若 G 的每个元都是可逆元,则称 G 是一个群.

适合交换律的群称为交换群或阿贝尔(Abel)群. 交换群 G 的运算常用"+"号表示,并称 G 是加群.

例 1 数集 $\mathbf{Z},\mathbf{Q},\mathbf{R},\mathbf{C}$ 关于数的加法都作成加群,零元是数"0",每一个数 a 的负元是它的相反数 $-a$.

非零数集 $\mathbf{Q}^*,\mathbf{R}^*,\mathbf{C}^*$ 关于数的乘法都作成交换群,单位元是数"1",每一个非零数 a 的逆元是它的倒数 $\dfrac{1}{a}$.

但是非零数集 $\mathbf{Q}^*$, $\mathbf{R}^*$, $\mathbf{C}^*$ 关于数的加法都不作成群,因为没有零元. 数集 $\mathbf{Z}$, $\mathbf{Q}$, $\mathbf{R}$, $\mathbf{C}$ 关于数的乘法都不作成群,因为数零在乘法下没有逆元.

例 2　设 $m\in\mathbf{N}$,则全体 m 次单位根所组成的集合

$$U_m=\{\varepsilon\in\mathbf{C}\mid\varepsilon^m=1\}=\{\varepsilon_k=\mathrm{e}^{\frac{2k\pi i}{m}}\mid k=0,1,\cdots,m-1\}$$

关于数的乘法作成一个交换群,称为 m 次单位根群,它的单位元是数"1",每一个 m 次单位根 $\varepsilon_k=e^{\frac{2k\pi i}{m}}$ 的逆元是 $\varepsilon_k^{-1}=e^{\frac{2(m-k)\pi i}{m}}$.

例 3　数域 P 上全体 n 阶矩阵所组成的集合 $M_n(P)$ 关于矩阵的加法作成一个加群,零元是零矩阵 O,每一个 n 阶矩阵 A 的负元是它的负矩阵 $-A$.

例 4　设 $\mathrm{GL}(n,P)$ 表示数域 P 上全体 n 阶可逆矩阵所组成的集合,则 $\mathrm{GL}(n,P)$ 关于矩阵的乘法作成一个群,单位元是单位矩阵 I_n,每一个 n 阶可逆矩阵 A 的逆元是它的逆矩阵 A^{-1}.

$\mathrm{GL}(n,P)$ 称为 P 上 n 次一般线性群,当 $n\geqslant 2$ 时这是一个不可交换群.

例 5　单元集 $G=\{e\}$ 对如下规定的代数运算

$$e\circ e=e$$

作成一个交换群,单位元是 e,而且 e 的逆元就是 e 自身.

这个群称为单位元群.

定理 2.5　设 G 是半群,则下列四个命题等价:

(1) G 是群;

(2) G 有左单位元 l,而且 $\forall a\in G$ 关于这个左单位元 l 都是左可逆的;

(3) G 有右单位元 r,而且 $\forall a\in G$ 关于这个右单位元 r 都是右可逆的;

(4) $\forall a,b\in G$ 方程 $ax=b$, $ya=b$ 在 G 中都有解.

证　采用循环论证方法.

(1)⇒(2). 群 G 的单位元 e 就是 G 的左单位元,$a\in G$ 在 G 中的逆元 a^{-1} 就是 a 的左逆元.

(2)⇒(3). $\forall a\in G$,设 b 是 a 关于 l 的左逆元,c 是 b 关于 l 的左逆元,则 $ba=l$, $cb=l$,于是

$$ab=l(ab)=(cb)(ab)=c[(ba)b]=c(lb)=cb=l.$$

所以 b 也是 a 关于 l 的右逆元. 又

$$al=a(ba)=(ab)a=la=a,$$

所以 l 也是 G 的右单位元.

(3)⇒(4). 设 c 是 a 关于 r 的右逆元,则用论证(2)⇒(3)同样的方法可知 c 也是 a 关于 r 的左逆元,并且 r 也是 G 的左单位元,于是

$$a(cb)=(ac)b=rb=b,$$

$$(bc)a=b(ca)=br=b.$$

所以 cb 与 bc 分别是方程 $ax=b$ 与 $ya=b$ 的解.

(4)⇒(1). 设 l 是方程 $yb=b$ 的一个解,则 $lb=b$. 又 $\forall a\in G$,方程 $bx=a$ 有解,设为 c,即 $bc=a$,所以

$$la=l(bc)=(lb)c=bc=a.$$

从而 l 是 G 的一个左单位元. 同理,方程 $bx=b$ 的解 r 是 G 的一个右单位元. 因此由定理 2.1,$e=l=r$ 是 G 的单位元.

其次 $\forall a\in G$,方程 $ya=e$,$ax=e$ 在 G 中都有解,从而 a 既是左可逆的,又是右可逆的,由定理 2.2,a 是可逆元. 因此 G 是群.

推论 设 G 是群,$a\in G$.

(1)若 e 是 G 的左(右)单位元,则 e 也是 G 的右(左)单位元,从而 e 是 G 的单位元;

(2)若 b 是 a 的左(右)逆元,则 b 也是 a 的右(左)逆元,从而 b 是 a 的逆元.

例 6 在数集 $\mathbf{Q}\backslash\{-1\}$ 中,规定

$$a\circ b=a+b+ab,\quad \forall a,b\in\mathbf{Q}\backslash\{-1\},$$

证明:$\mathbf{Q}\backslash\{-1\}$ 关于∘作成一个群.

证 (1) $\forall a,b\in\mathbf{Q}\backslash\{-1\}$,显然有 $a+b+ab\in\mathbf{Q}$. 又若 $a+b+ab=-1$,则 $(a+1)(b+1)=0$,于是 $a=-1$ 或 $b=-1$. 这与 $a,b\in\mathbf{Q}\backslash\{-1\}$ 矛盾,所以 $a+b+ab\in\mathbf{Q}\backslash\{-1\}$. 从而"∘"是 $\mathbf{Q}\backslash\{-1\}$ 的代数运算.

(2) 由 1.3 节例 4(1),代数运算"∘"适合结合律与交换律.

(3) $0\in\mathbf{Q}\backslash\{-1\}$,且 $\forall a\in\mathbf{Q}\backslash\{-1\}$,

$$0\circ a=0+a+0a=a,$$

所以 0 是 $(\mathbf{Q}\backslash\{-1\},\circ)$ 的左单位元.

(4) 设 $a\in\mathbf{Q}\backslash\{-1\}$,则 $\exists\ \frac{-a}{a+1}\in\mathbf{Q}$. 又若 $\frac{-a}{a+1}=-1$,则 $-1=0$,出现矛盾. 从而 $\frac{-a}{a+1}\in\mathbf{Q}\backslash\{-1\}$,且

$$\frac{-a}{a+1}\circ a=\frac{-a}{a+1}+a+\frac{-a}{a+1}\cdot a=0.$$

所以 $\frac{-a}{a+1}$ 是 a 的左逆元.

因此由定理 2.5,$(\mathbf{Q}\backslash\{-1\},\circ)$ 是一个交换群.

例 7 证明:商集 $\mathbf{Z}_m=\{[0],[1],[2],\cdots,[m-1]\}$ 关于加法运算:

$$[a]+[b]=[a+b] \tag{2.3}$$

作成一个交换群.

证 由 2.1 节例 8,$(\mathbf{Z}_m,+)$ 是一个交换半群. 又 $\forall [a]\in\mathbf{Z}_m$,

$$[0]+[a]=[a],$$

所以$[0]$是$(\mathbf{Z}_m,+)$的零元，而且

$$[-a]+[a]=[0].$$

所以$[-a]$是$[a]$的负元. 因此由定理 2.5，$(\mathbf{Z}_m,+)$是一个加群，称为模 m 的剩余类加群.

定理 2.6　群 G 的运算适合左、右消去律.

证　我们只证左消去律，右消去律留给读者练习.

$\forall a,b,c\in G$，设

$$ab=ac,$$

因为在群 G 中，a 有逆元 a^{-1}，所以

$$a^{-1}(ab)=a^{-1}(ac).$$

由结合律得

$$(a^{-1}a)b=(a^{-1}a)c,$$

即 $eb=ec$. 于是 $b=c$. 因此，左消去律成立.

推论 1　设 G 是群，则 $\forall a,b\in G$，方程 $ax=b$ 与 $ya=b$ 在 G 中的解都唯一.

证　设 $x_1,x_2\in G$ 都是方程 $ax=b$ 的解，则 $ax_1=b=ax_2$. 两边左消去 a 得 $x_1=x_2$，因此方程 $ax=b$ 在 G 中的解唯一. 同理可证方程 $ya=b$ 在 G 中的解也唯一.

推论 2　设 G 是群，$e\in G$，则

$$e\text{ 是 }G\text{ 的单位元}\Leftrightarrow e^2=e.$$

证　必要性是显然的，下面证充分性. $\forall a\in G$，因为 $e^2=e$，所以有 $e^2a=ea$. 两边左消去 e 得 $ea=a$，因此 e 是 G 的单位元.

需要注意，满足消去律的半群未必是群. 例如非零整数集 $\mathbf{Z}^*$ 对于数的乘法作成半群，而且乘法满足消去律，但是$(\mathbf{Z}^*,\cdot)$不成群. 可是对于有限集，我们有下列定理.

定理 2.7　设 G 是一个有限半群，若 G 的运算适合左、右消去律，则 G 是群.

证　因为 G 是有限集合，所以可设

$$G=\{a_1,a_2,\cdots,a_n\},$$

$\forall a\in G$，令

$$G'=\{aa_1,aa_2,\cdots,aa_n\}.$$

由运算的封闭性可知，$G'\subseteq G$；再由运算适合左消去律得，当 $i\neq j$ 时，$aa_i\neq aa_j$. 从而$|G'|=n$. 因此 $G'=G$. 于是，$\forall b\in G$，$\exists a_k\in G$，使

$$aa_k=b.$$

这就是说，方程 $ax=b$ 在 G 中有解. 同理，由运算的封闭性与右消去律可得方程

$ya=b$ 在 G 中有解. 因此,由定理 2.5,G 是一个群.

定义 2.9 若群 G 所含元素个数有限,则称 G 是有限群,称 G 所包含元素的个数 $|G|$ 是 G 的阶.

在 1.3 节中知道,一个有限集合 $A=\{a_1,a_2,\cdots,a_n\}$ 上的代数运算 · 可以用一个运算表给出:

·	a_1	a_2	$\cdots$	a_n
a_1	d_{11}	d_{12}	$\cdots$	d_{1n}
a_2	d_{21}	d_{22}	$\cdots$	d_{2n}
$\vdots$	$\vdots$	$\vdots$		$\vdots$
a_n	d_{n1}	d_{n2}	$\cdots$	d_{nn}

(2.4)

从这个表上还能看出代数运算 · 的许多性质,例如

(1) · 是 A 的代数运算⇔表中所有 $d_{ij}\in A$;

(2) · 适合交换律⇔表中关于主对角线对称的元素相等;

(3) · 适合左(右)消去律⇔A 中每一个元素在表的各行(列)都出现且只出现一次;

(4) a_i 是 A 的左单位元⇔a_i 所在的行与顶行一致,

a_j 是 A 的右单位元⇔a_j 所在的列与左列一致;

(5) a_j 是 a_i 的左逆元(或 a_i 是 a_j 的右逆元)⇔a_j 所在的行与 a_i 所在的列相交处是单位元.

因此利用运算表可以帮助我们判断一个有限集合是否成群,可惜结合律检验比较麻烦[①].

例 8 设 $K_4=\{e,a,b,c\}$,乘法表为

·	e	a	b	c
e	e	a	b	c
a	a	e	c	b
b	b	c	e	a
c	c	b	a	e

则 K_4 是一个交换群(称为 Klein(克莱因)四元群).

证 首先从乘法表可以看出,K_4 对乘法运算 · 是封闭的,而且乘法运算"·"适合交换律与消去律. 由定理 2.7,要证明 K_4 是一个交换群,下面只要再证明乘法

① 读者可以参考陈重穆著《有限群论基础》1.2 节(重庆出版社).

运算·适合结合律.由乘法表,e 是 K_4 的单位元,而 a,b,c 中任何两个不同元素之积等于第三个元素,相同元素之积等于 e.分下列两种情况.

(1) 设 x,y 是 K_4 中的任意两个元素,且 x,y 可以相等,则

$$e(xy)=xy=(ex)y,\quad e(xe)=ex=xe=(ex)e.$$

(2) 设 x,y,z 是 K_4 中的任意三个不等于 e 的元素,且 x,y,z 互不相等,则

$$x(xx)=xe=ex=(xx)x,$$

$$x(xy)=xz=y=ey=(xx)y,\quad x(yx)=xz=zx=(xy)x,$$

$$x(yz)=xx=e=zz=(xy)z.$$

因此乘法运算"·"适合结合律,K_4 是一个四阶交换群,其单位元是 e,每一个元素的逆元是其自身.

由于 $c=ab$,以后常将 Klein 四元群 K_4 记作 $\{e,a,b,ab\}$.

习　题　2.2

1. 设 $m\in\mathbf{N}$,令 $G=\{mk\mid k\in\mathbf{Z}\}$,证明:G 关于数的加法作成一个加群.

2. 在整数集 $\mathbf{Z}$ 中,规定一个代数运算:

$$a\circ b=a+b-2,\quad \forall a,b\in\mathbf{Z}.$$

证明:$(\mathbf{Z},\circ)$是一个交换群.

3. 设 M 是由下列四个矩阵所组成的一个集合:

$$\begin{pmatrix}1&0\\0&1\end{pmatrix},\quad \begin{pmatrix}-1&0\\0&-1\end{pmatrix},\quad \begin{pmatrix}1&0\\0&-1\end{pmatrix},\quad \begin{pmatrix}-1&0\\0&1\end{pmatrix}.$$

证明:M 关于矩阵的乘法作成一个群.

4. 设 G 是一个群,在 $G\times G$ 中规定一个代数运算:

$$(a_1,b_1)\circ(a_2,b_2)=(a_1a_2,b_1b_2),\quad \forall(a_1,b_1),(a_2,b_2)\in G\times G.$$

证明:$G\times G$ 关于上列运算作成一个群.

5. 设 $S=\{a,b,c,d\}$,其运算表为

·	a	b	c	d
a	b	a	d	c
b	d	b	c	a
c	a	c	b	d
d	c	d	a	b

问:S 关于其运算·是否作成一个群?为什么?

6. 设 S 是半群,若 S 有左单位元 l,而且 $\forall a\in S$ 关于这个左单位元 l 都是右可逆的,问 S 是否一定成群?举例说明.

7. 设 G 是一个群,$a,b,c\in G$,证明:方程 $xaxba=xbc$ 在 G 中有且只有一个解.

8. 设 G 是一个群，$x,y\in G,k\in\mathbf{N}$，证明：$(xyx^{-1})^k=xyx^{-1}\Leftrightarrow y^k=y$.

9. 设 G 是群，$a,b\in G$，且 $ba=a^mb(m\in\mathbf{N})$，证明：$b^na=a^{m^n}b^n$，$\forall n\in\mathbf{N}$.

2.3 元素的阶

定义 2.10 设 G 是一个群，e 是 G 的单位元，$a\in G$，使

$$a^m=e \tag{2.5}$$

成立的最小正整数 m 称为元素 a 的阶，记作 $|a|=m$. 若使(2.5)成立的正整数 m 不存在，则称 a 是无限阶的，记作 $|a|=\infty$.

注意：当 G 是加群时，其运算是加法，单位元为零元 0，所以(2.5)式具有下列形式：

$$ma=0.$$

例如，在模 6 的剩余类加群$(\mathbf{Z}_6,+)$中，$[0]$的阶是 1，$[3]$的阶是 2，$[2]$，$[4]$的阶都是 3，$[1]$，$[5]$的阶都是 6. 在整数加群$(\mathbf{Z},+)$中，每个非零整数的阶都是无限的.

又如，在有理数域 $\mathbf{Q}$ 上的 3 次一般线性群 $\mathrm{GL}(3,\mathbf{Q})$中，单位矩阵 I_3 的阶是 1，矩阵$\begin{pmatrix}0&0&1\\1&0&0\\0&1&0\end{pmatrix}$的阶是 3，矩阵$\begin{pmatrix}1&0&1\\0&1&0\\0&0&1\end{pmatrix}$的阶是无限的.

元素的阶具有下列重要性质.

定理 2.8 设 $|a|=m$，则

(1) $a^n=e\Leftrightarrow m\mid n$；

(2) $a^h=a^k\Leftrightarrow m\mid(h-k)$；

(3) $e=a^0,a^1,a^2,\cdots,a^{m-1}$两两不等；

(4) 设 $r\in\mathbf{Z}$，则 $|a^r|=\dfrac{m}{(m,r)}$.（其中(m,r)是 m 与 r 的最大公因数.）

证 (1) 设 $m\mid n$，则 $n=mq$，于是 $a^n=a^{mq}=(a^m)^q=e^q=e$. 反之，设 $a^n=e$，且 $n=mq+r,0\leqslant r<m$，则 $e=a^n=(a^m)^qa^r=a^r$. 因为 $|a|=m$，所以 $r=0$，从而 $n=mq$，即 $m\mid n$.

(2) $a^h=a^k\Leftrightarrow a^{h-k}=e\Leftrightarrow m\mid(h-k)$.

(3) 若存在 $0\leqslant i<j\leqslant m-1$，使 $a^i=a^j$，则 $0<j-i\leqslant m-1$，且 $m\mid(j-i)$，矛盾.

(4) 首先

$$(a^r)^{\frac{m}{(m,r)}}=(a^m)^{\frac{r}{(m,r)}}=e^{\frac{r}{(m,r)}}=e,$$

所以 a^r 是有限阶的. 现设 $|a^r|=n$,则 $n \left| \frac{m}{(m,r)} \right.$,而且 $(a^r)^n=e$,即 $a^{rn}=e$. 由于 $|a|=m$,于是 $m \mid rn$, $\frac{m}{(m,r)} \left| \frac{r}{(m,r)}n \right.$,然而 $\left(\frac{m}{(m,r)},\frac{r}{(m,r)}\right)=1$,从而 $\frac{m}{(m,r)} \left| n \right.$. 因此 $n=\frac{m}{(m,r)}$.

推论 设 $|a|=m$,

(1) $\forall r\in \mathbf{Z}$, $|a^r|=m \Leftrightarrow (m,r)=1$;

(2) 若 $m=st$, $s,t\in \mathbf{N}$,则 $|a^s|=t$.

定理 2.9 设 $|a|=\infty$,则

(1) $a^n=e \Leftrightarrow n=0$;

(2) $a^h=a^k \Leftrightarrow h=k$;

(3) $\cdots,a^{-2},a^{-1},a^0,a^1,a^2,\cdots$,两两不等;

(4) $\forall r\in \mathbf{Z}\backslash\{0\}$, $|a^r|=\infty$.

证 (1) 由定义即得.

(2) $a^h=a^k \Leftrightarrow a^{h-k}=e \Leftrightarrow h-k=0 \Leftrightarrow h=k$.

(3) 若 $a^i=a^j$,则由(2), $i=j$.

(4) 若 a^r 是有限阶的,设 $|a^r|=n$,则 $(a^r)^n=e$,于是 $a^{rn}=e$,这与 $|a|=\infty$ 矛盾,因此 $|a^r|=\infty$.

例 1 设 G 是群, $a,b\in G$,证明: $|ab|=|ba|$.

证 若 ab 是有限阶的,设 $|ab|=m$,则 $(ab)^m=e$. 两边左乘 a^{-1},右乘 a 得 $a^{-1}(ab)^m a=a^{-1}ea$,即 $(ba)^m=e$. 所以 $|ba|\leqslant m=|ab|$. 从而 ba 也是有限阶的,而且同理可证: $|ab|\leqslant|ba|$. 因此 $|ab|=|ba|$.

若 $|ab|=\infty$,则由上所证, $|ba|=\infty$. 因此 $|ab|=|ba|$.

例 2 设 G 是群, $a,b\in G$,若 $|a|=m$, $|b|=n$, $(m,n)=1$,而且 $ab=ba$,证明: $|ab|=mn$.

证 因为 $(ab)^{mn}=(a^m)^n(b^n)^m=e$,所以 $|ab| \mid mn$. 设 $|ab|=k$,则

$$e=(ab)^{kn}=a^{kn}b^{kn}=a^{kn},$$

从而 $m \mid kn$. 又因为 $(m,n)=1$,所以 $m \mid k$. 同样可得 $n \mid k$. 再利用 $(m,n)=1$ 可得 $mn \mid k$,即 $mn \mid |ab|$. 因此 $|ab|=mn$.

定理 2.10 有限群的每一个元素的阶都是有限的.

证 设 G 是有限群, $\forall a\in G$, $a,a^2,a^3,\cdots$ 不能互不相同. 不妨设 $a^i=a^j$, $i<j$,则 $a^{j-i}=e$, $j-i\in \mathbf{N}$. 因此 a 的阶有限.

这个定理的逆命题不成立,因为存在每一个元素的阶都是有限的无限群. 例如,全体单位根所组成的集合:

$$U=\bigcup_{m\in\mathbf{N}}U_m=\{\varepsilon\in\mathbf{C}\mid\varepsilon^m=1,m\in\mathbf{N}\}$$

关于数的乘法作成一个无限交换群，而其中每一个元素 ε，都存在一个 $m\in\mathbf{N}$，使 ε 是 m 次单位根，从而 ε 是有限阶的.

定义 2.11 设 G 是一个群，$a\in G$，若 $\forall b\in G$，$\exists n\in\mathbf{Z}$，使

$$b=a^n,$$

则称 G 是由 a 生成的循环群，a 是 G 的生成元，记作

$$G=(a).$$

例 3 $G=\{\cdots,10^{-2},10^{-1},1,10,10^2,\cdots\}$ 关于数的乘法作成一个群，而且 G 是一个由 10 生成的无限循环群.

例 4 m 次单位根群 U_m（见 2.2 节例 2）是一个由 m 次本原单位根 $\varepsilon=e^{\frac{2\pi i}{m}}$ 生成的 m 阶循环群.

例 5 整数加群 $\mathbf{Z}$ 是一个由 1 生成的无限循环群. 模 m 的剩余类加群 $\mathbf{Z}_m$ 是一个由[1]生成的 m 阶循环群.

定理 2.11 设 $G=(a)$ 是一个循环群，

(1) 若 $|a|=m$，则 G 是含有 m 个元素的有限群，且

$$G=\{e=a^0,a^1,a^2,\cdots,a^{m-1}\};$$

(2) 若 $|a|=\infty$，则 G 是无限群，且

$$G=\{\cdots,a^{-2},a^{-1},a^0,a^1,a^2,\cdots\}.$$

证 首先，因为 $a\in G$，由群的定义，对于任意 $n\in\mathbf{Z}$，都有 $a^n\in G$. 其次，对于任意 $b\in G=(a)$，存在 $n\in\mathbf{Z}$，使 $b=a^n$.

(1) 设 $n=mq+r,0\leqslant r<m$，则 $b=a^n=(a^m)^q a^r=a^r$，由定理 2.8(3)得证.

(2) 由定理 2.9(3)得证.

定理 2.12 设 $G=(a)$ 是一个循环群，

(1) 若 $|a|=m$，则 G 有 $\varphi(m)$①个生成元：$a^r,(r,m)=1$；

(2) 若 $|a|=\infty$，则 G 有两个生成元：a,a^{-1}.

证 (1) 当 $(r,m)=1$ 时，存在 $u,v\in\mathbf{Z}$，使 $ru+mv=1$. 于是 $a=a^{ru+mv}=(a^r)^u$，从而 $(a)=(a^r)$，因此 a^r 是 G 的生成元. 反之，若 a^r 是 G 的生成元，则 $G=(a^r)=(a)$，于是 $a=a^{rs}$. 因为 $|a|=m$，所以 $m\mid(rs-1)$，即 $(r,m)=1$.

(2) 首先 a 与 a^{-1} 显然都是 G 的生成元. 其次，设 $a^r(r\in\mathbf{Z})$ 是 G 的生成元，则 $G=(a)=(a^r)$，于是 $\exists s\in\mathbf{Z}$，使 $a=(a^r)^s=a^{rs}$. 因为 $|a|=\infty$，所以 $rs=1$，从而 $r=1$ 或 $r=-1$.

推论 1 设 $G=(a)$ 是一个 m 阶循环群，则

① $\varphi(m)$ 是欧拉(Euler)函数，即表示小于 m，且与 m 互素的非负整数的个数.

$$a^r \text{ 是 } G \text{ 的生成元} \Leftrightarrow |a^r| = m.$$

证　由定理 2.12(1)与定理 2.8 的推论即得.

推论 2　设 p 是素数，则 p 阶循环群 $G=(a)$ 有 $p-1$ 个生成元：$a, a^2, \cdots, a^{p-1}$.

例 6　求出模 12 的剩余类加群 $\mathbf{Z}_{12}$ 的每一个元的阶与所有生成元.

解　由元素阶的定义，容易求出模 12 的剩余类加群 $\mathbf{Z}_{12}$ 的 12 个元

$$[0],[1],[2],[3],[4],[5],[6],[7],[8],[9],[10],[11]$$

的阶分别为

$$1,12,6,4,3,12,2,12,3,4,6,12.$$

由于 $\mathbf{Z}_{12}$ 是由[1]生成的 12 阶循环群，所以由定理 2.12 的推论 1 可知，$\mathbf{Z}_{12}$ 的生成元为[1],[5],[7],[11].

定理 2.13　设 G 是 m 阶群，则

$$G \text{ 是循环群} \Leftrightarrow G \text{ 有 } m \text{ 阶元}.$$

证　若 G 是由 a 生成的 m 阶循环群：$G=(a)$，则由定理 2.12 的推论 1，$|a|=m$. 反之，若 G 中存在 m 阶元 a，则 $\forall r \in \mathbf{Z}$，$a^r \in G$，且由定理 2.8，$e, a, a^2, \cdots, a^{m-1}$ 两两不等，因此 $G=\{e, a, a^2, \cdots, a^{m-1}\}=(a)$.

习　题　2.3

1. 在非零有理数乘群 $\mathbf{Q}^*$ 中，求下列各个数的阶：

(1) 1；　(2) -1；　(3) 2；　(4) $\frac{1}{2}$.

2. 设 $a^m=e$，$m \in \mathbf{N}$，若 $\forall n \in \mathbf{Z}$，由 $a^n=e$ 可推出 $m|n$，证明：$|a|=m$.

3. 设 G 是群，$a, x \in G$，证明：$|a^{-1}|=|a|$，$|x^{-1}ax|=|a|$.

4. 设群 G 中 2 阶元素只有一个 a，证明：对于 G 中每一个元素 x，都有 $ax=xa$.

5. 设群 G 的每一个非单位元都是 2 阶的，证明：G 是交换群.

6. 设 G 是群，$a, b \in G$，且 $|a|=|b|=2$，$|ab|=2k+1$，证明：$\exists c \in G$，使 $b=cac^{-1}$.

7. 设 G 是一个有限交换群，m 是 G 的元的阶中最大一个，证明：G 的每一个元的阶整除 m.

8. 设 G 是一个有限群，证明：(1) 在 G 中，阶大于 2 的元素的个数一定是偶数；(2) 在 G 中，阶等于 2 的元素的个数与 G 的阶有相反的奇偶性.

9. 证明：循环群是交换群.

10. 设 $n|m$，证明：方程 $x^n=e$ 在 m 阶循环群 G 中有 n 个解.

11. 求出 6 次单位根群 U_6 的每一个元的阶与所有生成元.

2.4　子　　群

定义 2.12　设 G 是一个群，$\varnothing \neq H \subseteq G$，若 H 对 G 的乘法作成群，则称 H 是

G 的一个子群,记作 $H \leqslant G$.

例如,对于任意一个群 G,都有两个子群:$\{e\}$ 与 G. 这两个子群称为 G 的平凡子群. 若 $H \leqslant G$,且 $H \neq \{e\}$,$H \neq G$,则称 H 是 G 的非平凡子群. 若 $H \leqslant G$,且 $H \neq G$,则称 H 是 G 的真子群,记作 $H < G$. 又如

$$(2\mathbf{Z}, +) < (\mathbf{Z}, +) < (\mathbf{Q}, +) < (\mathbf{R}, +) < (\mathbf{C}, +);$$

$$(\mathbf{Q}^*, \cdot) < (\mathbf{R}^*, \cdot) < (\mathbf{C}^*, \cdot);$$

$$(U_m, \cdot) < (\mathbf{C}^*, \cdot).$$

但是,$(\mathbf{Q}^*, \cdot)$不是$(\mathbf{R}, +)$的子群,因为两者的运算不一致;$(\mathbf{Z}_m, +)$不是$(\mathbf{Z}, +)$的子群,因为 $\mathbf{Z}_m$ 不是 $\mathbf{Z}$ 的子集.

由子群的定义,我们得到下面的定理.

定理 2.14　设 $H \leqslant K$,$K \leqslant G$,则 $H \leqslant G$.

定理 2.15　设 $H \leqslant G$,$a \in H$,则

$$e_H = e_G, \qquad a_H^{-1} = a_G^{-1},$$

其中 e_H 表示 H 中的单位元,e_G 表示 G 中的单位元;a_H^{-1} 表示 a 在 H 中的逆元,a_G^{-1} 表示 a 在 G 中的逆元.

证　(1) 因为 $H \leqslant G$,$e_H \in H$,所以 $e_H \in G$,且

$$e_H e_G = e_H = e_H e_H,$$

其中第一个等式是由于 e_G 是 G 的单位元,第二个等式是由于 e_H 是 H 的单位元. 于是在 G 中运用左消去律得 $e_G = e_H$.

(2) 因为 $H \leqslant G$,$a \in H$,所以 $a \in G$,且

$$a a_H^{-1} = e_H = e_G = a a_G^{-1},$$

于是在 G 中运用左消去律得 $a_H^{-1} = a_G^{-1}$.

下面给出群 G 的一个非空子集 H 是 G 的子群的其他判别方法.

定理 2.16　设 G 是群,$\varnothing \neq H \subseteq G$,则下列各命题等价:

(1) $H \leqslant G$(即 H 对 G 的乘法成群);

(2) $\forall a, b \in H$,有 $ab, a^{-1} \in H$;

(3) $\forall a, b \in H$,有 $ab^{-1} \in H$.

证　采用循环论证方法.

(1)⇒(2). 设 $H \leqslant G$,则 H 是一个群,从而封闭性满足,即 $\forall a, b \in H$,有 $ab \in H$. 再由定理 2.15,$a_G^{-1} = a_H^{-1} \in H$.

(2)⇒(3). $\forall a, b \in H$,由假设 $b^{-1} \in H$,于是 $ab^{-1} \in H$.

(3)⇒(1). 因为 $H \neq \varnothing$,所以存在 $d \in H$,由假设

$$e = dd^{-1} \in H,$$

即 G 的单位元 e 在 H 中. $\forall a, b \in H$,由假设,

$$b^{-1} = eb^{-1} \in H,$$

即 H 中每一个元素在 H 中都有逆元. 于是

$$ab = a(b^{-1})^{-1} \in H,$$

即在 H 中封闭性满足. 最后由于 $H \subseteq G$,从而在 H 中结合律满足. 因此 H 是一个群,且 $H \leqslant G$.

对于群 G 的一个非空有限子集 H 是 G 的子群,还有更简单的判别方法.

定理 2.17　设 G 是群,H 是 G 的非空有限子集,则

$$H \leqslant G \Leftrightarrow \forall a, b \in H\text{ ,有 } ab \in H.$$

证　必要性显然成立,下面证充分性. 因为 H 是 G 的子集,所以在 H 中结合律与消去律都成立. 由假设,在 H 中封闭性满足. 而 H 是有限集,由定理 2.7,H 是一个群. 因此 $H \leqslant G$.

注意:当 G 是加群时,定理 2.16 中的条件(2),(3)分别是:

(2′) $\forall a, b \in H$,有 $a+b, -a \in H$;

(3′) $\forall a, b \in H$,有 $a-b \in H$.

同样,定理 2.17 中的条件是:$\forall a, b \in H$,有 $a+b \in H$.

例 1　设 $\mathbf{Z}_{12}$ 是一个模 12 的剩余类加群,证明:

(1) $H = \{[0],[4],[8]\}$ 是 $\mathbf{Z}_{12}$ 的一个真子群;

(2) $S = \{[1],[5],[9]\}$ 不是 $\mathbf{Z}_{12}$ 的子群.

证　(1) 首先 $[0] \in H$,从而 $H \neq \varnothing$. 又 $[0]+[0]=[0]$,$[0]+[4]=[4]$,$[0]+[8]=[8]$,$[4]+[4]=[8]$,$[4]+[8]=[0]$,$[8]+[8]=[4]$,而 $\mathbf{Z}_{12}$ 是一个交换群,所以 H 对 $\mathbf{Z}_{12}$ 的加法运算封闭. 因此,由定理 2.17,$H < \mathbf{Z}_{12}$.

(2) 由于 $[0] \notin S$,从而由定理 2.15,S 不是 $\mathbf{Z}_{12}$ 的子群.

例 2　设 G 是一个群,令

$$C(G) = \{x \in G \mid xg = gx, \forall g \in G\}.$$

证明:$C(G)$ 是 G 的交换子群($C(G)$ 称为 G 的中心).

证　显然 $e \in C(G)$,从而 $C(G) \neq \varnothing$. 又 $\forall x, y \in C(G)$,$g \in G$,有

$$xg = gx, \quad yg = gy,$$

于是

$$(xy)g = x(yg) = x(gy) = (xg)y = (gx)y = g(xy).$$

所以 $xy \in C(G)$. 又由 $xg = gx$ 可得 $gx^{-1} = x^{-1}g$,所以 $x^{-1} \in C(G)$. 因此,由定理 2.16 得 $C(G) \leqslant G$. 而且 $C(G)$ 是一个交换子群.

例 3　设 G 是一个群,$H \leqslant G$,$K \leqslant G$,证明:$H \cap K \leqslant G$.

证　显然 $e \in H \cap K$,从而 $H \cap K \neq \varnothing$. 又 $\forall x, y \in H \cap K$,有 $x, y \in H$,且 $x, y \in K$. 由于 H, K 都是 G 的子群,于是

$$xy^{-1} \in H, \quad 且 \quad xy^{-1} \in K,$$

所以 $xy^{-1}\in H\cap K$. 由定理 2.16, $H\cap K\leqslant G$.

一般地,我们有下面的定理.

定理 2.18　设 G 是群, I 是一个指标集, $H_i\leqslant G(i\in I)$, 则 $\bigcap\limits_{i\in I}H_i\leqslant G$.

注意,群 G 的两个子群的并一般不是 G 的子群. 例如, $H=\{[0],[4],[8]\}$ 与 $K=\{[0],[6]\}$ 都是 $\mathbf{Z}_{12}$ 的子群,但是 $H\cup K=\{[0],[4],[6],[8]\}$ 不是 $\mathbf{Z}_{12}$ 的子群. 然而,有下面一个重要概念,它是循环群概念的推广.

定理 2.19　设 G 是群, $\varnothing\neq X\subseteq G$, 令

$$H=\{x_1{}^{n_1}x_2{}^{n_2}\cdots x_s{}^{n_s}\mid x_i\in X,n_i\in\mathbf{Z}\},$$

则 $H\leqslant G$.

证　因为 $X\neq\varnothing$, 所以 $H\neq\varnothing$. 又 $\forall a,b\in H$, 设

$$a=x_1{}^{n_1}x_2{}^{n_2}\cdots x_s{}^{n_s},\quad b=y_1{}^{m_1}y_2{}^{m_2}\cdots y_t{}^{m_t},$$

其中 $x_i,y_j\in X,n_i,m_j\in\mathbf{Z}$, 则

$$ab=x_1{}^{n_1}x_2{}^{n_2}\cdots x_s{}^{n_s}y_1{}^{m_1}y_2{}^{m_2}\cdots y_t{}^{m_t}\in H,$$
$$a^{-1}=x_s{}^{-n_s}\cdots x_2{}^{-n_2}x_1{}^{-n_1}\in H.$$

因此, $H\leqslant G$.

定理 2.19 中所构造的子群 H 称为由 X 所生成的子群,记作 (X). 并称 X 的元素是 (X) 的生成元, X 是 (X) 的生成元集. 若 $X=\{x_1,x_2,\cdots,x_n\}$ 是有限集,则称 (X) 是有限生成的,并可以记作 $(x_1,x_2,\cdots,x_n)$.

显然,若 $X\subseteq K,K\leqslant G$, 则 $(X)\leqslant K$.

定理 2.20　设 G 是群, $\varnothing\neq X\subseteq G$,

$$M=\{H_i\mid X\subseteq H_i\leqslant G,i\in I\}$$

是 G 的所有包含 X 的子群族,则

$$(X)=\bigcap_{i\in I}H_i.$$

证　首先,因为 $X\subseteq(X)$, 所以 $(X)\in M$, 从而 $\bigcap\limits_{i\in I}H_i\subseteq(X)$. 另一方面,因为 $X\subseteq H_i,i\in I$, 所以 $X\subseteq\bigcap\limits_{i\in I}H_i$, 从而 $(X)\subseteq\bigcap\limits_{i\in I}H_i$. 因此, $(X)=\bigcap\limits_{i\in I}H_i$.

推论　设 G 是群, $\varnothing\neq X\subseteq G$, 则 (X) 是 G 中包含 X 的最小子群(按包含关系).

例 4　设 G 是群, $a,b\in G$, 且 $|a|=3,|b|=2$, 分别求满足下列条件的由 a,b 生成的子群 (a,b):

(1) $ba=ab$;

(2) $ba=a^2b$.

解　按定义

$$(a,b)=\{x_1{}^{n_1}x_2{}^{n_2}\cdots x_s{}^{n_s}\mid x_i=a\text{ 或 }b,n_i\in\mathbf{Z}\},$$

由于 $ba=ab$ 或 $ba=a^2b$，且 $|a|=3$，$|b|=2$，从而 (a,b) 的任一元可表为

$$h = a^i b^j, \quad i = 0,1,2, j = 0,1,$$

所以 (a,b) 的阶最多是 6.

(1) 因为 $(|a|,|b|)=1$，$ba=ab$，所以由 2.3 节例 2 知 $|ab|=|a||b|=6$，因此由定理 2.13 得 (a,b) 是由 ab 生成的循环群.

(2) 因为 $ba=a^2b$，所以 (a,b) 是不可交换子群，且

$$ba^2 = (ba)a = (a^2b)a = a^2(ba) = a^2(a^2b) = a^4b = ab,$$

因此得乘法表：

·	e	a	a^2	b	ab	a^2b
e	e	a	a^2	b	ab	a^2b
a	a	a^2	e	ab	a^2b	b
a^2	a^2	e	a	a^2b	b	ab
b	b	a^2b	ab	e	a^2	a
ab	ab	b	a^2b	a	e	a^2
a^2b	a^2b	ab	b	a^2	a	e

定理 2.21 循环群的子群是循环群.

证 设 $G=(a)$ 是一个循环群，$H\leqslant G$. 若 $H=\{e\}$，则 $H=(e)$. 若 $H\neq\{e\}$，则 $\exists\, 0\neq n\in\mathbf{Z}$，使 $a^n\in H$. 于是 $a^{-n}\in H$，从而

$$M = \{n \in \mathbf{N} \mid a^n \in H\}$$

是一个非空集合，令 r 是 M 中的最小正整数. $\forall\, a^m\in H$，设 $m=rq+t$，$0\leqslant t<r$，则 $a^t=a^{m-rq}=a^m(a^r)^{-q}\in H$. 由 r 最小性的假设可得 $t=0$. 于是 $m=rq$. 所以 $a^m=a^{rq}=(a^r)^q$. 因此 $H=(a^r)$.

推论 (1) 无限循环群 G 的子群，除单位元子群外，都是无限循环群. 而且 G 的子群的个数是无限的；

(2) m 阶循环群 G 的子群的阶是 m 的因数；反之，若 $n|m$，则 G 恰有一个 n 阶子群. 从而 G 的子群的个数等于 m 的正因数个数.

证 设 $G=(a)$，$H\leqslant G$，由定理 2.21 证明可见，$H=(a^r)$，$r\in\mathbf{N}\cup\{0\}$.

(1) 若 $|G|=\infty$，则 $|a|=\infty$，于是当 H 不是单位元群，即 $r\in\mathbf{N}$ 时，$|H|=|a^r|=\infty$.

(2) 若 $|G|=m$，则 $|a|=m$，于是 $|H|=|a^r|=\dfrac{m}{(m,r)}$，所以 $|H|\,|\,m$. 反之，若 $n|m$，则 $|a^{\frac{m}{n}}|=n$，于是 $|(a^{\frac{m}{n}})|=n$. 最后，若 (a^k) 又是 G 的一个 n 阶子群，则 $a^{kn}=e$，

于是 $m \mid kn$，所以 $\frac{m}{n} \mid k$. 从而 $(a^k) \leqslant (a^{\frac{m}{n}})$. 然而 $|(a^k)| = |(a^{\frac{m}{n}})| = n$，因此 $(a^k) = (a^{\frac{m}{n}})$.

例 5　求出模 12 的剩余类加群 $\mathbf{Z}_{12}$ 的所有子群.

解　模 12 的剩余类加群

$$\mathbf{Z}_{12} = \{[0],[1],[2],[3],[4],[5],[6],[7],[8],[9],[10],[11]\}$$

是由[1]生成的 12 阶循环群，由定理 2.21，其子群都是循环群，再由推论(2)，对 12 的每一个正因子 n，$\mathbf{Z}_{12}$ 有且只有一个 n 阶子群. 因此 $\mathbf{Z}_{12}$ 的子群共为 6 个，分别为：

1 阶子群：$([0]) = \{[0]\}$；

2 阶子群：$([6]) = \{[0],[6]\}$；

3 阶子群：$([4]) = ([8]) = \{[0],[4],[8]\}$；

4 阶子群：$([3]) = ([9]) = \{[0],[3],[6],[9]\}$；

6 阶子群：$([2]) = ([10]) = \{[0],[2],[4],[6],[8],[10]\}$；

12 阶子群：$([1]) = ([5]) = ([7]) = ([11]) = \mathbf{Z}_{12}$.

设 G 是一个群，$H \subseteq G$，$K \subseteq G$，我们规定 H 与 K 的积：

$$HK = \{hk \mid h \in H, k \in K\}.$$

特别，当 $H = \{h\}$ 是单元集时，HK 也可以记作 hK. 显然，若 H, K, T 都是群 G 的子集，则

$$(HK)T = H(KT).$$

例 6　设 G 是一个交换群，$H \leqslant G$，$K \leqslant G$，证明：$HK \leqslant G$.

证　因为 $e = ee \in HK$，所以 $HK \neq \varnothing$. 又 $\forall x, y \in HK$，有 $x = h_1k_1$，$y = h_2k_2$，$h_1, h_2 \in H$，$k_1, k_2 \in K$. 由于 G 是交换群，H, K 都是 G 的子群，于是

$$\begin{aligned} xy^{-1} &= (h_1k_1)(h_2k_2)^{-1} = h_1k_1k_2^{-1}h_2^{-1} \\ &= (h_1h_2^{-1})(k_1k_2^{-1}) \in HK. \end{aligned}$$

由定理 2.16，$HK \leqslant G$.

习　题　2.4

1. 设 G 是交换群，证明：G 的所有有限阶元素的集合作成 G 的子群.

2. 设 G 是群，$\varnothing \neq S \subseteq G$，令

$$C_G(S) = \{x \in G \mid xs = sx, \forall s \in S\}.$$

证明：$C_G(S) \leqslant G$（$C_G(S)$ 称为 S 在 G 内的中心化子）.

3. 设 G 是群，$\varnothing \neq S \subseteq G$，令

$$N_G(S) = \{x \in G \mid xS = Sx\}.$$

证明：$N_G(S) \leqslant G$（$N_G(S)$ 称为 S 在 G 内的正规化子）.

4. 设 T 表示数域 P 上全体 n 阶上三角矩阵所组成的集合，D 表示数域 P 上全体 n 阶对角矩阵所组成的集合，S 表示数域 P 上全体 n 阶对称矩阵所组成的集合，证明：P,D,S 都是数域 P 上 n 阶矩阵加群 $(M_n(P),+)$ 的子群.

5. 设 O 表示数域 P 上全体 n 阶正交矩阵所组成的集合，证明：O 是一般线性群 $\mathrm{GL}(n,P)$ 的子群.

6. 设 G 是群，$H\leqslant G,K\leqslant G$，且 $\exists a,b\in G$，使 $aH=bK$，证明：$H=K$.

7. 设 H,K 都是 G 的子群，证明：$(H\cap K)a=Ha\cap Ka,\ \forall a\in G$.

8. 设

$$A=\begin{pmatrix}0 & 1\\ 1 & 0\end{pmatrix},\quad B=\begin{pmatrix}0 & 1\\ -1 & 0\end{pmatrix},$$

证明：(A,B) 是 $\mathbf{Q}$ 上 2 次一般线性群 $\mathrm{GL}(2,\mathbf{Q})$ 的 8 阶非交换子群.

9. 证明：任何一个群都不能是它的两个真子群的并.

2.5 变　换　群

设 A 是一个非空集合，A 到 A 自身的映射称为 A 的变换，A 到 A 自身的满射称为 A 的满变换，A 到 A 自身的单射称为 A 的单变换，A 到 A 自身的双射称为 A 的一一变换. 将 A 的所有变换所组成的集合记作 A^A，A 的所有一一变换所组成的集合记作 $E(A)$. 变换的合成又称为乘法，通常把乘号省略不写.

定理 2.22　设 A 是一个非空集合，则

(1) A^A 关于变换的乘法是一个半群；

(2) $E(A)$ 关于变换的乘法是一个群.

证　(1) 由定理 1.2，变换的乘法是 A^A 上适合结合律的代数运算，所以 A^A 是一个半群.

(2) 由习题 1.2 第 2 题知，两个一一变换的乘积仍然是一一变换，所以 $E(A)$ 是 A^A 的子半群. A 的恒等变换 $I_A: a\mapsto a$ 是 A 的一一变换，且 $\forall \sigma\in E(A)$，有

$$(I_A\sigma)(a)=I_A(\sigma(a))=\sigma(a),\quad \forall a\in A,$$

所以 $I_A\sigma=\sigma$，从而 I_A 是 $E(A)$ 的左单位元. 又 $\forall \sigma\in E(A)$，由定理 1.5，存在逆变换 σ^{-1}，且 σ^{-1} 也是 A 的一一变换，所以 σ 在 $E(A)$ 中有左逆元. 因此 $E(A)$ 是一个群.

定义 2.13　$E(A)$ 称为 A 的一一变换群，$E(A)$ 的子群称为 A 的变换群.

例 1　设 V 是数域 P 上 n 维线性空间，则 V 上全体可逆线性变换组成的集合作成 V 的一个变换群，记作 $\mathrm{GL}(V)$.

例 2　设 $\triangle ABC$ 是一个正三角形，将 $\triangle ABC$ 变到与自身重合的刚体变换称为 $\triangle ABC$ 的一个对称，$\triangle ABC$ 的全体对称所组成的集合 G 关于变换的乘法作成一个群（称为正三角形的对称群）. 下面讨论这个群的具体构造. 设 $\triangle ABC$ 的三条高

分别为AD,BE,CF,中心为O. 作下列六种变换:

σ_1:$\triangle ABC$的恒等变换;

σ_2:$\triangle ABC$绕O点按顺时针方向旋转$120°$;

σ_3:$\triangle ABC$绕O点按顺时针方向旋转$240°$;

σ_4:$\triangle ABC$以AD为对称轴翻转$180°$;

σ_5:$\triangle ABC$以BE为对称轴翻转$180°$;

σ_6:$\triangle ABC$以CF为对称轴翻转$180°$.

显然,这六种变换都属于G. 又$\triangle ABC$的每一个对称必定将$\triangle ABC$的一个顶点变到另一个顶点,而$\triangle ABC$只有三个顶点,从而G只有六个元素:

$$G=\{\sigma_1,\sigma_2,\sigma_3,\sigma_4,\sigma_5,\sigma_6\}.$$

这个群的单位元是σ_1,而且

$$\sigma_1^{-1}=\sigma_1,\sigma_2^{-1}=\sigma_3,\sigma_3^{-1}=\sigma_2,$$
$$\sigma_4^{-1}=\sigma_4,\sigma_5^{-1}=\sigma_5,\sigma_6^{-1}=\sigma_6.$$

由于

$$(\sigma_2\sigma_4)(A)=\sigma_2(\sigma_4(A))=\sigma_2(A)=B,$$
$$(\sigma_4\sigma_2)(A)=\sigma_4(\sigma_2(A))=\sigma_4(B)=C,$$

从而$\sigma_2\sigma_4\neq\sigma_4\sigma_2$,因此,$G$是非交换群.

下面介绍一种特殊的变换群,它的基集A是有限集. 含有n个元素的集合A通常取作$A=\{1,2,\cdots,n\}$.

定义 2.14 (1)一个包含n个元的有限集合的一一变换称为(n次)置换;

(2)一个包含n个元的有限集合的所有置换作成的群称为n次对称群,记作S_n;对称群的子群称为置换群.

设σ是A的一个置换,$i\in A$在σ下的像是k_i,则σ可以记作

$$\begin{pmatrix}1 & 2 & \cdots & n\\ k_1 & k_2 & \cdots & k_n\end{pmatrix}.$$

这里,确定σ的是A中每一个元素i的像k_i,与第一行的n个元素的排列次序无关. 例如,当$n=3$时,下列六个置换

$$\begin{pmatrix}1 & 2 & 3\\ 2 & 3 & 1\end{pmatrix},\quad \begin{pmatrix}1 & 3 & 2\\ 2 & 1 & 3\end{pmatrix},\quad \begin{pmatrix}2 & 1 & 3\\ 3 & 2 & 1\end{pmatrix},$$
$$\begin{pmatrix}2 & 3 & 1\\ 3 & 1 & 2\end{pmatrix},\quad \begin{pmatrix}3 & 1 & 2\\ 1 & 2 & 3\end{pmatrix},\quad \begin{pmatrix}3 & 2 & 1\\ 1 & 3 & 2\end{pmatrix}$$

是同一个置换.

由对称群的定义与排列数公式得到:

定理 2.23　n 次对称群 S_n 的阶是 $n!$.

例 3　二次对称群 S_2 的阶是 2,其元素分别为

$$\begin{pmatrix}1 & 2\\1 & 2\end{pmatrix},\quad \begin{pmatrix}1 & 2\\2 & 1\end{pmatrix}.$$

这是由$\begin{pmatrix}1 & 2\\2 & 1\end{pmatrix}$生成的循环群.

例 4　三次对称群 S_3 的阶是 6,其元素分别为

$$\begin{pmatrix}1 & 2 & 3\\1 & 2 & 3\end{pmatrix},\quad \begin{pmatrix}1 & 2 & 3\\2 & 1 & 3\end{pmatrix},\quad \begin{pmatrix}1 & 2 & 3\\3 & 2 & 1\end{pmatrix},$$

$$\begin{pmatrix}1 & 2 & 3\\1 & 3 & 2\end{pmatrix},\quad \begin{pmatrix}1 & 2 & 3\\2 & 3 & 1\end{pmatrix},\quad \begin{pmatrix}1 & 2 & 3\\3 & 1 & 2\end{pmatrix},$$

而且

$$\begin{pmatrix}1 & 2 & 3\\1 & 3 & 2\end{pmatrix}\begin{pmatrix}1 & 2 & 3\\2 & 1 & 3\end{pmatrix}=\begin{pmatrix}1 & 2 & 3\\3 & 1 & 2\end{pmatrix},$$

$$\begin{pmatrix}1 & 2 & 3\\2 & 1 & 3\end{pmatrix}\begin{pmatrix}1 & 2 & 3\\1 & 3 & 2\end{pmatrix}=\begin{pmatrix}1 & 2 & 3\\2 & 3 & 1\end{pmatrix},$$

所以 S_3 是非交换群.

置换还可以用另外一种方法表示,先引进一个新的符号.

定义 2.15　设在 n 次置换 σ 下,j_1 的像是 j_2,j_2 的像是 j_3,$\cdots$,j_{r-1}的像是 j_r,j_r 的像是 j_1,其余的数字(如果还有的话)保持不变,则称 σ 是一个 r 项循环置换,记作

$$\sigma=(j_1j_2\cdots j_r),$$

也可以记作

$$\sigma=(j_2j_3\cdots j_rj_1),\cdots,\sigma=(j_rj_1\cdots j_{r-1}).$$

1 项循环置换(j)是恒等置换,2 项循环置换(j_1j_2)又称为对换.

定理 2.24　任何一个 n 次置换 σ 都可以表成互不相交(无公共数字)的循环置换的乘积.

证　对 σ 变动的数字的个数 t 作归纳法. 若 $t=0$,即 σ 是恒等置换,定理成立. 现设 $t=s>0$,并假定对于 $t<s$ 的所有 n 次置换定理都成立. 任取一个被 σ 变动的数字 j_1,并设在 σ 下,j_1 的像是 j_2,j_2 的像是 j_3,$\cdots$. 由于总共变动 s 个数字,从而必定存在 r,使 j_r 的像等于 $j_1,j_2,\cdots,j_r$ 中的某一个. 又由于当 $i=2,3,\cdots,r$ 时,j_i 是 j_{i-1}的像,所以 j_r 的像只能为 j_1. 这样我们得到一个 r 项循环置换:

$$\tau_1 = (j_1 j_2 \cdots j_r).$$

若 $r=s$,则 $\sigma=\tau_1$ 是一个循环置换. 若 $r<s$,则

$$\begin{aligned}\sigma &= \begin{pmatrix} j_1 & j_2 & \cdots & j_r & j_{r+1} & \cdots & j_s & j_{s+1} & \cdots & j_n \\ j_2 & j_3 & \cdots & j_1 & j'_{r+1} & \cdots & j'_s & j_{s+1} & \cdots & j_n \end{pmatrix} \\ &= \begin{pmatrix} j_1 & j_2 & \cdots & j_r & j_{r+1} & \cdots & j_s & j_{s+1} & \cdots & j_n \\ j_1 & j_2 & \cdots & j_r & j'_{r+1} & \cdots & j'_s & j_{s+1} & \cdots & j_n \end{pmatrix} \\ &\quad \cdot \begin{pmatrix} j_1 & j_2 & \cdots & j_r & j_{r+1} & \cdots & j_s & j_{s+1} & \cdots & j_n \\ j_2 & j_3 & \cdots & j_1 & j_{r+1} & \cdots & j_s & j_{s+1} & \cdots & j_n \end{pmatrix} \\ &= \sigma_1 \tau_1,\end{aligned}$$

其中 σ_1 使 $s-r$ 个数字变动,而且这些变动的数字不同于 $j_1, j_2, \cdots, j_r$. 由归纳假定,σ_1 可以表成互不相交的循环置换的乘积:

$$\sigma_1 = \tau_m \cdots \tau_2,$$

因此

$$\sigma = \tau_m \cdots \tau_2 \tau_1,$$

而且 $\tau_1, \tau_2, \cdots, \tau_m$ 互不相交.

例如,6 次置换 $\sigma=\begin{pmatrix} 1 & 2 & 3 & 4 & 5 & 6 \\ 1 & 5 & 6 & 2 & 4 & 3 \end{pmatrix}$表成互不相交的循环置换的乘积为:(254)(36)(在乘积中,恒等置换(1)省略不写).

又如,将三次对称群 S_3 的 6 个元素用循环置换表示为:(1),(12),(13),(23),(123),(132).

定理 2.25 当 $n \geqslant 2$ 时,任何一个 n 次置换 σ 都可以表成对换的乘积.

证 由定理 2.24,只要证任何一个 r 项循环置换 $\tau=(j_1 j_2 \cdots j_r)$ 都可以表成对换的乘积. 若 $r=1$,则 $\tau=(1)=(12)(12)$. 若 $r>2$,则

$$\tau = (j_1 j_r) \cdots (j_1 j_3)(j_1 j_2). \tag{2.6}$$

每一个 n 次置换 σ 表成对换的乘积时,表法不是唯一的,但对换个数的奇偶性不变(证明见本章附录).

定义 2.16 若置换 σ 可以表成偶数(奇数)个对换的乘积,则称 σ 是偶(奇)置换.

定理 2.26 (1) S_n 中的所有偶置换作成 S_n 的子群(称为 n 次交代群,记作 A_n);

(2) n 次交代群 A_n 的阶是$\dfrac{n!}{2}$.

证　(1) 因为两个偶置换的积是偶置换,所以由定理2.17,A_n 是 S_n 的子群.

(2) 设 S_n 包含 s 个偶置换:$\sigma_1,\sigma_2,\cdots,\sigma_s$,$t$ 个奇置换:$\tau_1,\tau_2,\cdots,\tau_t$,则 $s+t=n!$. 而且,$(12)\sigma_i$ 是奇置换,又当 $i\neq j$ 时,$(12)\sigma_i\neq(12)\sigma_j$,于是 $s\leqslant t$;同理,$(12)\tau_j$ 是偶置换,又当 $i\neq j$ 时,$(12)\tau_i\neq(12)\tau_j$,于是 $t\leqslant s$. 因此,$s=t=\frac{n!}{2}$.

例5　三次交代群 A_3 的阶是3,其元素分别为

$$\begin{pmatrix}1&2&3\\1&2&3\end{pmatrix}=(1),\quad \begin{pmatrix}1&2&3\\2&3&1\end{pmatrix}=(123),\quad \begin{pmatrix}1&2&3\\3&1&2\end{pmatrix}=(132).$$

事实上,A_3 是由(123)或(132)生成的3阶循环群.

定理2.27　循环置换具有下列性质:

(1) $(j_1j_2\cdots j_r)$ 的阶是 r;

(2) $(j_1j_2\cdots j_r)^{-1}=(j_r\cdots j_2j_1)$;

(3) 奇项循环置换是偶置换,偶项循环置换是奇置换;

(4) 两个不相交循环置换可以交换.

证　(1) 设 $\sigma=(j_1j_2\cdots j_r)$,则 $\sigma^k(j_i)=j_{k+i}$($k+i$ 按模 r 取余数),所以 $\sigma^r(j_i)=j_i$,且当 $k<r$ 时,$\sigma^k(j_i)\neq j_i$,因此$|\sigma|=r$.

(2) 直接计算可得:$(j_1j_2\cdots j_r)(j_r\cdots j_2j_1)=(1)$,所以

$$(j_1j_2\cdots j_r)^{-1}=(j_r\cdots j_2j_1).$$

(3) 由(2.6)即得.

(4) 设 $\sigma=(i_1i_2\cdots i_s)$,$\tau=(j_1j_2\cdots j_t)$,其中 $i_k\neq j_h$($k=1,2,\cdots,s;h=1,2,\cdots,t$),则

$$\sigma\tau=\begin{pmatrix}i_1&i_2&\cdots&i_s&j_1&j_2&\cdots&j_t&l_{s+t+1}&\cdots&l_n\\i_2&i_3&\cdots&i_1&j_2&j_3&\cdots&j_1&l_{s+t+1}&\cdots&l_n\end{pmatrix}=\tau\sigma.$$

推论　设 n 次置换 σ 是互不相交的 r_1 项循环置换,r_2 项循环置换,$\cdots$,r_t 项循环置换之积,则 σ 的阶是 $r_1,r_2,\cdots,r_t$ 的最小公倍数.

证　设 r_s 项循环置换 $\tau_s=(j_1j_2\cdots j_{r_s})$,则 $\tau_s^k(j_i)=j_{k+i}$,$k+i$ 按模 r_s 取余数. 所以 $\tau_s^k(j_i)=j_i\Leftrightarrow r_s|k$. 而 $\sigma(j_i)=\tau_s(j_i)$,所以

$$\begin{aligned}\sigma^m=I&\Leftrightarrow\forall j_i,有\ \sigma^m(j_i)=j_i\\&\Leftrightarrow\forall j_i,对含\ j_i\ 的\ r_s\ 项循环置换\ \tau_s,有\ \tau_s^m(j_i)=j_i\\&\Leftrightarrow r_s\mid m,s=1,2,\cdots,t.\end{aligned}$$

因此 σ 的阶是 $r_1,r_2,\cdots,r_t$ 的最小公倍数.

习　题　2.5

1. 设 A 是区间[0,1]上全体实函数所组成的集合,规定:

$$\sigma(f(x))=(x^2+1)f(x),\quad \forall f(x)\in A,$$

问:σ 是否为 A 的变换? 单变换? 满变换?

2. 设 m 是一个正整数,$\forall a\in \mathbf{Z}$,作带余除法:

$$a=mq+r,\quad 0\leqslant r<m,$$

规定:$f(a)=r$. 问:f 是否为 $\mathbf{Z}$ 的变换? 单变换? 满变换?

3. 设 $\mathbf{R}$ 是实数集,令

$$H=\{\sigma\in \mathbf{R}^{\mathbf{R}}\mid \sigma(x)=ax+b,a,b\in \mathbf{Q},a\neq 0\},$$

证明:H 是一个变换群.

4. 设两个六次置换:

$$\sigma=\begin{pmatrix}1&2&3&4&5&6\\3&1&4&6&2&5\end{pmatrix},\quad \tau=\begin{pmatrix}1&2&3&4&5&6\\2&3&5&6&1&4\end{pmatrix},$$

计算:$\sigma\tau$;$\tau^2\sigma$;$\sigma\tau^{-1}$;$\tau\sigma\tau^{-1}$.

5. 分别写出 S_4,A_4 的所有元素(用循环置换表示).

6. 证明:当 $n\geqslant 2$ 时,n 次对称群 S_n 可以由 $n-1$ 个对换(12),(13),…,$(1n)$生成.

7. 证明:当 $n\geqslant 3$ 时,n 次交代群 A_n 可以由 $n-2$ 个 3 项循环置换(123),(124),…,$(12n)$生成.

8. 将 10 次置换

$$\sigma=\begin{pmatrix}1&2&3&4&5&6&7&8&9&10\\5&3&7&6&1&8&9&4&2&10\end{pmatrix}$$

表成互不相交的循环置换的乘积,并且求出 σ 的逆与 σ 的阶.

2.6 群的同态与同构

定义 2.17 设 G 与 G' 都是群,f 是 G 到 G' 的映射,若 f 保持运算,即

$$f(xy)=f(x)f(y),\quad \forall x,y\in G,$$

则称 f 是 G 到 G' 的同态.

若同态 f 是单射,则称 f 是单同态;若同态 f 是满射,则称 f 是满同态,并称 G 与 G' 同态,记作 $G\sim G'$;若同态 f 是双射,则称 f 是同构,并称 G 与 G' 同构,记作 $G\cong G'$.

例 1 设 G 与 G' 都是群,e' 是 G' 的单位元,令

$$f(x)=e',\quad \forall x\in G,$$

则 f 是 G 到 G' 的一个映射,且 $\forall x,y\in G$,

$$f(xy)=e'=e'e'=f(x)f(y),$$

所以 f 是 G 到 G' 的同态,称为零同态.

例 2　设 $(\mathbf{Z},+)$ 是整数加群,$(\mathbf{Z}_m,+)$ 是模 m 的剩余类加群,令

$$f(n)=[n],\quad \forall\, n\in\mathbf{Z},$$

则 f 是 $(\mathbf{Z},+)$ 到 $(\mathbf{Z}_m,+)$ 的一个满映射,且 $\forall\, n_1,n_2\in\mathbf{Z}$,

$$f(n_1+n_2)=[n_1+n_2]=[n_1]+[n_2]=f(n_1)+f(n_2),$$

所以 f 是 $(\mathbf{Z},+)$ 到 $(\mathbf{Z}_m,+)$ 的满同态.

例 3　设 $B_4=\{(1),(12)(34),(13)(24),(14)(23)\}$ 是 4 次交代群 A_4 的一个子群,$K_4=\{e,a,b,ab\}$ 是 Klein 四元群(见 2.2 节例 8),令

$$\begin{aligned} f:B_4 &\longrightarrow K_4,\\ (1) &\longmapsto e,\\ (12)(34) &\longmapsto a,\\ (13)(24) &\longmapsto b,\\ (14)(23) &\longmapsto ab, \end{aligned}$$

则 f 是 B_4 到 K_4 的一个双射,且 B_4 的运算表为

·	(1)	(12)(34)	(13)(24)	(14)(23)
(1)	(1)	(12)(34)	(13)(24)	(14)(23)
(12)(34)	(12)(34)	(1)	(14)(23)	(13)(24)
(13)(24)	(13)(24)	(14)(23)	(1)	(12)(34)
(14)(23)	(14)(23)	(13)(24)	(12)(34)	(1)

与 K_4 的运算表比较可得 f 保持运算,因此 f 是 B_4 到 K_4 的同构,即 $B_4\cong K_4$.今后也称 B_4 是 Klein 四元群.

定理 2.28　设 f 是群 G 到群 G' 的同态.

(1) 若 e 是 G 的单位元,则 $f(e)$ 是 G' 的单位元;

(2) $\forall\, a\in G, f(a^{-1})=f(a)^{-1}$;

(3) $\forall\, a\in G$,若 $|a|$ 有限,则 $|f(a)|$ 也有限,且 $|f(a)|\,\big|\,|a|$;

(4) 若 $H\leqslant G$,则 $f(H)\leqslant G'$;

(5) 若 $H'\leqslant G'$,则 $f^{-1}(H')\leqslant G$.

证　(1) 设 e' 是 G' 的单位元.因为 $f(e)f(e)=f(e^2)=f(e)=e'f(e)$,所以由消去律得 $f(e)=e'$.

(2) 因为 $f(a)f(a^{-1})=f(aa^{-1})=f(e)=e'$,所以 $f(a^{-1})=f(a)^{-1}$.

(3) 设 $|a|=m$,则 $f(a)^m=f(a^m)=f(e)=e'$,从而 $|f(a)|$ 有限,且 $|f(a)|\,\big|\,|a|$.

(4) 因为 $f(e)\in f(H)$,所以 $f(H)\neq\varnothing$. 又 $\forall a',b'\in f(H)$, $\exists a,b\in H$,使 $f(a)=a'$, $f(b)=b'$,于是

$$a'b'^{-1}=f(a)f(b)^{-1}=f(ab^{-1}).$$

由于 $H\leqslant G$ 从而 $ab^{-1}\in H$,所以 $a'b'^{-1}\in f(H)$. 因此 $f(H)\leqslant G'$.

(5) 因为 $f(e)=e'\in H'$,所以 $e\in f^{-1}(H')$,从而 $f^{-1}(H')\neq\varnothing$. 又 $\forall a,b\in f^{-1}(H')$,有 $f(a),f(b)\in H'$. 由于 $H'\leqslant G'$,于是 $f(ab^{-1})=f(a)\cdot f(b)^{-1}\in H'$. 从而 $ab^{-1}\in f^{-1}(H')$. 因此 $f^{-1}(H')\leqslant G$.

定理 2.29 设 f 是群 G 到群 G' 的同态,g 是群 G' 到群 G'' 的同态,则 f 与 g 的合成 $g\circ f$ 是群 G 到群 G'' 的同态.

证 $\forall x,y\in G$,有

$$\begin{aligned}(g\circ f)(xy)&=g(f(xy))=g(f(x)f(y))\\&=g(f(x))g(f(y))=(g\circ f)(x)(g\circ f)(y),\end{aligned}$$

因此 $g\circ f$ 是同态.

推论 设 f 是群 G 到群 G' 的满同态(单同态,同构),g 是群 G' 到群 G'' 的满同态(单同态,同构),则 $g\circ f$ 是群 G 到群 G'' 的满同态(单同态,同构).

定义 2.18 设 f 是群 G 到群 G' 的同态,e' 是 G' 的单位元,则称

$$\mathrm{Im}f=f(G)=\{f(x)\mid x\in G\}$$

是 f 的同态像,称

$$f^{-1}(e')=\{x\in G\mid f(x)=e'\}$$

是 f 的同态核,记作 $\mathrm{Ker}\ f$.

由定理 2.28,$e'\in\mathrm{Im}f$,$e\in\mathrm{Ker}\ f$.

例如在例 1 中,$\mathrm{Im}f=\{e'\}$,$\mathrm{Ker}\ f=G$;在例 2 中,f 是满同态,所以 $\mathrm{Im}f=\mathbf{Z}_m$;而

$$\begin{aligned}\mathrm{Ker}\ f&=\{n\in\mathbf{Z}\mid f(n)=[0]\}\\&=\{n\in\mathbf{Z}\mid [n]=[0]\}\\&=\{n\in\mathbf{Z}\mid m\mid n\}=(m).\end{aligned}$$

定理 2.30 设 f 是群 G 到群 G' 的同态,e 是 G 的单位元,则

(1) f 是满同态$\Leftrightarrow\mathrm{Im}f=G'$;

(2) f 是单同态$\Leftrightarrow\mathrm{Ker}\ f=\{e\}$.

证 (1) 显然成立,下面证(2). 先证必要性,设 $x\in\mathrm{Ker}\ f$,则 $f(x)=e'=f(e)$. 因为 f 是单同态,所以 $x=e$,因此 $\mathrm{Ker}\ f=\{e\}$.

再证充分性,设 $f(x)=f(y)$,$x,y\in G$,则 $f(xy^{-1})=f(x)f(y)^{-1}=e'$,于是 $xy^{-1}\in\mathrm{Ker}\ f$,由假设 $\mathrm{Ker}\ f=\{e\}$,所以 $xy^{-1}=e$,从而 $x=y$,因此 f 是单同态.

定理 2.31(Cayley) 任意一个群 G 都与一个变换群同构.

证 任取 $a\in G$,作 G 的左乘变换:

$$\sigma_a: x \mapsto ax, \quad \forall x \in G,$$

$\forall y\in G$,由于方程 $ax=y$ 在 G 中有解,所以 σ_a 是一个满射. 又若 $\sigma_a(x_1)=\sigma_a(x_2)$,即 $ax_1=ax_2$,则由消去律,$x_1=x_2$,所以 σ_a 是一个单射. 从而 σ_a 是 G 的一一变换. 令

$$G'=\{\sigma_a \mid a\in G\},$$

$\forall \sigma_a, \sigma_b\in G', x\in G$ 有

$$(\sigma_a\sigma_b)(x) = \sigma_a(\sigma_b(x)) = a(bx) = (ab)(x) = \sigma_{ab}(x),$$

于是

$$\sigma_a\sigma_b = \sigma_{ab}, \tag{2.7}$$

所以 $\sigma_a\sigma_b\in G'$. 而且 $(\sigma_a)^{-1}=\sigma_{a^{-1}}\in G'$,从而 G' 是一个变换群.

作一个 G 到 G' 的映射

$$f: a \mapsto \sigma_a,$$

显然 f 是满射. $\forall a,b\in G$,若 $f(a)=f(b)$,即 $\sigma_a=\sigma_b$,则 $\forall x\in G$ 有 $\sigma_a(x)=\sigma_b(x)$,即 $ax=bx$,所以 $a=b$,从而 f 是单射. 又由(2.7)可知 $f(ab)=f(a)f(b)$,因此 f 是同构,即 $G\cong G'$.

推论 任意一个有限群都与一个置换群同构.

定理 2.31 及其推论告诉我们,在同构的意义下,任意一个抽象群都可以看作一个具体的变换群,这也表明变换群的重要性.

下面讨论循环群的构造以及循环群之间的同态.

定理 2.32 设 $G=(a)$ 是循环群.

(1)若 $|a|=\infty$,则 $G\cong(\mathbf{Z},+)$;

(2)若 $|a|=m$,则 $G\cong(\mathbf{Z}_m,+)$.

证 (1)令

$$f: k \mapsto a^k, \quad \forall k \in \mathbf{Z},$$

则 f 是 $\mathbf{Z}$ 到 G 的满射. 且 $\forall k,h\in\mathbf{Z}$,若 $f(k)=f(h)$,即 $a^k=a^h$. 因为 $|a|=\infty$,所以 $k=h$,从而 f 是单射. 又

$$f(k+h) = a^{k+h} = a^k a^h = f(k)f(h),$$

因此 f 是同构.

(2)令

$$f: [k] \mapsto a^k, \quad \forall [k] \in \mathbf{Z}_m.$$

若 $[k]=[h]$,则 $m\mid k-h$. 因为 $|a|=m$,所以 $a^k=a^h$,从而 f 与代表元的选取无关,即 f 是 $\mathbf{Z}_m$ 到 G 的一个映射. 显然 f 是满射. 又 $\forall [k],[h]\in\mathbf{Z}_m$,若 $f([k])=f([h])$,即 $a^k=a^h$,因为 $|a|=m$,所以 $m\mid k-h$,于是 $[k]=[h]$,从而 f 是单射. 又

$$f([k]+[h]) = f([k+h]) = a^{k+h} = a^k a^h = f([k])f([h]),$$

因此 f 是同构.

定理 2.32 刻画了循环群的构造,从同构的意义上说,循环群有且只有两种类型,而且它们的构造由其生成元的阶决定.

定理 2.33 (1) 设 f 是群 G 到群 G' 的同态,若 G 是由 a 生成的循环群,则 f 的同态像 $\mathrm{Im}f$ 是由 $f(a)$ 生成的循环群.

(2) 若 G 是无限阶的循环群,G' 是任何循环群,则 G 与 G' 同态.

(3) 若 G 与 G' 都是有限阶循环群,它们的阶分别是 m 与 n,则 G 与 G' 同态 $\Leftrightarrow n|m$.

证 (1) 首先由定理 2.28(4),$\mathrm{Im}f\leqslant G'$. 又 $\forall b'\in \mathrm{Im}f$, $\exists b\in G$,使 $f(b)=b'$. 由于 $G=(a)$,从而 $b=a^k$, $k\in \mathbf{Z}$. 所以 $b'=f(b)=f(a^k)=f(a)^k$. 因此 $\mathrm{Im}f=(f(a))$,即 $\mathrm{Im}f$ 是由 $f(a)$ 生成的循环群.

(2) 设 $G=(a)$, $G'=(a')$,令

$$f: G\to G',$$
$$a^n\mapsto (a')^n,$$

因为 G 是无限阶的循环群,所以 G 中每一个元素都唯一地表为 a^n 的形式,从而 f 是 G 到 G' 的一个映射. 又

① $\forall (a')^n\in G'$, $\exists\ a^n\in G$,使 $f(a^n)=(a')^n$,所以 f 是满射.

② $\forall a^n, a^m\in G$,有

$$f(a^na^m)=f(a^{n+m})=(a')^{n+m}=(a')^n(a')^m=f(a^n)f(a^m),$$

因此 f 是 G 到 G' 的满同态,从而 G 与 G' 同态.

(3) 设 $G=(a)$, $G'=(a')$,则 $|a|=m$, $|a'|=n$.

$\Leftarrow$. 若 $n|m$,令

$$f: G\to G',$$
$$a^k\mapsto (a')^k.$$

① 当 $a^k=a^h$ 时,则 $m|k-h$,而由假设 $n|m$,于是 $n|k-h$,所以 $(a')^k=(a')^h$,从而 f 是 G 到 G' 的一个映射.

② $\forall (a')^k\in G'$, $\exists\ a^k\in G$,使 $f(a^k)=(a')^k$,所以 f 是满射.

③ $\forall a^k, a^h\in G$,有

$$f(a^ka^h)=f(a^{k+h})=(a')^{k+h}=(a')^k(a')^h=f(a^k)f(a^h),$$

因此 f 是 G 到 G' 的满同态,从而 G 与 G' 同态.

$\Rightarrow$. 若 $G=(a)$ 与 G' 同态,则存在一个 G 到 G' 的满同态 f,于是 $G'=\mathrm{Im}f$. 由(1)的证明知,$\mathrm{Im}f$ 是由 $f(a)$ 生成的,所以 $|f(a)|=|G'|=n$. 再由定理2.28(3)知,$|f(a)|\ |a|$,因此 $n|m$.

群 G 到 G 自身的同态称为 G 的自同态,群 G 与 G 自身的同构称为 G 的自同

构. G 的全体自同态所组成的集合记作 $\mathrm{End}(G)$,它关于映射的合成作成一个有单位元的半群. G 的全体自同构所组成的集合记作 $\mathrm{Aut}(G)$,它关于映射的合成作成一个群,称为群 G 的自同构群.

例 4 设 G 是群,$g\in G$,令

$$\sigma_g(x)=gxg^{-1},\quad \forall\, x\in G.$$

证明:σ_g 是 G 的一个自同构(称为 G 的内自同构).

证 显然 σ_g 是 G 到 G 的一个映射,且

(1) $\forall\, y\in G$, $\exists\ g^{-1}yg\in G$,使

$$\sigma_g(g^{-1}yg)=g(g^{-1}yg)g^{-1}=(gg^{-1})y(gg^{-1})=y,$$

所以 σ_g 是满射.

(2) $\forall\, x_1,x_2\in G$,若 $\sigma_g(x_1)=\sigma_g(x_2)$,即 $gx_1g^{-1}=gx_2g^{-1}$,则 $x_1=x_2$,所以 σ_g 是单射.

(3) $\forall\, x_1,x_2\in G$,

$$\sigma_g(x_1x_2)=g(x_1x_2)g^{-1}=(gx_1g^{-1})(gx_2g^{-1})=\sigma_g(x_1)\sigma_g(x_2),$$

所以 σ_g 保持运算.

因此 σ_g 是 G 的自同构.

例 5 找出整数加群$(\mathbf{Z},+)$的自同构群.

解 整数加群$(\mathbf{Z},+)$是一个循环群,生成元只有两个:1 与-1. 而$(\mathbf{Z},+)$的自同构是双射,把生成元映到生成元,所以$(\mathbf{Z},+)$的自同构只有两个:$I_{\mathbf{Z}}:1\mapsto 1$ 与 σ: $1\mapsto -1$. 因此 $\mathrm{Aut}(\mathbf{Z})=\{I_{\mathbf{Z}},\sigma\}$.

习 题 2.6

1. 设$(G,\cdot)$是一个群,$(G',\circ)$是一个具有代数运算$\circ$的集合,若存在一个 G 到 G' 的满射 f,且保持运算,即

$$f(x\cdot y)=f(x)\circ f(y),\quad \forall\, x,y\in G,$$

证明:G' 也是一个群.

2. 证明:实数加群$(\mathbf{R},+)$与正实数乘群$(\mathbf{R}^+,\times)$同构.

3. 证明:整数加群与偶数加群同构.

4. 证明:2.4 节例 4(2)中由 a,b 生成的子群(a,b)与三次对称群 S_3 同构.

5. 设 G 是一个群,证明

$$f:x\mapsto x^{-1},\quad \forall\, x\in G$$

是 G 的自同构的充要条件为 G 是交换群.

6. 设 $H\leqslant G$,证明:$\forall\, a\in G$, $aHa^{-1}\leqslant G$,并且 $aHa^{-1}\cong H$(aHa^{-1} 称为 H 的共轭子群).

2.7 子群的陪集

我们在 1.4 节例 8 中曾经由一个正整数 m,确定了整数间的一个等价关系 R_m,即

$$aR_m b \Leftrightarrow m \mid a-b, \quad \forall a,b \in \mathbf{Z}.$$

现在知道,$\mathbf{Z}$ 是一个由 1 生成的循环加群,(m)是 $\mathbf{Z}$ 的一个子群,且

$$m \mid a-b \Leftrightarrow a-b \in (m),$$

从而 R_m 也可以认为是由 $\mathbf{Z}$ 的一个子群(m)所确定的.现在将这个思想推广到一般的群中.

设 H 是群 G 的一个子群,在 G 中定义一个关系 R_l:

$$aR_l b \Leftrightarrow b^{-1}a \in H, \quad \forall a,b \in G.$$

我们有

(1) $\forall a \in G$,因为 $a^{-1}a=e\in H$,所以 $aR_l a$.

(2) $\forall a,b\in G$,若 $aR_l b$,则 $b^{-1}a\in H$,于是 $a^{-1}b=(b^{-1}a)^{-1}\in H$,所以 $bR_l a$.

(3) $\forall a,b,c\in G$,若 $aR_l b$,$bR_l c$,则 $b^{-1}a\in H$,$c^{-1}b\in H$,于是 $c^{-1}a=(c^{-1}b)(b^{-1}a)\in H$,所以 $aR_l c$.

因此,R_l 是一个等价关系.利用这个等价关系可以决定群 G 的一个分类.

定义 2.19 设 $H\leqslant G$,由等价关系 R_l 所决定的类称为 H 的左陪集.

定理 2.34 设 $H\leqslant G$,则包含元素 a 的左陪集等于 aH.

证 将包含元素 a 的左陪集记作$[a]$.$\forall b\in[a]$,有 $bR_l a$,即 $a^{-1}b=h\in H$,于是 $b=ah\in aH$,所以$[a]\subseteq aH$.反之,$\forall b\in aH$,$\exists\ h\in H$,使 $b=ah$,于是 $a^{-1}b=h\in H$,即 $bR_l a$,从而 $b\in[a]$,所以 $aH\subseteq[a]$.因此$[a]=aH$.

定理 2.35 设 $H\leqslant G$,则下列各命题成立:

(1) $a\in aH$;

(2) $aH=bH\Leftrightarrow aH\cap bH\neq\varnothing\Leftrightarrow a^{-1}b\in H\Leftrightarrow b\in aH\Leftrightarrow bH\subseteq aH$.

特别,

$$aH = H\Leftrightarrow a \in H; \quad eH = H.$$

(3) 在 aH 与 H 之间存在一个双射.

证 (1) $a=ae\in aH$.

(2) 采用循环论证方法.

(a) 若 $aH=bH$,则 $aH\cap bH=aH\neq\varnothing$.

(b) 若 $aH\cap bH\neq\varnothing$,则 $\exists x\in aH\cap bH$.设 $x=ah_1=bh_2$,$h_1,h_2\in H$,于是 $a^{-1}b=h_1h_2^{-1}\in H$.

(c) 若 $a^{-1}b\in H$,则 $a^{-1}b=h,h\in H$,所以 $b=ah\in aH$.

(d) 若 $b\in aH$,则 $b=ah,h\in H$. 所以 $\forall y\in bH$, $\exists h_1\in H$,使 $y=bh_1=(ah)h_1=a(hh_1)\in aH$,从而 $bH\subseteq aH$.

(e) 若 $bH\subseteq aH$,则 $b\in aH$,于是 $b=ah,h\in H$. $\forall z\in aH$, $\exists h_2\in H$,使 $z=ah_2=(bh^{-1})h_2=b(h^{-1}h_2)\in bH$,从而 $aH\subseteq bH$. 因此 $aH=bH$.

(3) 令 $f:ah\mapsto h$, 容易证明 f 是 aH 与 H 之间的一个双射.

这样,对于任意一个群 G,设 $H\leqslant G$,则 G 可以分解成 H 的互不相同的左陪集的并:

$$G=\bigcup_{a\in G} aH,$$

称为 G 关于 H 的左陪集分解.

例 1　设三次对称群 $S_3=\{(1),(12),(13),(23),(123),(132)\}$, $H=\{(1),(12)\}$是 S_3 的一个子群,则

$$(1)H=\{(1),(12)\},$$
$$(13)H=\{(13),(123)\},$$
$$(23)H=\{(23),(132)\},$$

于是 H 将 S_3 分成三个不同的左陪集.

例 2　设非零有理数乘群$(\mathbf{Q}^*,\cdot)$, $H=\{1,-1\}$是 $\mathbf{Q}^*$ 的子群,则

$$aH=bH\Leftrightarrow b^{-1}a\in H\Leftrightarrow b^{-1}a=1 \text{ 或 } -1$$
$$\Leftrightarrow a=b \text{ 或 } a=-b,$$

所以 $\forall a\in\mathbf{Q}^+$, $aH=\{a,-a\}$,且

$$\mathbf{Q}^*=\bigcup_{a\in\mathbf{Q}^+} aH.$$

与左陪集相对应的还有右陪集概念. 设 H 是群 G 的一个子群,在 G 中定义一个关系 R_r:

$$aR_r b\Leftrightarrow ab^{-1}\in H,\quad \forall a,b\in G.$$

同样地,R_r 也是一个等价关系. 利用这个等价关系又可以决定 G 的一个分类.

定义 2.20　设 $H\leqslant G$,由等价关系 R_r 所决定的类称为 H 的右陪集.

类似地,右陪集具有下列性质.

定理 2.36　设 $H\leqslant G$,则包含元素 a 的右陪集等于 Ha. 而且下列各命题成立:

(1) $a\in Ha$.

(2) $Ha=Hb\Leftrightarrow Ha\cap Hb\neq\varnothing\Leftrightarrow ba^{-1}\in H\Leftrightarrow b\in Ha\Leftrightarrow Hb\subseteq Ha$,

特别,

$$Ha=H\Leftrightarrow a\in H;\quad He=H.$$

(3) 在 Ha 与 H 之间存在一个双射.

这样,对于任意一个群 G,设 $H\leqslant G$,则 G 可以分解成 H 的互不相同的右陪集的并:

$$G=\bigcup_{a\in G}Ha,$$

称为 G 关于 H 的右陪集分解.

例 3 三次对称群 $S_3=\{(1),(12),(13),(23),(123),(132)\}$关于子群 $H=\{(1),(12)\}$的右陪集为

$$H(1)=\{(1),(12)\},$$

$$H(13)=\{(13),(132)\},$$

$$H(23)=\{(23),(123)\}.$$

由例 1,3 可见,H 的右陪集 Ha 与左陪集 aH 并不一定相同,但是左陪集与右陪集的个数是相等的. 一般有如下定理.

定理 2.37 设 $H\leqslant G$,

$$S_r=\{Ha\mid a\in G\},\qquad S_l=\{aH\mid a\in G\},$$

则在 S_r 与 S_l 之间存在一个双射.

证 令 $f:Ha\mapsto a^{-1}H$, $\forall a\in G$,则

(1) $\forall Ha,Hb\in S_r$,

$$Ha=Hb\Rightarrow ab^{-1}\in H\Rightarrow(a^{-1})^{-1}b^{-1}\in H$$
$$\Rightarrow a^{-1}H=b^{-1}H.$$

所以,f 是一个 S_r 到 S_l 的映射.

(2) $\forall aH\in S_l$,有 $Ha^{-1}\in S_r$ 而且 $f(Ha^{-1})=(a^{-1})^{-1}H=aH$,所以 f 是满射.

(3) $\forall Ha,Hb\in S_r$,

$$f(Ha)=f(Hb)\Rightarrow a^{-1}H=b^{-1}H\Rightarrow(a^{-1})^{-1}b^{-1}\in H$$
$$\Rightarrow ab^{-1}\in H\Rightarrow Ha=Hb,$$

所以,f 是单射.

因此,f 是双射.

定义 2.21 设 $H\leqslant G$,H 在 G 中左陪集(或右陪集)的个数称为 H 在 G 中的指数,记作$[G:H]$.

例如,在例 1 中,$[S_3:H]=3$;例 2 中,$[G:H]$是无限. 在本书中主要讨论$[G:H]$为有限的情形.

定理 2.38(Lagrange(拉格朗日)) 设 G 是有限群,H 是 G 的子群,则

$$|G|=[G:H]\,|H|.$$

证　因为 G 是有限群,所以 $[G:H]$ 有限,设为 k,则

$$G = a_1H \cup a_2H \cup \cdots \cup a_kH.$$

又由定理 2.35(3),$|a_iH| = |H|$,因此

$$|G| = \sum_{i=1}^{k} |a_iH| = k|H| = [G:H]|H|.$$

注　Lagrange 定理的逆命题不成立. 例如,12 阶的四次交代群 A_4 没有 6 阶子群(见习题 2.8 第 8 题).

推论 1　有限群 G 的每一个元素的阶都是 $|G|$ 的因数.

证　设 $a \in G$,a 的阶是 m,则 $H=(a)$ 是 G 的 m 阶子群,于是

$$|G| = [G:H]|H| = [G:H]m,$$

因此 $m \mid |G|$.

推论 2　素数阶的群都是循环群.

证　设 p 是素数,G 是 p 阶群,因为 $p>1$,所以存在 $a \in G$,a 的阶 $m>1$. 于是 $m \mid p$. 由于 p 是素数,从而 $m=p$. 因此 $G=(a)$.

例 4　求出 Klein 四元群 K_4(见 2.2 节例 8)的所有子群.

解　由 Lagrange 定理,$K_4=\{e,a,b,ab\}$ 的子群的阶只能是 1,2,4,而 1 阶子群是单位元子群,4 阶子群是 K_4 本身,又由推论 2,2 阶子群是由 2 阶元生成的循环群,因此 K_4 的子群有且只有下列 5 个.

1 阶子群:$\{e\}$;

2 阶子群:$(a)=\{e,a\}$,$(b)=\{e,b\}$,$(ab)=\{e,ab\}$;

4 阶子群:K_4.

例 5　设 H,K 是群 G 的两个子群,且 H 与 K 的阶分别为 m 与 n,又 $(m,n)=1$,证明:$H \cap K=\{e\}$.

证　因为 $H \cap K \leqslant G$,且 $H \cap K \subseteq H$,$H \cap K \subseteq K$,所以 $H \cap K \leqslant H$,$H \cap K \leqslant K$. 由 Lagrange 定理,$|H \cap K| \mid m$,$|H \cap K| \mid n$. 而 $(m,n)=1$,因此 $|H \cap K|=1$,从而 $H \cap K=\{e\}$.

例 6　证明:6 阶交换群是循环群.

证　设 G 是 6 阶交换群,要证 G 是循环群,只要证 G 含有 6 阶元. 由Lagrange 定理的推论 1,G 中非单位元的阶只能是 2,3,6,而且由习题 2.3 第 8 题(2),G 必含 2 阶元 a. 若 G 中非单位元的阶都是 2,并设 a,b 是两个不同的 2 阶元,由于 G 是交换群,所以 $\{e,a,b,ab\}$ 是 G 的 4 阶子群,这与 Lagrange 定理矛盾. 从而 G 也含 3 阶元 c(若 G 含 6 阶元 d,则命题得证,而且 d^2 是 3 阶元). 因为 G 是交换群,由 2.3 节例 2,ac 是 6 阶元. 因此 G 是循环群.

定理 2.39　设 H,K 是群 G 的两个有限子群,则

$$|HK|=\frac{|H||K|}{|H\cap K|}.$$

证 设 $M=H\cap K$，则 $M\leqslant G$，且 $M\subseteq H$，从而 $M\leqslant H$. 设 $[H:M]=m$，则 H 关于 M 有左陪集分解：

$$H=c_1M\cup c_2M\cup\cdots\cup c_mM\ , \tag{2.8}$$

其中当 $i\neq j$ 时，$c_iM\neq c_jM$. 因为 $MK=K$，所以

$$HK=c_1K\cup c_2K\cup\cdots\cup c_mK. \tag{2.9}$$

若 $c_iK\cap c_jK\neq\varnothing$，则存在 $k_1,k_2\in K$，使 $c_ik_1=c_jk_2$，于是 $c_j^{-1}c_i=k_2k_1^{-1}\in M$，从而 $c_iM=c_jM$，即 $i=j$. 所以当 $i\neq j$ 时，$c_iK\cap c_jK=\varnothing$. 又 $|c_iK|=|K|$，因此由(2.9)得

$$|HK|=m\cdot|K|=[H:M]\cdot|K|=\frac{|H||K|}{|H\cap K|}.$$

习 题 2.7

1. 写出四次交代群 A_4 关于 Klein 四元子群{(1),(12)(34),(13)(24),(14)(23)}的左陪集分解与右陪集分解.
2. 设 p 是素数，阶为 $p^m(m\in\mathbf{N})$ 的群称为 p-群. 证明：p-群一定有一个 p 阶子群.
3. 证明：在同构的意义下，4 阶群只有两个，而且都是交换群.
4. 证明：6 阶群有且只有一个 3 阶子群.
5. 设 G 是一个阶大于 1 的群，证明：G 只有平凡子群⇔G 为素数阶循环群.

2.8 正规子群与商群

定义 2.22 设 N 是群 G 的子群，若 $\forall a\in G$ 都有

$$aN=Na,$$

则称 N 是 G 的正规子群(或不变子群)，记作 $N\lhd G$.

对于正规子群 N 来说，它的右陪集与左陪集是相同的，统称为陪集.

例 1 任意一个群 G，都有两个正规子群：$\{e\}$ 与 G，这两个正规子群称为 G 的平凡正规子群. 若 $N\lhd G$，且 $N\neq\{e\}$，$N\neq G$，则称 N 是 G 的非平凡正规子群.

例 2 交换群 G 的子群都是 G 的正规子群.

证 设 $N\leqslant G$. 因为 G 是交换群，所以 $\forall a\in G, n\in N$ 都有 $an=na$，从而 $aN=Na$，因此 $N\lhd G$.

例 3 一个群 G 的中心 $C(G)$ 是 G 的正规子群.

证 在 2.4 节例 2 中已证，$C(G)\leqslant G$. 又因为 $C(G)$ 中的每一个元素与 G 中的每一个元素都可交换，所以 $\forall a\in G$ 都有 $aC(G)=C(G)a$，因此 $C(G)\lhd G$.

定理 2.40 设 N 是群 G 的子群，则下列各命题等价：

(1) $N \lhd G$(即 $aN=Na, \forall a \in G$);

(2) $ana^{-1} \in N, \forall a \in G, n \in N$;

(3) $aNa^{-1} \subseteq N, \forall a \in G$;

(4) $aNa^{-1}=N, \forall a \in G$;

(5) N 的每一个左陪集也是 N 的右陪集.

证　采用循环论证方法.

(1)⇒(2). 因为 $an \in aN$,由(1)$aN=Na$,所以 $an \in Na$,于是 $\exists\, n' \in N$,使$an=n'a$,从而 $ana^{-1}=n'(aa^{-1})=n' \in N$.

(2)⇒(3). 显然成立.

(3)⇒(4). 由(3),$a^{-1}Na \subseteq N$,所以 $\forall n \in N$,

$$n = a(a^{-1}na)a^{-1} \in aNa^{-1},$$

从而 $N \subseteq aNa^{-1}$,因此 $aNa^{-1}=N$.

(4)⇒(5). 任取左陪集 aN,由(4),$aNa^{-1}=N$,于是 $\forall n \in N, ana^{-1} \in N$,即 $\exists n' \in N$,使 $ana^{-1}=n' \in N$. 所以 $an=(ana^{-1})a=n'a \in Na$,从而 $aN \subseteq Na$. 又 $\forall n \in N$,由(4),$n \in aNa^{-1}$,于是 $\exists\, n'' \in N$,使 $n=an''a^{-1}$,所以 $na=an'' \in aN$,从而 $Na \subseteq aN$. 因此 $aN=Na$.

(5)⇒(1). 设 $aN=Nb$,因为 $a \in aN$,所以 $a \in Nb$. 又由于 $a \in Na$,从而 $a \in Na \cap Nb$,即 $Na \cap Nb \neq \varnothing$. 由定理 2.36(2),$Nb=Na$,因此 $aN=Na$.

例 4　设 $H \leqslant G, N \lhd G$,证明:$HN \leqslant G$.

证　因为 $e=ee \in HN$,所以 $HN \neq \varnothing$. 又 $\forall h_1, h_2 \in H, n_1, n_2 \in N$,有

$$(h_1n_1)(h_2n_2)^{-1} = h_1n_1n_2^{-1}h_2^{-1} = (h_1h_2^{-1}) \cdot h_2(n_1n_2^{-1})h_2^{-1}.$$

由于 $H \leqslant G$,从而 $h_1h_2^{-1} \in H$. 又由于 $N \lhd G$,从而 $h_2(n_1n_2^{-1})h_2^{-1} \in N$,于是 $(h_1n_1)(h_2n_2)^{-1} \in HN$,因此 $HN \leqslant G$.

例 5　设 $M \lhd G, N \lhd G$,证明:$M \cap N \lhd G, MN \lhd G$.

证　(1) 首先由 2.4 节例 3 知,$M \cap N \leqslant G$. 又 $\forall x \in M \cap N, a \in G$,因为 $M \lhd G$,所以 $axa^{-1} \in M$;又因为 $N \lhd G$,所以 $axa^{-1} \in N$. 从而 $axa^{-1} \in M \cap N$. 因此 $M \cap N \lhd G$.

(2) 首先由例 4 知,$MN \leqslant G$. 又 $\forall m \in M, n \in N, a \in G$,有 $a(mn)a^{-1}=ama^{-1} \cdot ana^{-1} \in MN$. 因此 $MN \lhd G$.

例 6　设 $\mathrm{SL}(n,P)$是数域 P 上全体行列式等于 1 的 n 阶矩阵所组成的集合,证明:$\mathrm{SL}(n,P) \lhd \mathrm{GL}(n,P)$ ($\mathrm{SL}(n,P)$称为 P 上 n 次特殊线性群).

证　首先 $\mathrm{SL}(n,p) \subseteq \mathrm{GL}(n,P)$,又 $I_n \in \mathrm{SL}(n,P)$,从而 $\mathrm{SL}(n,P) \neq \varnothing$. $\forall A, B \in \mathrm{SL}(n,P)$,有$|AB^{-1}|=|A||B|^{-1}=1$,所以 $AB^{-1} \in \mathrm{SL}(n,P)$,从而 $\mathrm{SL}(n,F) \leqslant \mathrm{GL}(n,P)$. 又 $\forall M \in \mathrm{GL}(n,P)$,$|MAM^{-1}|=|M||A||M|^{-1}=1$,所以 $MAM^{-1} \in$

$SL(n,P)$. 因此由定理 2.40, $SL(n,P)\lhd GL(n,P)$.

例 7 设 S_4 是 4 次对称群, B_4 是 Klein 四元群, $H=\{(1),(12)(34)\}$. 证明: $H\lhd B_4$, $B_4\lhd S_4$, 但是 H 不是 S_4 的正规子群.

证 容易证明 $H\leqslant B_4\leqslant S_4$. 因为 B_4 是交换群, 所以 $H\lhd B_4$. 下面证明 $B_4\lhd S_4$. B_4 的每个元素为

$$\sigma=(1)\quad 或\quad (i_1i_2)(i_3i_4),$$

其中 i_1,i_2,i_3,i_4 是 1,2,3,4 的一个排列. 对于 S_4 中的任意元

$$\tau=\begin{pmatrix} i_1 & i_2 & i_3 & i_4 \\ j_1 & j_2 & j_3 & j_4 \end{pmatrix},$$

其中 j_1,j_2,j_3,j_4 是 1,2,3,4 的一个排列.

$$\begin{aligned}&\tau(1)\tau^{-1}\\ =&\begin{pmatrix} i_1 & i_2 & i_3 & i_4 \\ j_1 & j_2 & j_3 & j_4 \end{pmatrix}(1)\begin{pmatrix} j_1 & j_2 & j_3 & j_4 \\ i_1 & i_2 & i_3 & i_4 \end{pmatrix}\\ =&(1),\end{aligned}$$

$$\begin{aligned}&\tau(i_1i_2)(i_3i_4)\ \tau^{-1}\\ =&\begin{pmatrix} i_1 & i_2 & i_3 & i_4 \\ j_1 & j_2 & j_3 & j_4 \end{pmatrix}(i_1i_2)(i_3i_4)\begin{pmatrix} j_1 & j_2 & j_3 & j_4 \\ i_1 & i_2 & i_3 & i_4 \end{pmatrix}\\ =&(j_1j_2)(j_3j_4),\end{aligned}$$

所以 $\tau\sigma\tau^{-1}\in B_4$, 因此由定理 2.40, $B_4\lhd S_4$.

但是, 存在 $(24)\in S_4$, $(12)(34)\in H$, 而

$$(24)[(12)(34)](24)^{-1}=(14)(23)\notin H,$$

因此 H 不是 S_4 的正规子群.

例 7 表明, 正规子群不具有传递性.

定理 2.41 设 G 是群, $N\lhd G$, 令

$$G/N=\{aN\mid a\in G\},$$

规定:

$$aN\cdot bN=(ab)N,\quad \forall\, aN,bN\in G/N\ ,\tag{2.10}$$

则 $(G/N,\cdot)$ 是一个群.

证 首先证明(2.10)规定的 · 是 G/N 的代数运算, 即证与代表元的选取无关. 设 $a_1N=aN$, $b_1N=bN$, 则 $a^{-1}a_1=n_1\in N$, $b^{-1}b_1=n_2\in N$. 因为 $N\lhd G$, 所以 $Nb_1=b_1N$, 于是存在 $n_3\in N$, 使 $n_1b_1=b_1n_3$, 这样

$$(ab)^{-1}(a_1b_1)=b^{-1}(a^{-1}a_1)b_1$$
$$=b^{-1}(n_1b_1)=(b^{-1}b_1)n_3=n_2n_3\in N,$$

从而$(ab)N=(a_1b_1)N$. 所以(2.10)规定的·是G/N的代数运算.

又$\forall aN,bN,cN\in G/N$,有

$$(aN\cdot bN)\cdot cN=(ab)N\cdot cN=[(ab)c]N$$
$$=[a(bc)]N=aN\cdot(bc)N=aN\cdot(bN\cdot cN),$$

从而·满足结合律. 且

$$eN\cdot aN=aN\cdot eN=aN,\quad \forall aN\in G/N,$$

从而$N=eN$是G/N的单位元. $\forall aN\in G/N$,存在$a^{-1}N\in G/N$,使

$$aN\cdot a^{-1}N=a^{-1}N\cdot aN=eN,$$

从而$a^{-1}N$是aN的逆元.

因此G/N是一个群.

定理2.41中构作的群G/N称为G关于N的商群.

推论 商群G/N的阶是N在G中的指数$[G:N]$. 且当G是有限群时,G/N的阶是$\dfrac{|G|}{|N|}$.

当G是加群时,则正规子群N的陪集为$a+N$,商群G/N的运算为

$$(a+N)+(b+N)=(a+b)+N.$$

例8 设$m\in\mathbf{N}$,则

$$(m)=\{\cdots,-2m,-m,0,m,2m,\cdots\}$$

是整数加群$(\mathbf{Z},+)$的正规子群,且包含整数a的陪集为

$$a+(m)=\{\cdots,a-2m,a-m,a,a+m,a+2m,\cdots\},$$

(m)在$\mathbf{Z}$中的指数是m. 因此$\mathbf{Z}$关于(m)的商群是

$$\mathbf{Z}/(m)=\{(m),1+(m),2+(m),\cdots,\overline{m-1}+(m)\},$$

与2.2节例7比较,可见$a+(m)=[a]$;$\mathbf{Z}/(m)=\mathbf{Z}_m$.

习 题 2.8

1. 设$N\lhd G$,且$|N|=2$,证明:$N\subseteq C(G)$.
2. 设$N\leqslant G$,且$[G:N]=2$,证明:$N\lhd G$.
3. 设$N\leqslant G$,证明:$N\lhd G\Leftrightarrow N_G(N)=G$.
4. 设$H\leqslant G$,证明:$C_G(H)\lhd N_G(H)$.
5. 设$N\leqslant G$,证明:$N\lhd G$的充要条件是N的任意两个左陪集的乘积是左陪集.
6. 设p是奇素数,证明:$2p$阶非交换群G必有p阶正规子群,并写出G的元素.

7. 证明:循环群的商群是循环群.

8. 证明:四次交代群 A_4 没有 6 阶子群.

9. 证明:商群 G/N 的任意子群是 H/N,其中 H 是 G 的子群,且 $H\supseteq N$.

2.9 同态基本定理与同构定理

定理 2.42 一个群 G 与它的每一个商群 G/N 同态.

证 令

$$\pi: a \mapsto aN, \quad \forall a \in G,$$

显然 π 是 G 到 G/N 的满射. 又 $\forall a,b\in G$,

$$\pi(ab) = (ab)N = aN \cdot bN = \pi(a) \cdot \pi(b),$$

因此 π 是满同态. 从而 $G\sim G/N$.

定理 2.42 中规定的同态 π 称为自然同态.

推论 设 π 是 G 到 G/N 的自然同态,则 $\mathrm{Ker}\ \pi=N$.

证 因为 G/N 的单位元是 N,所以

$$\begin{aligned}\mathrm{Ker}\ \pi &= \{a \in G \mid \pi(a) = N\} = \{a \in G \mid aN = N\} \\ &= \{a \in G \mid a \in N\} = N.\end{aligned}$$

定理 2.43(同态基本定理) 设 f 是群 G 到群 G' 的同态,则

(1) $\mathrm{Ker}\ f \lhd G$;

(2) $G/\mathrm{Ker}\ f \cong \mathrm{Im} f$.

证 (1) 因为 $e\in \mathrm{Ker}\ f$,所以 $\mathrm{Ker}\ f\neq\varnothing$. 又 $\forall a,b\in \mathrm{Ker}\ f, x\in G$,即

$$f(a) = f(b) = e',$$

则

$$f(ab^{-1}) = f(a)f(b)^{-1} = e'e'^{-1} = e',$$

$$f(xax^{-1}) = f(x)f(a)f(x)^{-1} = f(x)e'f(x)^{-1} = e',$$

从而 $ab^{-1}, xax^{-1}\in \mathrm{Ker}\ f$,因此 $\mathrm{Ker}\ f\lhd G$.

(2) 在 $G/\mathrm{Ker}\ f$ 到 $\mathrm{Im} f$ 间规定一个法则:

$$\varphi: a\mathrm{Ker}\ f \mapsto f(a).$$

(a) $\forall a\mathrm{Ker}\ f, b\mathrm{Ker}\ f\in G/\mathrm{Ker}\ f$,有

$$\begin{aligned} a\mathrm{Ker}\ f = b\mathrm{Ker}\ f &\Rightarrow a^{-1}b \in \mathrm{Ker}\ f \Rightarrow f(a^{-1}b) = e' \\ &\Rightarrow f(a)^{-1}f(b) = e' \Rightarrow f(a) = f(b),\end{aligned}$$

从而 φ 是一个 $G/\mathrm{Ker}\ f$ 到 $\mathrm{Im} f$ 的映射.

(b) $\forall a'\in \mathrm{Im} f$, $\exists\ a\in G$,使 $f(a)=a'$,于是 $\varphi(a\mathrm{Ker}\ f)=f(a)=a'$,从而 φ 是

满射.

(c) $\forall a\mathrm{Ker}\,f, b\mathrm{Ker}\,f \in G/\mathrm{Ker}\,f$,有

$$\begin{aligned}&\varphi(a\mathrm{Ker}\,f) = \varphi(b\mathrm{Ker}\,f)\\ \Rightarrow& f(a) = f(b) \Rightarrow f(a)^{-1}f(b) = e'\\ \Rightarrow& f(a^{-1}b) = e' \Rightarrow a^{-1}b \in \mathrm{Ker}\,f\\ \Rightarrow& a\mathrm{Ker}\,f = b\mathrm{Ker}\,f,\end{aligned}$$

从而 φ 是单射.

(d) $\forall a\mathrm{Ker}\,f, b\mathrm{Ker}\,f \in G/\mathrm{Ker}\,f$,有

$$\begin{aligned}\varphi(a\mathrm{Ker}\,f \cdot b\mathrm{Ker}\,f) &= \varphi(ab\mathrm{Ker}\,f) = f(ab)\\ &= f(a)f(b) = \varphi(a\mathrm{Ker}\,f) \cdot \varphi(b\mathrm{Ker}\,f),\end{aligned}$$

从而 φ 保持运算.

因此 φ 是同构. 于是 $G/\mathrm{Ker}\,f \cong \mathrm{Im} f$.

推论　设 f 是群 G 到群 G' 的满同态,则 $G/\mathrm{Ker}\,f \cong G'$.

例 1　证明:$\mathrm{GL}(n,\mathbf{R})/\mathrm{SL}(n,\mathbf{R}) \cong \mathbf{R}^*$.

证　作一个从 $\mathrm{GL}(n,\mathbf{R})$ 到 $\mathbf{R}^*$ 的映射:

$$f: A \mapsto |A|, \quad \forall A \in \mathrm{GL}(n,\mathbf{R}),$$

显然 f 是满射,而且 $\forall A, B \in \mathrm{GL}(n,\mathbf{R})$,有

$$f(AB) = |AB| = |A||B| = f(A)f(B),$$

从而 f 保持运算. 所以 f 是满同态. 又

$$\begin{aligned}\mathrm{Ker}\,f &= \{A \in \mathrm{GL}(n,\mathbf{R}) \mid f(A) = 1\}\\ &= \{A \in \mathrm{GL}(n,\mathbf{R}) \mid |A| = 1\}\\ &= \mathrm{SL}(n,\mathbf{R}),\end{aligned}$$

因此由同态基本定理,$\mathrm{SL}(n,\mathbf{R}) \lhd \mathrm{GL}(n,\mathbf{R})$,且

$$\mathrm{GL}(n,\mathbf{R})/\mathrm{SL}(n,\mathbf{R}) \cong \mathbf{R}^*.$$

定理 2.44 (第一同构定理)　设 f 是群 G 到群 G' 的满同态,$N' \lhd G'$,$N = f^{-1}(N')$,则 $N \lhd G$,并且 $G/N \cong G'/N'$.

证　设 π 是 G' 到 G'/N' 的自然同态,则 f 与 π 的合成得 G 到 G'/N' 的满同态:

$$\begin{aligned}G &\xrightarrow{f} G' \xrightarrow{\pi} G'/N',\\ x &\mapsto f(x) \mapsto f(x)N',\end{aligned}$$

且

$$\mathrm{Ker}(\pi f) = \{x \in G \mid (\pi f)(x) = N'\}$$

$$
\begin{aligned}
&= \{x \in G \mid \pi(f(x)) = N'\} \\
&= \{x \in G \mid f(x)N' = N'\} \\
&= \{x \in G \mid f(x) \in N'\} = N,
\end{aligned}
$$

因此由同态基本定理，$N \lhd G$，并且 $G/N \cong G'/N'$.

例 2 设 H,K 都是群 G 的正规子群，且 $K \subseteq H$，则

$$G/H \cong (G/K)/(H/K).$$

证 在 G/K 到 G/H 间规定一个法则：

$$f: aK \mapsto aH, a \in G.$$

(a) $\forall aK, bK \in G/K$，有

$$
\begin{aligned}
aK = bK &\Rightarrow a^{-1}b \in K \\
&\Rightarrow a^{-1}b \in H \Rightarrow aH = bH,
\end{aligned}
$$

从而 f 是一个从 G/K 到 G/H 的映射.

(b) $\forall aH \in G/H$，$\exists aK \in G/K$，使 $f(aK)=aH$，从而 f 是满射.

(c) $\forall aK, bK \in G/K$，有

$$
\begin{aligned}
f(aK \cdot bK) &= f(abK) = abH \\
&= aH \cdot bH = f(aK) \cdot f(bK),
\end{aligned}
$$

从而 f 保持运算. 所以 f 是满同态.

(d) f 的核

$$
\begin{aligned}
\mathrm{Ker}\, f &= \{aK \in G/K \mid f(aK) = H\} \\
&= \{aK \in G/K \mid aH = H\} \\
&= \{aK \in G/K \mid a \in H\} = H/K,
\end{aligned}
$$

因此由同态基本定理，$H/K \lhd G/K$，且 $G/H \cong (G/K)/(H/K)$.

定理 2.45 设 f 是群 G 到群 G' 的满同态，若 $N \lhd G$，则 $f(N) \lhd G'$.

证 由定理 2.28(4)，$f(N) \leqslant G'$. 又 $\forall a' \in f(N)$，$x' \in G'$，$\exists a \in N$，$x \in G$，使 $f(a)=a'$，$f(x)=x'$，且

$$x'a'x'^{-1} = f(x)f(a)f(x)^{-1} = f(xax^{-1}).$$

因为 $N \lhd G$，所以 $xax^{-1} \in N$，从而 $x'a'x'^{-1} \in f(N)$，因此 $f(N) \lhd G'$.

习 题 2.9

1. 设 f 是群 G 到群 G' 的同态，$a,b \in G$，证明：$f(a)=f(b) \Leftrightarrow a\mathrm{Ker}\, f = b\mathrm{Ker}\, f$.
2. 设 H,K 都是 G 的正规子群，证明：$G/HK \cong (G/H)/(HK/H)$.
3. (第二同构定理)设 G 是群，$H \leqslant G$，$K \lhd G$，则 $H \cap K \lhd H$，且 $HK/K \cong H/H \cap K$.
4. 利用第二同构定理证明：$S_4/B_4 \cong S_3$，其中 S_4 是四次对称群，S_3 是三次对称群，$B_4 =$

$\{(1),(12)(34),(13)(24),(14)(23)\}$是 Klein 四元群.

5. 设$(6),(30)$是整数加群$\mathbf{Z}$的两个子群,证明:$(6)/(30)\cong\mathbf{Z}_5$.

6. 设G是群,G'是交换群,f是G到G'的同态,且$\mathrm{Ker}\ f\subseteq N\leqslant G$,证明:$N\lhd G$.

7. 用同态基本定理证明:定理 2.32.

8. 用定义直接证明:设f是群G到群G'的满同态,若$N'\lhd G'$,则$f^{-1}(N')\lhd G$.

复习题二

1. 设$\mathbf{R}$是实数集,$\mathbf{R}^*$是非零实数集,在$\mathbf{R}^*\times\mathbf{R}$中规定一个代数运算:

$$(a,b)\circ(c,d)=(ac,ad+b),\quad \forall (a,b),(c,d)\in\mathbf{R}^*\times\mathbf{R},$$

证明:$(\mathbf{R}^*\times\mathbf{R},\circ)$是一个非交换群.

2. 设S是一个非空集合,证明S的幂集2^S关于集合的对称余$+$(参见复习题一第2题)作成一个加群.

3. 设G是群,$a\in G$,且

$$|a|=mn,\quad (m,n)=1,$$

证明:$\exists b,c\in G$,使

$$a=bc=cb,\quad |b|=m,\quad |c|=n,$$

并且这样的元素b,c是唯一的.

4. 设G是群,$a,b\in G$,若$|a|=m,|b|=n$,而且$ab=ba$,证明:(1)$|ab|$是$[m,n]$的因数;(2)G中存在阶为$[m,n]$的元素(其中$[m,n]$表示m,n的最小公倍数).

5. 设G是一个交换群,$m\in\mathbf{N}$,令

$$G^{(m)}=\{a^m\mid a\in G\},G_{(m)}=\{a\in G\mid a^m=e\},$$

证明:$G^{(m)},G_{(m)}$都是G的子群.

6. 设$H=(a^s),K=(a^t)$是循环群$G=(a)$的两个子群,证明:$H\cap K=(a^d)$,其中d是s,t的最小公倍数.

7. 设G是一个有限群,H,K是G的两个非空子集,且$|H|+|K|>|G|$,证明:$G=HK$.

8. 设σ,τ是两个n次置换,把σ表成互不相交的循环置换的乘积,然后将循环置换中的各个数字改为τ所变换的数字,证明:这样所得到的置换就是$\tau\sigma\tau^{-1}$.

9. 设$n\geqslant 3$,证明:n次对称群S_n的中心是单位元群.

10. 设p是一个素数,S_p是p次对称群,证明:

(1) S_p有且只有$(p-1)!$个p阶元;

(2) S_p有且只有$(p-2)!$个p阶子群.

11. 设G与G'是两个群,$H\leqslant G$,φ是G到G'的同态,且$\mathrm{Ker}\ \varphi\subseteq H$,证明:$\varphi^{-1}(\varphi(H))=H$.

12. 设p是素数,G是pn阶交换群,证明:G有p阶元素.

13. 设H是G的子群,K是H的子群,证明:$[G:K]=[G:H][H:K]$.

14. 设G是群,$C(G)$是G的中心,$N\leqslant G$,且$N\subseteq C(G)$,证明:

(1) $N\lhd G$;

(2) 若G/N是循环群,则G是交换群.

15. 设 G 是一个群，$H \leqslant G, N \lhd G$，且 $[G:N]$ 与 $|H|$ 互素，证明：$H \subseteq N$.

16. 设 G 是一个群，$H \leqslant G, K \leqslant G$，证明：$HK \leqslant G \Leftrightarrow HK = KH$.

17. 设 G 是群，$a, b \in G$，$a^{-1}b^{-1}ab$ 称为 a, b 的换位元，记作 $[a, b]$. 由 G 的全体换位元生成的群称为 G 的换位子群，记作 G'. 证明：

(1) $G' \lhd G$；

(2) G/G' 是交换群；

(3) 设 $N \lhd G$，则 G/N 是交换群 $\Leftrightarrow G' \leqslant N$.

18. 设 p, q 是两个不同的素数，G 是交换群，且 $|G| = pq$，证明：G 是循环群.

19. 证明：从同构的意义上说，10 阶群只有两个.

20. 设 G 是有限群，$N \leqslant G$，且 $[G:N]$ 等于 $|G|$ 的最小素因数，证明：$N \lhd G$.

21. 设 G 是群，$\mathrm{Inn}(G)$ 是 G 的全体内自同构所组成的集合，证明：$\mathrm{Inn}(G) \lhd \mathrm{Aut}(G)$，并且 $\mathrm{Inn}(G) \cong G/C(G)$.

附　录

设 σ 是一个 n 次置换，证明：将 σ 表成对换的乘积时，对换个数的奇偶性不变.

证　考虑 n 个元素 $1, 2, \cdots, n$ 的函数：

$$F = \prod_{1 \leqslant i < j \leqslant n} (i - j).$$

现将 F 写成

$$F = (s - t) \prod_{i \neq s, t} (i - s)(i - t) f,$$

其中 f 不包含 s 与 t. 对 F 作一个对换 (s, t)，则把 $s-t$ 变为 $t-s=-(s-t)$，前后相差一个负号；而 $\prod\limits_{i \neq s, t} (i-s)(i-t)$ 变为 $\prod\limits_{i \neq s, t} (i-t)(i-s)$，保持相等，又 f 没有变动. 因此一个对换 (s, t) 把 F 变为 $-F$. 从而对 F 作偶数个对换，其像仍然是 F；对 F 作奇数个对换，其像是 $-F$.

现在将 n 次置换 σ 作用到 F 上，则其像是 F 或 $-F$ 中的一个，而且是完全确定的. 因此 σ 不能既表为偶数个对换的乘积，又表为奇数个对换的乘积.

第3章　环

环是具有两种代数运算的代数系,它也是近世代数中的一个重要分支,本章介绍环的一些初步理论.

3.1　环的定义

定义 3.1　设 R 是一个非空集合,具有两种代数运算:加法(记作"+")与乘法(记作"·"),若

(1) $(R,+)$是一个加群;

(2) $(R,\cdot)$是一个半群;

(3) $\forall a,b,c\in R$ 都有

$$a\cdot(b+c)=a\cdot b+a\cdot c\quad(\text{左分配律}),$$

$$(b+c)\cdot a=b\cdot a+c\cdot a\quad(\text{右分配律}),$$

则称 R 是一个结合环,简称环,记作$(R,+,\cdot)$.

因为环 R 关于加法是一个加群,所以 R 有零元 0,$\forall a\in R$ 有负元$-a$.

在环的元素之间进行乘法运算时,通常符号·可以省略,即将 $a\cdot b$ 写作 ab. 而且在环的运算中,当无括号时,总是先乘后加.

例 1　整数集 $\mathbf{Z}$ 关于数的加法、乘法作成一个环,称为整数环. 偶数集 $2\mathbf{Z}$ 关于数的加法、乘法也作成一个环,称为偶数环. 同样,有理数集 $\mathbf{Q}$,实数集 $\mathbf{R}$,复数集 $\mathbf{C}$ 关于数的加法、乘法都作成一个环. 我们通常把数集关于数的加法、乘法所作成的环称为数环.

例 2　数环 R 上全体 n 阶矩阵所组成的集合 $M_n(R)$关于矩阵的加法、乘法作成一个环,称为 R 上的 n 阶全矩阵环.

例 3　数环 R 上全体一元多项式所组成的集合 $R[x]$关于多项式的加法、乘法作成一个环,称为 R 上的一元多项式环.

例 4　设 G 是一个加群,0 是其零元,规定

$$a\cdot b=0,\quad \forall a,b\in G,$$

则$(G,+,\cdot)$作成一个环. 这个环称为零乘环或零环.

例 5　设

$$\mathbf{Z}[i]=\{m+ni\mid m,n\in\mathbf{Z},i\ \text{是虚数单位}\}.$$

证明:$\mathbf{Z}[i]$关于数的加法、乘法作成一个环($\mathbf{Z}[i]$ 称为高斯(Gauss)整数环).

证 因为 $0=0+0i\in\mathbf{Z}[i]$，所以 $\mathbf{Z}[i]\neq\varnothing$. 又 $\forall m_1+n_1i, m_2+n_2i\in\mathbf{Z}[i]$，有

$$(m_1+n_1i)+(m_2+n_2i)=(m_1+m_2)+(n_1+n_2)i,$$

$$(m_1+n_1i)(m_2+n_2i)=(m_1m_2-n_1n_2)+(m_1n_2+m_2n_1)i,$$

于是加法、乘法满足封闭性. 0 是 $\mathbf{Z}[i]$的零元；$m+ni$ 有负元 $-m-ni\in\mathbf{Z}[i]$，而且加法、乘法都满足结合律、交换律，乘法对加法还满足分配律，因此$(\mathbf{Z}[i],+,\cdot)$是一个环.

例 6 设 G 是一个加群，$E=\mathrm{End}(G)$是 G 的所有自同态所组成的集合，规定：$\forall\sigma,\tau\in E, x\in G$，

$$(\sigma+\tau)(x)=\sigma(x)+\tau(x),$$

$$(\sigma\cdot\tau)(x)=\sigma(\tau(x)),$$

证明：$(E,+,\cdot)$是一个环（$(E,+,\cdot)$称为 G 的自同态环）.

证 设 $\sigma,\tau\in E$，由 σ,τ 是 G 的自同态，知 $\sigma\cdot\tau$ 也是 G 的自同态，即 $\sigma\cdot\tau\in E$. 又显然，$\sigma+\tau$ 是 G 到 G 的一个映射，且 $\forall x,y\in G$，有

$$\begin{aligned}(\sigma+\tau)(x+y)&=\sigma(x+y)+\tau(x+y)\\&=\sigma(x)+\sigma(y)+\tau(x)+\tau(y)\\&=\sigma(x)+\tau(x)+\sigma(y)+\tau(y)\\&=(\sigma+\tau)(x)+(\sigma+\tau)(y),\end{aligned}$$

从而，$\sigma+\tau\in E$. 因此，$+$，$\cdot$ 是 E 的两个代数运算.

容易证明，加法$+$满足结合律与交换律；零同态 0（即将 G 中每一个元素都映为 G 的零元）是 E 的零元；$\forall\sigma\in E$，令

$$(-\sigma)(x)=-\sigma(x),\quad\forall x\in G,$$

则 $-\sigma\in E$，且是 σ 在 E 中的负元. 从而，$(E,+)$是一个加群.

乘法 $\cdot$ 满足结合律，从而$(E,\cdot)$是一个半群. 最后，$\forall\sigma,\tau,\lambda\in E, x\in G$，有

$$\begin{aligned}[(\sigma+\tau)\cdot\lambda](x)&=(\sigma+\tau)[\lambda(x)]=\sigma[\lambda(x)]+\tau[\lambda(x)]\\&=(\sigma\cdot\lambda)(x)+(\tau\cdot\lambda)(x)\\&=(\sigma\cdot\lambda+\tau\cdot\lambda)(x),\end{aligned}$$

从而$(\sigma+\tau)\cdot\lambda=\sigma\cdot\lambda+\tau\cdot\lambda$，即 $\cdot$ 关于$+$满足右分配律. 同理可证，$\cdot$ 关于$+$满足左分配律.

因此，$(E,+,\cdot)$是一个环.

例 7 证明：商集 $\mathbf{Z}_m=\{[0],[1],[2],\cdots,[m-1]\}$关于加法运算

$$[a]+[b]=[a+b]$$

与乘法运算

$$[a]\cdot[b]=[ab]$$

作成一个环($(\mathbf{Z}_m,+,\cdot)$ 称为模 m 的剩余类环).

证　由 2.2 节例 7 知,$(\mathbf{Z}_m,+)$是一个加群,由 2.1 节例 8 知,$(\mathbf{Z}_m,\cdot)$是一个交换半群. 又 $\forall [a],[b],[c]\in\mathbf{Z}_m$,有

$$\begin{aligned}[a]\cdot([b]+[c]) &= [a]\cdot[b+c]=[a(b+c)]\\ &=[ab+ac]=[ab]+[ac]\\ &=[a]\cdot[b]+[a]\cdot[c],\end{aligned}$$

因此,$(\mathbf{Z}_m,+,\cdot)$是一个环.

下面给出环的一些初步性质.

首先,R 关于加法是一个加群,从而 R 具有加群的运算性质:

(1) $0+a=a+0=a,\forall a\in R$;

(2) $a-a=a+(-a)=(-a)+a=0,\forall a\in R$;

(3) $-(-a)=a,\forall a\in R$;

(4) $a+b=c\Leftrightarrow b=c-a,\forall a,b,c\in R$;

(5) $-(a+b)=-a-b,\quad -(a-b)=-a+b,\forall a,b\in R$;

(6) $m(na)=(mn)a,n(a+b)=na+nb,\forall m,n\in\mathbf{Z},a,b\in R$.

其次,R 关于乘法是一个半群,而且加法与乘法通过左、右分配律相联,从而 R 还有下列性质:

(7) $(a-b)c=ac-bc,c(a-b)=ca-cb,\forall a,b,c\in R$.

证　由左、右分配律,结合律,以及负元的定义,得

$$\begin{aligned}(a-b)c+bc &= [(a-b)+b]c=\{a+[(-b)+b]\}c\\ &=(a+0)c=ac,\\ c(a-b)+cb &= c[(a-b)+b]=c\{a+[(-b)+b]\}\\ &=c(a+0)=ca.\end{aligned}$$

再由(4)结论成立.

(8) $0a=a0=0,\forall a\in R$.

证　由(7),得

$$0a=(a-a)a=aa-aa=0,$$

$$a0=a(a-a)=aa-aa=0.$$

(9) $(-a)b=a(-b)=-ab,(-a)(-b)=ab,\forall a,b\in R$.

证　由左、右分配律,负元的定义,以及(8)得

$$ab+(-a)b=[a+(-a)]b=0b=0,$$

从而,$(-a)b=-ab$. 同理可得,$a(-b)=-ab$. 而且

$$(-a)(-b)=-[a(-b)]=-(-ab)=ab.$$

(10) $a(b_1+b_2+\cdots+b_n)=ab_1+ab_2+\cdots+ab_n,\forall a,b_i\in R$;

$$(b_1+b_2+\cdots+b_n)a=b_1a+b_2a+\cdots+b_na,\ \forall a,b_i\in R;$$

$$\left(\sum_{i=1}^{m}a_i\right)\left(\sum_{j=1}^{n}b_j\right)=\sum_{i=1}^{m}\sum_{j=1}^{n}a_ib_j,\ \forall a_i,b_j\in R.$$

(11) $(na)b=a(nb)=n(ab)$, $\forall n\in\mathbf{Z}, a,b\in R$.

定义 3.2 若环 R 的乘法运算·适合交换律,则称 R 是交换环.

例如,数环,零环,数域 P 上的一元多项式环 $P[x]$,Gauss(高斯)整数环$\mathbf{Z}[i]$,模 m 的剩余类环 $\mathbf{Z}_m$ 都是交换环,而全矩阵环 $M_n(R)$($n\geqslant 2$ 时)是不可交换环.

定义 3.3 若在环 R 中,半群$(R,\cdot)$有单位元,则称 R 是有单位元环,或称 R 是带 1 的环.

例如,整数环 $\mathbf{Z}$,全矩阵环 $M_n(R)$,数域 P 上的一元多项式环 $P[x]$,Gauss 整数环 $\mathbf{Z}[i]$,模 m 的剩余类环 $\mathbf{Z}_m$,加群 G 的自同态环 $E=\mathrm{End}(G)$都是有单位元环,而偶数环 $2\mathbf{Z}$ 没有单位元.

设 R 是有单位元 1 的环,若 $1=0$,则 $\forall a\in R$,有 $a=a\cdot 1=a\cdot 0=0$,从而 R 只含零元,即 $R=\{0\}$. 因此,若 R 至少包含两个元素,则 $1\neq 0$. 今后,凡是谈到有单位元环,均把单位零环除外.

例 8 设 e 是环 R 的一个左单位元,而且是 R 中唯一的左单位元,证明:e 是环 R 的单位元.

证 我们只要证明 e 也是环 R 的右单位元. 若 e 不是 R 的右单位元,则 $\exists x\in R$,使 $xe\neq x$. 从而 $e+xe-x\neq e$. 但是,$\forall y\in R$,有

$$(e+xe-x)y=y+xy-xy=y,$$

即 $e+xe-x$ 是 R 的又一个左单位元,与假设矛盾. 故 e 是 R 的一个单位元.

定义 3.4 设 R 是一个环,$0\neq a\in R$,若 $\exists 0\neq b\in R$,使

$$ab=0\quad(ba=0),$$

则称 a 是 R 的一个左(右)零因子. 当 a 既是 R 的左零因子,又是 R 的右零因子时,则称 a 是 R 的零因子.

显然,对于交换环,左、右零因子都是零因子.

若环 R 有左零因子,则 R 必定也有右零因子. 这是因为若 a 是 R 的左零因子,则 $a\neq 0$,且 $\exists 0\neq b\in R$,使 $ab=0$,于是 b 是 R 的右零因子.

例如,在整数环 $\mathbf{Z}$ 上的二阶全矩阵环 $M_2(\mathbf{Z})$中,

$$\begin{pmatrix}0&1\\0&0\end{pmatrix}\neq\begin{pmatrix}0&0\\0&0\end{pmatrix},\quad \begin{pmatrix}1&0\\0&0\end{pmatrix}\neq\begin{pmatrix}0&0\\0&0\end{pmatrix},$$

但是

$$\begin{pmatrix}0&1\\0&0\end{pmatrix}\begin{pmatrix}1&0\\0&0\end{pmatrix}=\begin{pmatrix}0&0\\0&0\end{pmatrix},$$

所以$\begin{pmatrix}0&1\\0&0\end{pmatrix}$是$M_2(\mathbf{Z})$的左零因子，$\begin{pmatrix}1&0\\0&0\end{pmatrix}$是$M_2(\mathbf{Z})$的右零因子.

例 9　求模 12 的剩余类环 $\mathbf{Z}_{12}$的所有零因子.

解　设$[k]\neq[0]$是$\mathbf{Z}_{12}$的一个零因子，则$\exists[0]\neq[h]\in\mathbf{Z}_{12}$，使$[k][h]=[0]$，即$[kh]=[0]$. 从而$12|kh$. 于是$k=2,3,4,6,8,9,10$，即$[2]$，$[3]$，$[4]$，$[6]$，$[8]$，$[9]$，$[10]$是$\mathbf{Z}_{12}$的所有零因子.

定义 3.5　设环 R 不含左、右零因子，则称 R 是无零因子环.

显然，

$$R\text{ 是无零因子环}\Leftrightarrow\text{“}\forall a,b\in R,ab=0\Rightarrow a=0\text{ 或 }b=0\text{”}.$$

例如，数环，数域 P 上的一元多项式环 $P[x]$都是无零因子环，而整数环 $\mathbf{Z}$ 上的二阶全矩阵环 $M_2(\mathbf{Z})$，模 12 的剩余类环 $\mathbf{Z}_{12}$都是有零因子环.

定理 3.1　设 R 是一个环，则

$$R\text{ 无左(右)零因子}\Leftrightarrow\text{在 }R\text{ 中，乘法左、右消去律成立.}$$

证　$\Rightarrow$. 设环 R 无左零因子. 令 $a\neq0$，$ab=ac$，则 $a(b-c)=ab-ac=0$，于是 $b-c=0$，即 $b=c$.

又 R 无左零因子，则 R 也无右零因子，同样，由 $a\neq0$，$ba=ca$ 可推出 $b=c$.

$\Leftarrow$. 设在环 R 中，乘法左、右消去律成立. 令 $a\neq0$，$ab=0$，则 $ab=a0$，于是 $b=0$，即 R 中非零元都不是左零因子. 同理可证，R 中非零元都不是右零因子.

推论　环 R 中，乘法左消去律与右消去律等价.

定义 3.6　一个有单位元、无零因子的交换环称为整环.

例如，整数环 $\mathbf{Z}$，高斯整数环 $\mathbf{Z}[i]$，数域 P，以及数域 P 上的一元多项式环 $P[x]$都是整环，而偶数环 $2\mathbf{Z}$，整数环 $\mathbf{Z}$ 上的 n 阶全矩阵环 $M_n(\mathbf{Z})(n\geqslant2)$，模 12 的剩余类环 $\mathbf{Z}_{12}$都不是整环.

定义 3.7　设 R 是一个环，若

(1) R 至少含有两个元素；

(2) R 有单位元；

(3) R 中每一个非零元都可逆，

则称 R 是一个除环(或体，或斜域). 一个交换除环称为域.

由定义可知，除环具有下列性质：

(1) 设环 R 至少含有两个元素，则

$$R\text{ 是除环}\Leftrightarrow R\text{ 中全体非零元组成的集合 }R^*\text{ 关于乘法作成一个群；}$$

(2) 除环 R 是无零因子环.

因为，若 $a\neq0$，$ab=0$，则

$$b=1\cdot b=(a^{-1}a)b=a^{-1}(ab)=a^{-1}0=0.$$

(3) 在除环 R 中，$\forall a,b\in R, a\neq 0$，方程 $ax=b$ 与 $ya=b$ 都有唯一解.

因为当 $b\neq 0$ 时，上述方程在 R^* 中都有唯一解，而 0 不是上述方程的解；当 $b=0$ 时，上述方程有且只有零解.

在第 2 章中我们知道，适合消去律的有限半群是群. 类似地，有下面的定理.

定理 3.2 一个至少含有两个元素，且没有零因子的有限环是除环.

证 因为 R 是没有零因子的环，所以乘法消去律成立. 于是有限半群 R^* 关于乘法成群. 因此，R 是除环.

推论 一个有限整环是域.

例 10 一个模 p 的剩余类环 $\mathbf{Z}_p$ 是域 $\Leftrightarrow p$ 是素数.

证 $\Leftarrow$. 若 p 是素数，要证 $\mathbf{Z}_p$ 是域. 因为 $\mathbf{Z}_p$ 是有单位元[1]的有限交换环，所以只要证 $\mathbf{Z}_p$ 无零因子. $\forall [a],[b]\in \mathbf{Z}_p$，设 $[a][b]=[0]$，则 $[ab]=[0]$. 于是，$p|ab$. 因为 p 是素数，所以 $p|a$ 或 $p|b$，即 $[a]=[0]$ 或 $[b]=[0]$. 因此，$\mathbf{Z}_p$ 无零因子.

$\Rightarrow$. 若 $p=1$，则 $|\mathbf{Z}_p|=1$，从而 $\mathbf{Z}_p$ 不是域. 若 p 是合数，则 $\mathbf{Z}_p$ 有零因子，从而 $\mathbf{Z}_p$ 不是域. 因此，若 $\mathbf{Z}_p$ 是域，则 p 是素数.

在域 F 中，$b^{-1}a=ab^{-1}$，我们将这两个相等的元素记作 $\frac{a}{b}$，并称为 a 除以 b 的商. 这样可以得到域中元素的一些计算方法：设 $b\neq 0, d\neq 0$，则

(1) $\frac{a}{b}=\frac{c}{d}\Leftrightarrow ad=bc$；　　(2) $\frac{a}{b}\pm\frac{c}{d}=\frac{ad\pm bc}{bd}$；

(3) $\frac{a}{b}\cdot\frac{c}{d}=\frac{ac}{bd}$；　　(4) $\dfrac{\frac{a}{b}}{\frac{c}{d}}=\frac{ad}{bc}\ (c\neq 0)$.

下面给出一个非交换除环的例子.

例 11 设 $\mathbf{H}$ 是实数域 $\mathbf{R}$ 上四维向量空间，e,i,j,k 为其一个基，于是 $\mathbf{H}$ 中每一个元素都可以表为

$$a_0e+a_1i+a_2j+a_3k,\quad a_0,a_1,a_2,a_3\in\mathbf{R}.$$

按向量空间的定义，$(\mathbf{H},+)$ 是一个加群. 现给 $\mathbf{H}$ 的基规定一个乘法：

$\cdot$	e	i	j	k
e	e	i	j	k
i	i	$-e$	k	$-j$
j	j	$-k$	$-e$	i
k	k	j	$-i$	$-e$

并线性扩张，即 $\forall \alpha=a_0e+a_1i+a_2j+a_3k, \beta=b_0e+b_1i+b_2j+b_3k\in\mathbf{H}$，令

$$\begin{aligned}\alpha\beta &= (a_0e+a_1i+a_2j+a_3k)(b_0e+b_1i+b_2j+b_3k)\\ &= (a_0b_0-a_1b_1-a_2b_2-a_3b_3)e\\ &\quad +(a_0b_1+a_1b_0+a_2b_3-a_3b_2)i\\ &\quad +(a_0b_2+a_2b_0+a_3b_1-a_1b_3)j\\ &\quad +(a_0b_3+a_3b_0+a_1b_2-a_2b_1)k.\end{aligned}$$

容易验证,如此规定的乘法满足结合律,乘法对加法满足左、右分配律. 且 **H** 有单位元 e.

又 $\forall\, 0\neq\alpha=a_0e+a_1i+a_2j+a_3k$, $\Delta=a_0^2+a_1^2+a_2^2+a_3^2\neq 0$, 令 $\beta=\frac{a_0}{\Delta}e-\frac{a_1}{\Delta}i-\frac{a_2}{\Delta}j-\frac{a_3}{\Delta}k$, 通过直接计算, 得 $\alpha\beta=e$. 从而 α 可逆, 且

$$\alpha^{-1}=\beta=\frac{a_0}{\Delta}e-\frac{a_1}{\Delta}i-\frac{a_2}{\Delta}j-\frac{a_3}{\Delta}k.$$

因此,$(\mathbf{H},+,\cdot)$是一个除环. 由于 $ij=-ji$, 从而$(\mathbf{H},+,\cdot)$不是域. 这个非交换除环称为 Hamilton(哈密顿)四元数除环(或四元数体).

在四元数除环 **H** 中,方程 $ix=k$ 与 $yi=k$ 有不同的解:$x=j$, $y=-j$. 由此可见,在一般除环中,$a^{-1}b$ 与 ba^{-1} 未必相等,从而不能像域中那样表成商的形式.

定义 3.8　设 R 是一个环,若存在最小正整数 n,使对于所有 $a\in R$,都有 $na=0$,则称 n 是环 R 的特征(数). 若这样的 n 不存在,则称环 R 的特征(数)是零.

环 R 的特征(数)记作 $\mathrm{ch}R$.

例如,数域 P 的特征是 0,因为 $\forall\, a\in P$, $n\cdot a=0 \Leftrightarrow n=0$. 又如,模 12 的剩余类环 $\mathbf{Z}_{12}$ 的特征是 12.

特征是一个很重要的概念,它对环的构造有着决定性的作用.

定理 3.3　在一个无零因子的环 R 中,所有非零元(对于加法来说)的阶全相等.

证　若$(R,+)$中每个非零元的阶都是无限,则结论成立. 若 $\exists\, 0\neq a\in(R,+)$,有 $|a|=n$,则 $na=0$. 于是 $\forall\, 0\neq b\in(R,+)$,有 $(nb)a=b(na)=0$. 由于 R 是无零因子环,所以 $nb=0$,从而 $|b|\leqslant n$,即 $|b|\leqslant|a|$. 同理可得,$|a|\leqslant|b|$. 因此 $|b|=|a|$.

定理 3.4　设 R 是一个环,且 $\mathrm{ch}R=n>0$,则

(1) 当 R 是有单位元环时,n 是满足 $n\cdot 1=0$ 的最小正整数;

(2) 当 R 是无零因子环时,n 是素数.

证　(1) 设 k 是使 $k\cdot 1=0$ 的最小正整数,则 $\forall\, a\in R$, $ka=k(1\cdot a)=(k\cdot 1)a=0\cdot a=0$,从而 $n=k$.

(2) 首先 $n\neq 1$. 又若 n 是合数,则 $n=n_1n_2$, $1<n_i<n$, $i=1,2$. 由定理 3.3,对于 $0\neq a\in R$, $|a|=n$,从而 $n_1a\neq 0$, $n_2a\neq 0$,但是 $(n_1a)(n_2a)=(n_1n_2)a^2=na^2=0$. 这与

R 是无零因子环矛盾. 因此,n 是素数.

推论 域 F 的特征或是素数,或是零.

例 12 证明:在特征是素数 p 的域 F 中,下列等式成立:

$$(a+b)^p = a^p + b^p,\quad (a-b)^p = a^p - b^p,\quad \forall a,b \in F.$$

证 由二项式定理:

$$(a+b)^p = a^p + \mathrm{C}_p^1 a^{p-1} b + \mathrm{C}_p^2 a^{p-2} b^2 + \cdots + \mathrm{C}_p^{p-1} a b^{p-1} + b^p,$$

其中 $\mathrm{C}_p^i = \dfrac{p(p-1)\cdots(p-i+1)}{i!}$ $(i=1,2,\cdots,p-1)$ 都是 p 的倍数. 从而 $\mathrm{C}_p^i a^{p-i} b^i = 0$. 因此 $(a+b)^p = a^p + b^p$. 并且

$$a^p = [(a-b)+b]^p = (a-b)^p + b^p,$$

于是,$(a-b)^p = a^p - b^p$.

习 题 3.1

1. 在环 R 中,计算 $(a+b)^3$.

2. 设 $(R,+)$ 是 Klein 四元群,即 $R=\{0,a,b,a+b\}$,其加法表为

$+$	0	a	b	$a+b$
0	0	a	b	$a+b$
a	a	0	$a+b$	b
b	b	$a+b$	0	a
$a+b$	$a+b$	b	a	0

在 R 中再规定一个乘法表:

$\cdot$	0	a	b	$a+b$
0	0	0	0	0
a	0	a	0	a
b	0	b	0	b
$a+b$	0	$a+b$	0	$a+b$

证明:$(R,+,\cdot)$ 是一个无单位元的不可交换环.

3. 证明:二项式定理 $(a+b)^n = \sum\limits_{i=0}^{n} \mathrm{C}_n^i a^{n-i} b^i$ 在交换环中成立.

4. 设 R 是所有分母为 2 的非负整数次幂的既约分数组成的集合,问:R 关于数的加法与乘法是否作成一个环?

5. 设环 R 对加法作成一个循环群,证明:R 是交换环.

6. 设 R 是整环,若 R 中存在非零幂等元 e(即 $e\neq 0, e^2=e$),证明:e 是 R 的单位元.

7. 设 a 是有单位元环 R 的一个可逆元,证明:$-a$ 也是一个可逆元,且 $(-a)^{-1} = -a^{-1}$.

8. 证明:对于一个有单位元的环,加法交换律是环定义里其他条件的结果.

9. 证明:$\mathbf{Q}[i]=\{a+bi\mid a,b\in\mathbf{Q},i$ 是虚数单位$\}$关于数的加法、乘法作成一个域(称为Gauss数域).

10. 设 $F=\{a+b\sqrt{3}\mid a,b\in\mathbf{Q}\}$,证明:$F$ 关于数的加法、乘法作成一个域.

11. 设 R 是有单位元1的有限环,证明:若 $ab=1$,则 $ba=1$.

12. (1) 设$[0]\neq[a]\in\mathbf{Z}_m$,则$[a]$是可逆元$\Leftrightarrow(a,m)=1$,$[a]$是零因子$\Leftrightarrow(a,m)\neq1$;

(2) 找出 $\mathbf{Z}_{20}$ 的所有可逆元与零因子.

13. 设 F 是一个有四个元素的域,证明:

(1) $\mathrm{ch}F=2$;

(2) 作出 F 的加法表与乘法表;

(3) F 的不等于0与1的元都适合方程 $x^2=x+1$.

14. 设 R 是一个环,$|R|>1$,且 $\forall a\in R$,有 $a^2=a$,证明:$\mathrm{ch}\,R=2$.

15. 在 $\mathbf{Z}_7$ 中,证明:$[5]^7=[2]^7+[3]^7$,$[5]^7=[5]$.

3.2　子　　环

定义 3.9　设 R 是一个环,$\varnothing\neq S\subseteq R$,若 S 关于 R 的加法、乘法作成环,则称 S 是 R 的一个子环,R 是 S 的扩环,记作 $S\leqslant R$.

类似地,可以定义整环的子整环,除环的子除环,域的子域等概念.

例如,对于任意一个环 R,都有两个子环:$\{0\}$与 R. 这两个子环称为 R 的平凡子环. 若 $S\leqslant R$,且 $S\neq\{0\}$,$S\neq R$,则称 S 是 R 的非平凡子环. 若 $S\leqslant R$,且 $S\neq R$,则称 S 是 R 的真子环,记作 $S<R$.

由子环的定义与子群、子半群的判别方法,我们得到:

定理 3.5　(1) 设 R 是一个环,$\varnothing\neq S\subseteq R$,则

$$S\text{ 是 }R\text{ 的子环}\Leftrightarrow\forall a,b\in S,\text{有 }a-b,ab\in S.$$

(2) 设 R 是一个除环(域),$\varnothing\neq S\subseteq R$,则

$$S\text{ 是 }R\text{ 的子除环(子域)}\Leftrightarrow\forall a,b\in S,\text{有 }a-b,ab^{-1}(b\neq0)\in S.$$

例 1　$2\mathbf{Z}<\mathbf{Z}<\mathbf{Q}<\mathbf{R}<\mathbf{C}$.

例 2　在实数域 $\mathbf{R}$ 上的一元多项式环 $\mathbf{R}[x]$中,所有常数组成的集合 $\mathbf{R}$ 是 $\mathbf{R}[x]$的一个子环;所有常数项为零的一元多项式组成的集合

$$S=\{a_nx^n+a_{n-1}x^{n-1}+\cdots+a_1x\mid a_i\in\mathbf{R}\}$$

也是 $\mathbf{R}[x]$的一个子环.

例 3　在实数域 $\mathbf{R}$ 上的2阶全矩阵环

$$M_2(\mathbf{R})=\left\{\begin{pmatrix}a&b\\c&d\end{pmatrix}\middle|\ a,b,c,d\in\mathbf{R}\right\}$$

中,令

$$S_1=\left\{\begin{pmatrix}a & b\\ 0 & d\end{pmatrix}\middle| a,b,d\in\mathbf{R}\right\},\quad S_2=\left\{\begin{pmatrix}a & 0\\ 0 & d\end{pmatrix}\middle| a,d\in\mathbf{R}\right\},$$

$$S_3=\left\{\begin{pmatrix}a & b\\ 0 & 0\end{pmatrix}\middle| a,b\in\mathbf{R}\right\},\quad S_4=\left\{\begin{pmatrix}a & 0\\ c & 0\end{pmatrix}\middle| a,c\in\mathbf{R}\right\},$$

$$S_5=\left\{\begin{pmatrix}a & 0\\ 0 & 0\end{pmatrix}\middle| a\in\mathbf{R}\right\},$$

则 S_1,S_2,S_3,S_4,S_5 以及 $M_2(\mathbf{R})$本身都是 $M_2(\mathbf{R})$的子环.

例 4　在模 12 的剩余类环 $\mathbf{Z}_{12}$中，令

$$S_1=\{[0]\},$$
$$S_2=\{[0],[6]\},$$
$$S_3=\{[0],[4],[8]\},$$
$$S_4=\{[0],[3],[6],[9]\},$$
$$S_5=\{[0],[2],[4],[6],[8],[10]\},$$

则 S_1,S_2,S_3,S_4,S_5 以及 $\mathbf{Z}_{12}$本身都是 $\mathbf{Z}_{12}$的子环.

例 5　设 R 是一个环，令

$$C(R)=\{c\in R\mid cx=xc,\forall x\in R\},$$

证明：$C(R)$是 R 的交换子环($C(R)$称为 R 的中心).

证　显然 $0\in C(R)$，从而 $C(R)\neq\varnothing$. 又 $\forall c_1,c_2\in C(R),x\in R$，有

$$c_1x=xc_1,\quad c_2x=xc_2,$$

于是

$$(c_1-c_2)x=c_1x-c_2x=xc_1-xc_2=x(c_1-c_2),$$

$$(c_1c_2)x=c_1(c_2x)=c_1(xc_2)$$
$$=(c_1x)c_2=(xc_1)c_2=x(c_1c_2),$$

所以 $c_1-c_2,c_1c_2\in C(R)$. 因此，由定理 3.5，$C(R)\leqslant R$. 而且 $C(R)$是一个交换子环.

由子环的定义，我们得到：

定理 3.6　设 $S\leqslant K,K\leqslant R$，则 $S\leqslant R$.

需要注意，当 S 是 R 的一个子环时，S 与 R 在是否可交换、有无零因子、有无单位元等性质上有一定的联系，但是并不完全一致.

(1) 在交换性上：

① 若 R 是交换环，则 S 也是交换环.

② 当 S 是交换环时，R 未必是交换环. 例如，实数域 $\mathbf{R}$ 上的 2 阶全矩阵环

$M_2(\mathbf{R})$是非交换环，而其中心$C(M_2(\mathbf{R}))$是交换环.

(2) 在有无零因子上：

① 若R是无零因子环，则S也是无零因子环.

② 当S是无零因子环时，R未必是无零因子环. 例如，在例4中，$\mathbf{Z}_{12}$是有零因子环，而其子环S_3是无零因子环.

(3) 在有无单位元上：

① 若R有单位元，S可以没有单位元. 例如，在例1中，整数环$\mathbf{Z}$有单位元1，但其子环$2\mathbf{Z}$(偶数环)没有单位元；又如在例3中，实数域$\mathbf{R}$上的2阶全矩阵环$M_2(\mathbf{R})$有单位元$\begin{pmatrix}1&0\\0&1\end{pmatrix}$，但其子环$S_3$，$S_4$没有单位元.

② 若S有单位元，R可以没有单位元. 例如，在例3中，S_3没有单位元，但其子环S_5有单位元$\begin{pmatrix}1&0\\0&0\end{pmatrix}$.

③ 若R与S都有单位元，它们的单位元可以不同. 例如，在例3中，$M_2(\mathbf{R})$有单位元$\begin{pmatrix}1&0\\0&1\end{pmatrix}$，但其子环$S_5$有单位元$\begin{pmatrix}1&0\\0&0\end{pmatrix}$.

例6　设R是一个环，$S_1\leqslant R$，$S_2\leqslant R$，证明：$S_1\cap S_2\leqslant R$.

证　显然$0\in S_1\cap S_2$，从而$S_1\cap S_2\neq\varnothing$. 又$\forall x,y\in S_1\cap S_2$，有$x,y\in S_1$，且$x,y\in S_2$. 由于$S_1$，$S_2$都是$R$的子环，于是

$$x-y,xy\in S_1,\quad 且\quad x-y,xy\in S_2,$$

所以$x-y,xy\in S_1\cap S_2$. 由定理3.5，$S_1\cap S_2\leqslant R$.

一般地，我们有下面的定理.

定理3.7　设R是环，I是一个指标集，$S_i\leqslant R(i\in I)$，则$\bigcap\limits_{i\in I}S_i\leqslant R$.

注意，环R的两个子环的并一般不是R的子环. 例如，在例4中，模12的剩余类环$\mathbf{Z}_{12}$有两个子环：$S_2=\{[0],[6]\}$与$S_3=\{[0],[4],[8]\}$，但是，$S_2\cup S_3=\{[0],[4],[6],[8]\}$不是$\mathbf{Z}_{12}$的子环.

定理3.8　设R是环，$\varnothing\neq T\subseteq R$，令

$$S=\{\sum\pm x_1x_2\cdots x_n\mid x_i\in T,n\in\mathbf{N}\},$$

则$S\leqslant R$.

证　因为$T\neq\varnothing$，所以$S\neq\varnothing$. 又$\forall a,b\in S$，设$a=\sum\pm x_1x_2\cdots x_n$，$b=\sum\pm y_1y_2\cdots y_m$，其中$x_i,y_j\in T$，$n,m\in\mathbf{N}$，则

$$a-b=\sum\pm x_1x_2\cdots x_n-\sum\pm y_1y_2\cdots y_m\in S,$$

$$ab=(\sum \pm x_1x_2\cdots x_n)(\sum \pm y_1y_2\cdots y_m)$$
$$=\sum \pm x_1x_2\cdots x_ny_1y_2\cdots y_m \in S,$$

因此，$S\leqslant R$.

定理3.8中所构造的子环 S 称为由 T 所生成的子环，记作 $[T]$. 并称 T 中元素是 $[T]$ 的生成元，T 是 $[T]$ 的生成元集. 若 $T=\{t_1,t_2,\cdots,t_l\}$ 是有限集，则称 $[T]$ 是有限生成的，并可以记作 $[t_1,t_2,\cdots,t_l]$.

特别，$[t]=\left\{\sum\limits_{i=1}^{m} n_it^i \mid n_i\in \mathbf{Z},m\in \mathbf{N}\right\}$.

定理 3.9 设 R 是环，$\varnothing\neq T\subseteq R$，

$$M=\{S_i\mid T\subseteq S_i\leqslant R,i\in I\}$$

是 R 的所有包含 T 的子环族，则

$$[T]=\bigcap_{i\in I} S_i.$$

证 首先，因为 $T\subseteq[T]$，所以 $[T]\in M$，从而 $\bigcap\limits_{i\in I}S_i\subseteq[T]$. 另一方面，因为 $T\subseteq S_i$，$i\in I$，所以 $T\subseteq\bigcap\limits_{i\in I}S_i$，从而 $[T]\subseteq\bigcap\limits_{i\in I}S_i$. 因此，$[T]=\bigcap\limits_{i\in I}S_i$.

推论 设 R 是环，$\varnothing\neq T\subseteq R$，则 $[T]$ 是 R 中包含 T 的最小子环(按包含关系).

例如，在模12的剩余类环 $\mathbf{Z}_{12}$ 中，取 $T=\{[4],[6]\}$，因为 $[0]=[4]-[4]$，$[2]=[6]-[4]$，$[8]=4[2]$，$[10]=5[2]$，所以 $[0]$，$[2]$，$[4]$，$[6]$，$[8]$，$[10]$ 都属于 $[T]$. 而且 $\{[0],[2],[4],[6],[8],[10]\}$ 就是 $\mathbf{Z}_{12}$ 的一个子环，因此 $[T]=\{[0],[2],[4],[6],[8],[10]\}$.

习 题 3.2

1. 设 R 是交换环，令

$$N=\{a\in R\mid \exists n\in \mathbf{N},\text{使 } a^n=0\},$$

证明：$N\leqslant R$(N 中的元素称为幂零元，N 称为幂零元子环).

2. 证明：环 R 上一元多项式环 $R[x]$ 的子集 $S=\{f(x^2)\mid f(x)\in R[x]\}$ 是 $R[x]$ 的子环.

3. 证明：$S_1=\{3n\mid n\in \mathbf{Z}\}$，$S_2=\{5n\mid n\in \mathbf{Z}\}$ 是整数环 $\mathbf{Z}$ 的两个子环，并求 $S_1\cap S_2$.

3.3 环的同态与同构

定义 3.10 设 R 与 R' 都是环，f 是 R 到 R' 的映射，若 f 保持运算，即 $\forall x,y\in R$，有

$$f(x+y)=f(x)+f(y),\quad f(xy)=f(x)f(y),$$

则称 f 是 R 到 R' 的同态.

若同态 f 是单射,则称 f 是单同态;若同态 f 是满射,则称 f 是满同态,并称 R 与 R' 同态,记作 $R\sim R'$;若同态 f 是双射,则称 f 是同构,并称 R 与 R' 同构,记作 $R\cong R'$.

特别,R 与 R 的同态又称为 R 的自同态,R 与 R 的同构又称为 R 的自同构.

例 1　设 R 与 R' 都是环,$0'$ 是 R' 的零元,令

$$f(x)=0',\quad \forall x\in R,$$

则 f 是 R 到 R' 的一个映射,且 $\forall x,y\in R$,有

$$f(x+y)=0'=0'+0'=f(x)+f(y),$$
$$f(xy)=0'=0'0'=f(x)f(y),$$

所以 f 是 R 到 R' 的同态,称为零同态.

例 2　设 $\mathbf{Z}$ 是整数环,$\mathbf{Z}_m$ 是模 m 的剩余类环,令

$$f(n)=[n],\quad \forall n\in \mathbf{Z},$$

则 f 是 $\mathbf{Z}$ 到 $\mathbf{Z}_m$ 的一个满映射,且 $\forall n_1,n_2\in\mathbf{Z}$,有

$$f(n_1+n_2)=[n_1+n_2]=[n_1]+[n_2]=f(n_1)+f(n_2),$$
$$f(n_1n_2)=[n_1n_2]=[n_1][n_2]=f(n_1)f(n_2),$$

所以 f 是 $\mathbf{Z}$ 到 $\mathbf{Z}_m$ 的满同态. 从而 $\mathbf{Z}\sim\mathbf{Z}_m$.

例 3　设 $\mathbf{Z}[x]$ 是整数环 $\mathbf{Z}$ 上一元多项式环,令

$$\varphi(f(x))=f(0),\quad \forall f(x)\in\mathbf{Z}[x],$$

则 φ 是 $\mathbf{Z}[x]$ 到 $\mathbf{Z}$ 的一个满映射,且 $\forall f(x),g(x)\in\mathbf{Z}[x]$,有

$$\varphi(f(x)+g(x))=f(0)+g(0)=\varphi(f(x))+\varphi(g(x)),$$
$$\varphi(f(x)\cdot g(x))=f(0)\cdot g(0)=\varphi(f(x))\cdot\varphi(g(x)),$$

所以 φ 是 $\mathbf{Z}[x]$ 到 $\mathbf{Z}$ 的满同态. 从而 $\mathbf{Z}[x]\sim\mathbf{Z}$.

例 4　设 $R=\mathbf{Z}\times\mathbf{Z}=\{(a,b)\mid a,b\in\mathbf{Z}\}$,令

$$(a_1,b_1)+(a_2,b_2)=(a_1+a_2,b_1+b_2),$$
$$(a_1,b_1)\cdot(a_2,b_2)=(a_1a_2,b_1b_2),$$

则 R 关于如此定义的加法、乘法是一个环. 令

$$f(a,b)=a,\quad \forall (a,b)\in R,$$

则 f 是 R 到 $\mathbf{Z}$ 的一个满映射,且 $\forall (a_1,b_1),(a_2,b_2)\in R$,有

$$\begin{aligned}f[(a_1,b_1)+(a_2,b_2)]&=f(a_1+a_2,b_1+b_2)=a_1+a_2\\&=f(a_1,b_1)+f(a_2,b_2),\end{aligned}$$

$$f[(a_1,b_1)(a_2,b_2)] = f(a_1a_2,b_1b_2) = a_1a_2 = f(a_1,b_1)f(a_2,b_2),$$

所以 f 保持运算. 因此 f 是 R 到 $\mathbf{Z}$ 的满同态. 从而 $R\sim\mathbf{Z}$.

例 5 对于 3.2 节例 3 中的各个环,令

$$f_1:\quad S_1 \to S_2,\quad \begin{pmatrix} a & b \\ 0 & d \end{pmatrix} \mapsto \begin{pmatrix} a & 0 \\ 0 & d \end{pmatrix}$$

$$f_2:\quad S_1 \to S_5,\quad \begin{pmatrix} a & b \\ 0 & d \end{pmatrix} \mapsto \begin{pmatrix} a & 0 \\ 0 & 0 \end{pmatrix}$$

$$f_3:\quad S_2 \to S_5,\quad \begin{pmatrix} a & 0 \\ 0 & d \end{pmatrix} \mapsto \begin{pmatrix} a & 0 \\ 0 & 0 \end{pmatrix}$$

$$f_4:\quad S_3 \to S_5,\quad \begin{pmatrix} a & b \\ 0 & 0 \end{pmatrix} \mapsto \begin{pmatrix} a & 0 \\ 0 & 0 \end{pmatrix}$$

容易证明: f_1,f_2,f_3,f_4 都是满同态.

定理 3.10 设 f 是环 R 到环 R' 的同态.

(1) 若 0 是 R 的零元,则 $f(0)$ 是 R' 的零元;

(2) $\forall a\in R, f(-a)=-f(a)$;

(3) 若 $S\leqslant R$,则 $f(S)\leqslant R'$;

(4) 若 $S'\leqslant R'$,则 $f^{-1}(S')\leqslant R$.

证 因为 f 是加群 $(R,+)$ 到加群 $(R',+')$ 的同态,所以由定理 2.28 即得 (1)、(2)成立.

(3) 由定理 2.28(4),$f(S)$ 是 R' 的子加群. 又 $\forall x',y'\in f(S)$, $\exists x,y\in S$,使 $f(x)=x'$, $f(y)=y'$,于是 $x'y'=f(x)f(y)=f(xy)$. 由于 $S\leqslant R$,从而 $xy\in S$,所以 $x'y'\in f(S)$. 因此 $f(S)\leqslant R'$.

(4) 由定理 2.28(5),$f^{-1}(S')$ 是 R 的子加群. 又 $\forall x,y\in f^{-1}(S')$,有 $f(x),f(y)\in S'$. 由于 $S'\leqslant R'$,于是 $f(xy)=f(x)f(y)\in S'$,从而 $xy\in f^{-1}(S')$. 因此 $f^{-1}(S')\leqslant R$.

需要注意,当 $f:R\to R'$ 是满同态时,R 与 R' 在是否可交换、有无零因子、有无单位元等性质上有一定的联系,但是并不完全一致.

(1) 在交换性上:

① 若 R 是交换环,则 R' 也是交换环.

因为 $\forall x', y' \in R'$, $\exists x, y \in R$, 使 $f(x)=x'$, $f(y)=y'$, 所以 $x'y'=f(x)f(y)=f(xy)=f(yx)=f(y)f(x)=y'x'$.

② 当 R' 是交换环时, R 未必是交换环. 例如, 例 5 中的 S_1 是非交换环, 而其在 f_1, f_2 下的同态像 S_2, S_5 都是交换环.

(2) 在有无单位元上:

① 若 R 有单位元 1, 则 R' 有单位元 $f(1)$.

因为 $\forall x' \in R'$, $\exists x \in R$, 使 $f(x)=x'$, 所以 $x'f(1)=f(x)f(1)=f(x1)=f(x)=x'$. 同理, $f(1)x'=x'$. 因此 $f(1)$ 是 R' 的单位元.

② 当 R' 有单位元时, R 未必有单位元. 例如, 例 5 中的 S_3 没有单位元, 而其在 f_4 下的同态像 S_5 有单位元 $\begin{pmatrix} 1 & 0 \\ 0 & 0 \end{pmatrix}$.

(3) 在有无零因子上:

① 当 R 是无零因子环时, R' 未必是无零因子环. 例如, 例 2 中的整数环 $\mathbf{Z}$ 是无零因子环, 而其在 f 下的同态像 $\mathbf{Z}_m$, 当 m 是合数时是有零因子环.

② 当 R' 是无零因子环时, R 未必是无零因子环. 例如, 例 4 中的 $R=\{(a,b) \mid a,b \in \mathbf{Z}\}$ 是有零因子: $(1,0)$, $(0,1)$, 而其在 f 下的同态像 $\mathbf{Z}$ 是无零因子环. 又如, 例 5 中的 S_1, S_3 都是有零因子环, 而它们在 f_2, f_4 下的同态像 S_5 是无零因子环.

若 $R \cong R'$, 则环 R 与环 R' 的代数性质完全一致, 我们有

定理 3.11　设环 $R \cong$ 环 R', 则

$$R \text{ 是整环(除环,域)} \Leftrightarrow R' \text{ 是整环(除环,域)}.$$

定理 3.12　设 f 是环 R 到环 R' 的同态, g 是环 R' 到环 R'' 的同态, 则 f 与 g 的合成 $g \circ f$ 是环 R 到环 R'' 的同态.

证　显然 $g \circ f$ 是 R 到 R'' 的映射, 又 $\forall x, y \in R$, 有

$$\begin{aligned}(g \circ f)(x+y) &= g(f(x+y)) = g(f(x)+f(y)) \\ &= g(f(x)) + g(f(y)) \\ &= (g \circ f)(x) + (g \circ f)(y), \\ (g \circ f)(xy) &= g(f(xy)) = g(f(x)f(y)) \\ &= g(f(x))g(f(y)) \\ &= (g \circ f)(x)(g \circ f)(y),\end{aligned}$$

因此 $g \circ f$ 是同态.

推论　设 f 是环 R 到环 R' 的满同态(单同态,同构), g 是环 R' 到环 R'' 的满同态(单同态,同构), 则 $g \circ f$ 是环 R 到环 R'' 的满同态(单同态,同构).

设 f 是环 R 到环 R' 的同态, 则 f 可以看作加群 $(R,+)$ 到加群 $(R',+)$ 的同态, 我们把 f 关于加群的同态核 $\operatorname{Ker} f$ 作为关于环的同态核.

定义 3.11 设 f 是环 R 到环 R' 的同态，$0'$ 是 R' 的零元，则称

$$\operatorname{Ker} f=\{x\in R \mid f(x)=0'\}$$

是 f 的同态核.

如在例 1 中，$\operatorname{Ker} f=R$；在例 2 中，$\operatorname{Ker} f=\{ml \mid l\in\mathbf{Z}\}$；在例 3 中，$\operatorname{Ker} \varphi=\{xf(x) \mid f(x)\in\mathbf{Z}[x]\}$；在例 4 中，$\operatorname{Ker} f=\{(0,b) \mid b\in\mathbf{Z}\}$；在例 5 中，

$$\operatorname{Ker} f_1=\left\{\left.\begin{pmatrix}0 & b\\ 0 & 0\end{pmatrix}\right| b\in\mathbf{R}\right\};\quad \operatorname{Ker} f_2=\left\{\left.\begin{pmatrix}0 & b\\ 0 & d\end{pmatrix}\right| b,d\in\mathbf{R}\right\};$$

$$\operatorname{Ker} f_3=\left\{\left.\begin{pmatrix}0 & 0\\ 0 & d\end{pmatrix}\right| d\in\mathbf{R}\right\};\quad \operatorname{Ker} f_4=\left\{\left.\begin{pmatrix}0 & b\\ 0 & 0\end{pmatrix}\right| b\in\mathbf{R}\right\}.$$

定理 3.13 设 f 是环 R 到环 R' 的同态，0 是 R 的零元，则

$$f \text{ 是单同态} \Leftrightarrow \operatorname{Ker} f=\{0\}.$$

证 因为 f 是环 R 到环 R' 的同态，所以 f 也是加群 $(R,+)$ 到加群 $(R',+)$ 的同态，因此由定理 2.30(2)即得结论成立.

习 题 3.3

1. 设 $(R,+,\cdot)$ 是一个环，R' 是一个具有代数运算 $\oplus,\odot$ 的集合，若存在一个 R 到 R' 的满射 f，且保持运算，即 $\forall x,y\in R$，有

$$f(x+y)=f(x)\oplus f(y),\quad f(x\cdot y)=f(x)\odot f(y),$$

证明：R' 也是一个环.

2. 找出模 15 的剩余类环 $\mathbf{Z}_{15}$ 到模 3 的剩余类环 $\mathbf{Z}_3$ 的所有同态.

3. 证明：整数环与偶数环不同构.

4. 证明：有理数域 $\mathbf{Q}$ 只有一个自同构.

5. 设 $\mathbf{R}$ 是实数域，$\mathbf{C}$ 是复数域，$M_2(\mathbf{R})$ 是 $\mathbf{R}$ 上的二阶全矩阵环，令

$$F=\left\{\left.\begin{pmatrix}a & b\\ -b & a\end{pmatrix}\right| a,b\in\mathbf{R}\right\},$$

证明：(1) F 是 $M_2(\mathbf{R})$ 的一个子域；

(2) $\mathbf{C}\cong F$.

3.4 理想与商环

设 $(R,+,\cdot)$ 是一个环，$(A,+)$ 是 $(R,+)$ 的一个子加群，则有商群

$$R/A=\{x+A \mid x\in R\},$$

其加法是

$$(x+A)+(y+A)=(x+y)+A.$$

现在要使 R/A 成为一个环,为此再定义一个乘法,最自然的办法是令

$$(x+A)(y+A)=xy+A.$$

然而 R/A 中的元素是陪集,这就需要考虑具备什么条件的 A,才使这个规定与代表元的选取无关?这就是说若

$$x_1+A=x+A,\quad y_1+A=y+A, \tag{3.1}$$

要求 $x_1y_1+A=xy+A$,即 $x_1y_1-xy\in A$. 由(3.1),

$$x_1=x+a,\quad y_1=y+a',\quad a,a'\in A,$$

于是

$$x_1y_1-xy=xa'+ay+aa',$$

从而要求 $xa'+ay+aa'\in A$,为此只要

$$xa',ay\in A,\quad \forall x,y\in R,a,a'\in A.$$

定义 3.12 设$(R,+,\cdot)$是一个环,$(A,+)$是$(R,+)$的一个子加群,

(1) 若 $\forall r\in R,a\in A$ 有 $ra\in A$,则称 A 是 R 的左理想;

(2) 若 $\forall r\in R,a\in A$ 有 $ar\in A$,则称 A 是 R 的右理想;

(3) 若 A 既是 R 的左理想,又是 R 的右理想,则称 A 是 R 的(双侧)理想,记作 $A\lhd R$.

若 $A\lhd R$,且 $A\neq R$,则称 A 是 R 的真理想.

由定义可知,理想一定是子环.

例 1 任意一个环 $R\neq 0$ 都有两个理想:$\{0\}$(称为零理想)与 R(称为单位理想).

定义 3.13 只有零理想与单位理想的环称为单环.

定理 3.14 除环 R 是单环.

证 设 $0\neq A\lhd R$,则 $\exists 0\neq a\in A$. 于是 $1=a^{-1}a\in A$. 从而 $\forall r\in R$,有 $r=r1\in A$. 因此 $A=R$,即 R 是单环.

例 2 设 R 是交换环,$a\in R$,则 $A=\{ar\mid r\in R\}$是 R 的一个理想.

例 3 设 R 是一个数环,则

$$\{a_nx^n+a_{n-1}x^{n-1}+\cdots+a_1x\mid a_i\in R\}$$

是 R 上一元多项式环 $R[x]$的一个理想.

例 4 对于 3.2 节例 3 中的各个子环,S_3 是 $M_2(\mathbf{R})$的右理想,而不是左理想;S_4 是 $M_2(\mathbf{R})$的左理想,而不是右理想;S_5 既不是 $M_2(R)$的左理想,又不是 $M_2(R)$的右理想.

例 5 设 R 是一个环,$A_1\lhd R,A_2\lhd R$,证明:$A_1+A_2=\{a_1+a_2\mid a_1\in A_1,a_2\in A_2\}\lhd R$.

证 显然 $0=0+0\in A_1+A_2$,从而 $A_1+A_2\neq\varnothing$. 又 $\forall a,b\in A_1+A_2$,存在 a_1,

$b_1 \in A_1, a_2, b_2 \in A_2$，使 $a=a_1+a_2, b=b_1+b_2$. 于是 $\forall r \in R$，有

$$a-b=(a_1+a_2)-(b_1+b_2)=(a_1-b_1)+(a_2-b_2),$$
$$ar=(a_1+a_2)r=a_1r+a_2r,$$
$$ra=r(a_1+a_2)=ra_1+ra_2.$$

由于 A_1, A_2 都是 R 的理想，所以 $a_1-b_1, a_1r, ra_1 \in A_1, a_2-b_2, a_2r, ra_2 \in A_2$，从而 $a-b, ar, ra \in A_1+A_2$，因此，$A_1+A_2 \lhd R$.

例 6 设 R 是一个环，$A_1 \lhd R, A_2 \lhd R$，证明：$A_1 \cap A_2 \lhd R$.

证 显然 $0 \in A_1 \cap A_2$，从而 $A_1 \cap A_2 \neq \varnothing$. 又 $\forall a, b \in A_1 \cap A_2$，有 $a, b \in A_1$，且 $a, b \in A_2$. 由于 A_1, A_2 都是 R 的理想，于是 $\forall r \in R$，有

$$a-b, ar, ra \in A_1, \quad 且 \quad a-b, ar, ra \in A_2,$$

所以 $a-b, ar, ra \in A_1 \cap A_2$. 因此，$A_1 \cap A_2 \lhd R$.

一般地，我们有

定理 3.15 设 R 是一个环，I 是一个指标集，$A_i \lhd R (i \in I)$，则 $\bigcap\limits_{i \in I} A_i \lhd R$.

定义 3.14 设 R 是一个环，$\varnothing \neq T \subseteq R, M=\{A_i \mid T \subseteq A_i \lhd R, i \in I\}$ 是 R 中所有包含 T 的理想族，则称 $\bigcap\limits_{i \in I} A_i$ 是由 T 所生成的理想，记作 (T). 并称 T 的元素是 (T) 的生成元，T 是 (T) 的生成元集.

显然，(T) 是 R 中包含 T 的最小理想.

若 $T=\{t_1, t_2, \cdots, t_n\}$ 是有限集，则 (T) 可记作 $(t_1, t_2, \cdots, t_n)$. 特别，由一个元素 a 生成的理想 (a) 称为主理想. 下面着重讨论主理想.

定理 3.16 设 R 是一个环，$a \in R$，则

$$(a)=\{\sum x_i a y_i + sa + at + na \mid x_i, y_i, s, t \in R, n \in \mathbf{Z}\}.$$

证 将等式右边记作 A，我们先证 A 是 R 的理想. 因为 $a \in A$，所以 $A \neq \varnothing$，且 $A \subseteq R$. 又 $\forall r \in R, x, y \in A$，设

$$x=\sum x_i a y_i + sa + at + na,$$
$$y=\sum x_i' a y_i' + s'a + at' + n'a,$$

则

$$x-y=\sum x_i a y_i - \sum x_i' a y_i' + (s-s')a + a(t-t') + (n-n')a,$$
$$rx=\sum (rx_i) a y_i + (rs)a + rat + (nr)a,$$
$$xr=\sum x_i a (y_i r) + sar + a(tr) + a(nr).$$

于是 $x-y, rx, xr \in A$，从而 $A \lhd R$. 由于 $a \in A$，所以 $(a) \subseteq A$.

反之，因为 $a \in (a) \lhd R$，所以 $\forall x_i, y_i, s, t \in R, n \in \mathbf{Z}$，

$$\sum x_i a y_i + sa + at + na \in (a),$$

于是 $A \subseteq (a)$. 因此 $(a) = A$.

推论 1　设 R 是一个环, $a \in R$,

(1) 若 R 是有单位元环,则 $(a) = \{\sum x_i a y_i \mid x_i, y_i \in R\}$;

(2) 若 R 是交换环,则 $(a) = \{ra + na \mid r \in R, n \in \mathbf{Z}\}$;

(3) 若 R 是有单位元的交换环,则 $(a) = \{ra \mid r \in R\}$.

推论 2　设 R 是一个环, $\varnothing \neq T \subseteq R$,则

$$(T) = \{\sum x_i \mid x_i \in (t_i), t_i \in T\}.$$

例 7　证明:整数环 $\mathbf{Z}$ 的每一个理想都是主理想.

证　因为 $\mathbf{Z}$ 是有单位元的交换环,所以 $\forall n \in \mathbf{Z}$,

$$(n) = \{rn \mid r \in \mathbf{Z}\}.$$

现设 $A \triangleleft \mathbf{Z}$. 若 $A = \{0\}$,则 $A = (0)$. 若 $A \neq \{0\}$,则 A 中存在最小正整数 n,于是 $(n) \subseteq A$.

又 $\forall a \in A$,设

$$a = nq + t, \quad 0 \leqslant t < n.$$

因为 $a \in A, n \in (n) \subseteq A$,所以 $t = a - nq \in A$. 由 n 最小性的假设,得 $t = 0$. 从而 $a = nq \in (n)$,即 $A \subseteq (n)$.

因此 $A = (n)$.

例 8　求整数环 $\mathbf{Z}$ 上一元多项式环 $\mathbf{Z}[x]$ 的理想 $(2, x)$,并证明 $(2, x)$ 不是主理想.

解　因为 $\mathbf{Z}[x]$ 是有单位元的交换环,所以

$$\begin{aligned}(2, x) &= \{2f_1(x) + xf_2(x) \mid f_1(x), f_2(x) \in \mathbf{Z}[x]\} \\ &= \{2a_0 + xf(x) \mid a_0 \in \mathbf{Z}, f(x) \in \mathbf{Z}[x]\},\end{aligned}$$

即 $(2, x)$ 是由 $\mathbf{Z}[x]$ 中常数项为偶数的多项式所组成.

若 $(2, x)$ 是主理想,则 $\exists\, p(x) \in \mathbf{Z}[x]$,使

$$(2, x) = (p(x)),$$

于是

$$2 \in (p(x)), \quad x \in (p(x)),$$

即

$$2 = p(x)q(x), \quad x = p(x)h(x), \quad q(x), h(x) \in \mathbf{Z}[x],$$

而由 $2 = p(x)q(x)$,得 $p(x) = a \in \mathbf{Z}$. 再由 $x = p(x)h(x) = ah(x)$ 得 $a = \pm 1$. 于是 $\pm 1 = p(x) \in (2, x)$,但这与 $\pm 1 \notin (2, x)$ 矛盾. 因此 $(2, x)$ 不是主理想.

定理 3.17 设 R 是环,$A \lhd R$,在商群

$$(R,+)/(A,+)=\{[x] \mid x \in R\} = \{x+A \mid x \in R\}$$

中再规定:

$$[x]\cdot[y]=[xy], \quad \forall [x],[y] \in R/A, \tag{3.2}$$

则$(R/A,+,\cdot)$是一个环(R/A 称为R 关于A 的商环或剩余类环,$[x]=x+A$ 称为R 模A 的剩余类).

证 首先证明(3.2)规定的乘法与代表元的选取无关. 设$[x]=[x_1]$,$[y]=[y_1]$,则 $x-x_1 \in A$,$y-y_1 \in A$. 因为 A 是R 的理想,所以 $xy-x_1y_1=(x-x_1)y+x_1(y-y_1) \in A$,从而$[xy]=[x_1y_1]$. 其次$\forall [x],[y],[z] \in R/A$,有

$$([x]\cdot[y])\cdot[z]=[xy]\cdot[z]=[(xy)z]$$
$$=[x(yz)]=[x]\cdot[yz]=[x]\cdot([y]\cdot[z]),$$

从而·满足结合律. 且

$$[x]\cdot([y]+[z])=[x]\cdot[y+z]=[x(y+z)]$$
$$=[xy+xz]=[xy]+[xz]=[x]\cdot[y]+[x]\cdot[z],$$

从而·对+满足左分配律. 同理可证,·对+也满足右分配律.

因此 R/A 是一个环.

推论 (1) 若R 是交换环,则 R/A 也是交换环;

(2) 若R 是有单位元 1 的环,则 R/A 有单位元$[1]$.

例 9 求整数环 $\mathbf{Z}$ 关于主理想(m)的商环$\mathbf{Z}/(m)$.

解 $\mathbf{Z}/(m)=\{[x] \mid x \in \mathbf{Z}\}$,且 $[x]=[y] \Leftrightarrow x-y \in (m) \Leftrightarrow m \mid x-y$, 因此

$$\mathbf{Z}/(m)=\{[0],[1],\cdots,[m-1]\}=\mathbf{Z}_m.$$

例 10 求实数域 $\mathbf{R}$ 上一元多项式环 $\mathbf{R}[x]$关于主理想(x)的商环$\mathbf{R}[x]/(x)$.

解 $\mathbf{R}[x]/(x)=\{[f(x)] \mid f(x) \in \mathbf{R}[x]\}$,且

$$[f(x)]=[g(x)] \Leftrightarrow f(x)-g(x) \in (x)$$
$$\Leftrightarrow x \mid f(x)-g(x),$$

所以,$\forall f(x) \in \mathbf{R}[x]$,设 $f(x)=xq(x)+a, a \in \mathbf{R}$, 则$[f(x)]=[a]$,因此

$$\mathbf{R}[x]/(x)=\{[a] \mid a \in \mathbf{R}\}.$$

定理 3.18 一个环 R 与它的每一个商环 R/A 同态.

证 首先由定理 2.42 知,映射

$$\pi: x \mapsto [x]=x+A, \quad \forall x \in R$$

是加群$(R,+)$到加群$(R/A,+)$的满同态. 又$\forall x,y \in R$,

$$\pi(xy)=[xy]=[x]\cdot[y]=\pi(x)\cdot\pi(y),$$

因此 π 是环 R 到商环 R/A 的满同态. 从而 $R\sim R/A$.

定理 3.18 中规定的同态 π 称为环的自然同态.

推论　设 π 是环 R 到商环 R/A 的自然同态，则 $\operatorname{Ker}\pi=A$.

定理 3.19(同态基本定理)　设 f 是环 R 到环 R' 的同态，则

(1) $\operatorname{Ker} f\lhd R$;

(2) $R/\operatorname{Ker} f\cong \operatorname{Im}f$.

证　(1)　由定理 2.43(1)知，$\operatorname{Ker} f$ 是 $(R,+)$ 的子加群. 又 $\forall a\in\operatorname{Ker} f, r\in R$，有

$$f(ra)=f(r)f(a)=f(r)0'=0',$$
$$f(ar)=f(a)f(r)=0'f(r)=0',$$

从而 $ra, ar\in\operatorname{Ker} f$，因此 $\operatorname{Ker} f\lhd R$.

(2) 由定理 2.43(2)知，在 $R/\operatorname{Ker} f$ 到 $\operatorname{Im}f$ 间存在一个双射：

$$\varphi: a+\operatorname{Ker} f\mapsto f(a),$$

且保持加法运算. 又 $\forall a+\operatorname{Ker} f, b+\operatorname{Ker} f\in R/\operatorname{Ker} f$，有

$$\begin{aligned}&\varphi[(a+\operatorname{Ker} f)\cdot(b+\operatorname{Ker} f)]\\&=\varphi(ab+\operatorname{Ker} f)=f(ab)=f(a)f(b)\\&=\varphi(a+\operatorname{Ker} f)\cdot\varphi(b+\operatorname{Ker} f)\end{aligned}$$

从而 φ 保持乘法运算.

因此 φ 是同构. 从而 $R/\operatorname{Ker} f\cong\operatorname{Im}f$.

推论　设 f 是环 R 到环 R' 的满同态，则 $R/\operatorname{Ker} f\cong R'$.

例 11　证明：$\mathbf{R}[x]/(x)\cong\mathbf{R}$.

证　令 $\varphi(f(x))=f(0), \forall f(x)\in\mathbf{R}[x]$，容易证明 φ 是 $\mathbf{R}[x]$ 到 $\mathbf{R}$ 的满同态(参见 3.3 节例 3)，且

$$\begin{aligned}\operatorname{Ker}\varphi&=\{f(x)\in\mathbf{R}[x]\mid\varphi(f(x))=0\}\\&=\{f(x)\in\mathbf{R}[x]\mid f(0)=0\}\\&=\{xg(x)\mid g(x)\in\mathbf{R}[x]\}=(x),\end{aligned}$$

于是，由同态基本定理，$\mathbf{R}[x]/(x)\cong\mathbf{R}$.

类似于定理 2.44，2.45 的证明，我们可以得到与群论里相平行的一些结果：

定理 3.20(第一同构定理)　设 f 是环 R 到环 R' 的满同态，$A'\lhd R'$，$A=f^{-1}(A')$，则 $A\lhd R$，并且 $R/A\cong R'/A'$.

定理 3.21　设 f 是环 R 到环 R' 的满同态，若 $A\lhd R$，则 $f(A)\lhd R'$.

习　题　3.4

1. 设 $2\mathbf{Z}$ 是偶数环，证明：所有整数 $4r(r\in 2\mathbf{Z})$ 所组成的集合 A 是 $2\mathbf{Z}$ 的一个理想. 并讨论 A

与(4)的关系.

2. 找出模 6 的剩余类环 $\mathbf{Z}_6$ 的所有理想.

3. 设 R 是交换环,$a\in R$,令 $A_a=\{x\in R \mid ax=0\}$,证明:$A_a \lhd R$.

4. 在整数环 $\mathbf{Z}$ 中,证明:$(3,7)=(1)$.

5. 证明:有理数域 $\mathbf{Q}$ 上一元多项式环 $\mathbf{Q}[x]$的理想$(2,x)$是主理想.

6. 设 R 是整数环 $\mathbf{Z}$ 上所有形如$\begin{pmatrix} a & b \\ 0 & c \end{pmatrix}$的二阶矩阵关于矩阵的加法、乘法作成的环,$A$ 是所有形如$\begin{pmatrix} 0 & b \\ 0 & 0 \end{pmatrix}$的二阶矩阵组成的集合,证明:$A$ 是 R 的理想,问商环 R/A 由哪些元素组成?

7. 求 $\mathbf{Z}[i]/(1+i)$,并证明 $\mathbf{Z}[i]/(1+i)$是域.

8. 设 A,B 都是环 R 的理想,且 $B\subseteq A$,则 $R/A\cong(R/B)/(A/B)$.

9. 设 $R=\mathbf{Z}\times\mathbf{Z}$ 关于

$$(a,b)+(c,d)=(a+c,b+d),$$
$$(a,b)\cdot(c,d)=(ac,bd)$$

作成一个环,证明:$f:(a,b)\mapsto b$ 是 R 到 $\mathbf{Z}$ 的满同态,并求同态核 $\mathrm{Ker}\, f$ 与商环 $R/\mathrm{Ker}\, f$.

10. 证明:Gauss 整数环 $\mathbf{Z}[i]$同构于 $\mathbf{Z}[x]/(x^2+1)$.

3.5 素理想与极大理想

本节介绍两种特殊的理想——素理想与极大理想,并由此给出由有单位元的交换环构造整环和域的一种方法.

在整数环 $\mathbf{Z}$ 中,素数有两种刻画方法. 通常定义为:素数 p 是一个大于 1 的整数,且除 1 和 p 自身外无其他正因数;另外也可以定义为:素数 p 是一个大于 1 的整数,且 $\forall a,b\in\mathbf{Z}, p\mid ab \Rightarrow p\mid a$ 或 $p\mid b$. 如果用理想来描述,那么素数 p 的第一个特征为:(p)是 $\mathbf{Z}$ 的真理想,且若有 $\mathbf{Z}$ 的理想 Q 满足$(p)\subset Q$,则 $Q=\mathbf{Z}$;而素数 p 的第二个特征为:若 $ab\in(p)$,则 $a\in(p)$或 $b\in(p)$. 把素数的这两个性质推广到一般交换环上,就得到极大理想与素理想两个概念.

定义 3.15 设 R 是交换环,P 是 R 的一个理想,若

$$\forall a,b\in R, ab\in P \Rightarrow a\in P \text{ 或 } b\in P,$$

则称 P 是 R 的素理想.

显然,单位理想是素理想. 又当 R 是无零因子交换环时,零理想也是素理想. 但是,在 R 是有零因子时,由于存在 $a\neq 0, b\neq 0$,使 $ab=0$,即 $ab\in(0)$,且 $a\notin(0)$,$b\notin(0)$,从而零理想不是 R 的素理想.

例 1 设 p 是素数,则(p)是整数环 $\mathbf{Z}$ 的素理想.

证 首先(p)是 $\mathbf{Z}$ 的理想. 又 $\forall a,b\in\mathbf{Z}, ab\in(p) \Rightarrow p\mid ab \Rightarrow p\mid a$ 或 $p\mid b \Rightarrow a\in(p)$或 $b\in(p)$. 因此,(p)是 $\mathbf{Z}$ 的素理想.

定理 3.22 设 P 是有单位元的交换环 R 的一个理想,则

$$P \text{ 是 } R \text{ 的素理想} \Leftrightarrow R/P \text{ 是整环}.$$

证 $\Rightarrow$. 设 P 是 R 的素理想. 若在 R/P 中有$[a][b]=[0]$,即$[ab]=[0]$,则 $ab\in P$. 于是 $a\in P$ 或 $b\in P$,即$[a]=[0]$或$[b]=[0]$. 因此 R/P 无零因子. 又因为 R 是有单位元的交换环,从而其商环 R/P 也是有单位元的交换环,因此 R/P 是整环.

$\Leftarrow$. 设 R/P 是整环. $\forall a,b\in R$,若 $ab\in P$,则$[ab]=[0]$,即$[a][b]=[0]$. 因为 R/P 是无零因子环,所以$[a]=[0]$或$[b]=[0]$,即 $a\in P$ 或 $b\in P$. 因此 P 是 R 的素理想.

例 2 证明:(x)是整数环 $\mathbf{Z}$ 上一元多项式环 $\mathbf{Z}[x]$的素理想.

证 用 3.4 节例 11 同样的方法,容易证明:$\mathbf{Z}[x]/(x)\cong\mathbf{Z}$. 而 $\mathbf{Z}$ 是整环,于是 $\mathbf{Z}[x]/(x)$也是整环. 因此由定理 3.22,(x)是 $\mathbf{Z}[x]$的素理想.

定义 3.16 设 M 是环 R 的一个真理想,若对于 R 的理想 N,$M\subset N\Rightarrow N=R$,则称 M 是 R 的极大理想.

由定义可见,R 中包含极大理想 M 的理想只有 R 与 M.

注意,环 R 本身不是 R 的极大理想. 又若 R 只有平凡理想,则零理想是 R 的极大理想.

例 3 设 p 是素数,则(p)是整数环 $\mathbf{Z}$ 的极大理想.

证 首先 $1\notin(p)$,从而$(p)\neq\mathbf{Z}$. 又设有 $\mathbf{Z}$ 的理想 N,使$(p)\subset N$,则$\exists q\in N\backslash(p)$. 因为 $q\notin(p)$,所以 $p\nmid q$. 又由于 p 是素数,从而$(p,q)=1$,即$\exists s,t\in\mathbf{Z}$,使 $sp+tq=1$. 因为 $p\in(p)\subset N$,$q\in N$,所以 $1\in N$. 从而 $N=\mathbf{Z}$. 因此(p)是整数环 $\mathbf{Z}$ 的极大理想.

由例 3 可见,一个环可以有多个极大理想. 但是,一个环也可以没有极大理想,然而一个有单位元的环一定含有极大理想(证略).

定理 3.23 设 M 是有单位元的交换环 R 的一个理想,则

$$M \text{ 是 } R \text{ 的极大理想} \Leftrightarrow R/M \text{ 是域}.$$

证 $\Rightarrow$. 设 M 是 R 的极大理想. 由于 R 是有单位元的交换环,于是 R/M 也是有单位元的交换环,从而只要证 $0\neq[a]\in R/M$ 在 R/M 中可逆. 令

$$N=\{m+ax \mid m\in M,x\in R\},$$

容易证明 N 是 R 的一个理想,且 $M\subseteq N$. 但是 $a\notin M$,$a\in N$,而 M 是 R 的极大理想,从而 $N=R$. 于是 $1\in N$. 所以$\exists x\in R$,$m\in M$,使 $1=m+ax$. 这样$[1]=[m+ax]=[ax]=[a][x]$,即$[a]$是 R/M 的可逆元. 因此 R/M 是域.

$\Leftarrow$. 设 R/M 是域,N 是 R 的理想,且 $M\subset N$,我们要证 $N=R$. 由于 $M\subset N$,于是$\exists a\in N\backslash M$,即$[0]\neq[a]$. 因为 R/M 是域,所以$\exists x\in R$,使$[a][x]=[1]$,即

$[ax]=[1]$,从而 $1-ax\in M\subset N$. 由于 $a\in N$,又 N 是 R 的理想,于是 $ax\in N$,从而 $1\in N$. 所以 $N=R$. 因此 M 是 R 的极大理想.

推论 在有单位元的交换环 R 中,极大理想一定是素理想.

证 因为域是整环,所以由定理 3.22,3.23 即得.

注 在无单位元的环中,极大理想不一定是素理想(见习题 3.5 第 3 题).

例 4 证明:(x)是实数域 $\mathbf{R}$ 上一元多项式环 $\mathbf{R}[x]$的极大理想.

证 由 3.4 节例 11,$\mathbf{R}[x]/(x)\cong\mathbf{R}$. 而 $\mathbf{R}$ 是域,于是 $\mathbf{R}[x]/(x)$也是域. 因此由定理 3.23,(x)是 $\mathbf{R}[x]$的极大理想.

例 5 证明:在整数环 $\mathbf{Z}$ 上的一元多项式环 $\mathbf{Z}[x]$中,$(2,x)$是一个极大理想,而(x)不是极大理想.

证 令

$$\varphi(f(x))=\begin{cases}[0], & 2\mid f(0),\\ [1], & 2\nmid f(0).\end{cases}$$

容易证明 φ 是 $\mathbf{Z}[x]$到 $\mathbf{Z}_2$ 的满同态,且

$$\begin{aligned}\mathrm{Ker}\,\varphi&=\{f(x)\in\mathbf{Z}[x]\mid\varphi(f(x))=[0]\}\\&=\{f(x)\in\mathbf{Z}[x]\mid 2\mid f(0)\}=(2,x).\end{aligned}$$

于是,由同态基本定理,$\mathbf{Z}[x]/(2,x)\cong\mathbf{Z}_2$. 而 $\mathbf{Z}_2$ 是域,于是 $\mathbf{Z}[x]/(2,x)$也是域. 因此由定理 3.23,$(2,x)$是 $\mathbf{Z}[x]$的极大理想.

由于$(x)\subset(2,x)\subset\mathbf{Z}[x]$,所以$(x)$不是 $\mathbf{Z}[x]$的极大理想.

习　题　3.5

1. 找出整数环 $\mathbf{Z}$ 与模 12 剩余类环 $\mathbf{Z}_{12}$的所有素理想与极大理想.
2. 设 p 是素数,问(p^2),$(2p)$是否为 $\mathbf{Z}$ 的素理想?
3. 证明:在偶数环 $2\mathbf{Z}$ 中,(4)是极大理想,但不是素理想.

3.6　商　　域

上一节我们介绍了利用极大理想构造域的方法,本节将介绍另一个通过环的扩充构造域的方法. 为此,先证明一个常用定理.

定理 3.24(挖补定理)　设 S 是环 R 的子环,$S\cong S'$,$S'\cap R=\varnothing$,则存在 S'的扩环 R',使 $R\cong R'$.

证 设 S 到 S'的同构映射为 φ. 令 $R'=S'\cup(R\setminus S)$,并作一个 R 到 R'的映射

$$f(r)=\begin{cases}\varphi(r), & r\in S,\\ r, & r\in R\setminus S.\end{cases}$$

$\forall r'\in R'$,若 $r'\in S'$,由于 φ 是 S 到 S' 的同构映射,从而 $\exists r\in S$,使 $\varphi(r)=r'$,即 $f(r)=r'$. 若 $r'\in R\setminus S$,则 $f(r')=r'$. 所以 f 是满射. 下面证 f 是单射. $\forall r_1, r_2\in R$,若 $r_1\neq r_2$. 当 r_1,r_2 同属于 $R\setminus S$ 时,由于 $f(r_1)=r_1, f(r_2)=r_2$,所以 $f(r_1)\neq f(r_2)$. 当 r_1,r_2 同属于 S 时,因为 φ 是同构映射,所以 $\varphi(r_1)\neq\varphi(r_2)$,于是 $f(r_1)\neq f(r_2)$. 当 r_1,r_2 一个属于 S,另一个属于 $R\setminus S$ 时,不妨设 $r_1\in S, r_2\in R\setminus S$,则 $f(r_1)=\varphi(r_1)\in S', f(r_2)=r_2\in R$. 由于 $S'\cap R=\varnothing$,所以 $f(r_1)\neq f(r_2)$.

因此 f 是 R 到 R' 的双射. 现通过 f,在 R' 中规定两种代数运算:$\forall r_1', r_2'\in R'$, $\exists r_1, r_2\in R$,使 $f(r_1)=r_1', f(r_2)=r_2'$,令

$$r_1'\oplus r_2' = f(r_1+r_2),\quad r_1'\odot r_2' = f(r_1r_2).$$

这样 f 是一个从 R 到 R' 的保持运算的双射,于是由习题 3.3 第 1 题,R' 是一个环. 从而 $R\cong R'$.

最后证明 S' 是 R' 的子环,这只要证明 S' 中的元素在 S' 中的运算与在 R' 中的运算一致. $\forall r_1', r_2'\in S'$, $\exists r_1, r_2\in S$,使 $\varphi(r_1)=r_1', \varphi(r_2)=r_2'$,于是

$$r_1'+r_2' = \varphi(r_1)+\varphi(r_2) = f(r_1)+f(r_2) = f(r_1+r_2) = r_1'\oplus r_2',$$

$$r_1'r_2' = \varphi(r_1)\varphi(r_2) = f(r_1)f(r_2) = f(r_1r_2) = r_1'\odot r_2',$$

因此 R' 是一个符合条件的环.

我们知道整数环 $\mathbf{Z}$ 是一个整环,不是域. 但是将 $\mathbf{Z}$ 扩充得到了有理数域. 一般的环是否也可以扩充成为除环(或域)呢? 因为除环(或域)没有零因子,所以一个环 R 能被除环(或域)包含,R 必须没有零因子. 然而,对于非交换环,无零因子这个条件还不充分(有关例子读者可参考:A. Malcev, On the immersion of an Algebraic Ring into a Field, Math. Ann., 113, 1936). 关于无零因子的非交换环可以扩充成除环的充要条件(Or 条件)可参考 N. Jacobson: Basic Algebra I, 119(中译本,第 141 页). 在这一节中要证明:当 R 是交换环时,无零因子这个条件还是充分的. 所用的方法类似于由整数环扩充成有理数域的方法.

定理 3.25 每一个无零因子交换环 R 都可以扩充为一个域 F.

证 分三步证明.

(1) 在卡氏积

$$R\times R^* = \{(a,b)\mid a\in R, b\in R^*\}$$

中规定一个关系~:

$$(a,b)\sim(a',b')\Leftrightarrow ab'=ba'.$$

容易证明,~是等价关系,于是~决定 $R\times R^*$ 的一个分类. 现将包含 (a,b) 的等价类记作 $\frac{a}{b}$. 显然

$$\frac{a}{b}=\frac{a'}{b'}\Leftrightarrow (a,b)\sim(a',b')\Leftrightarrow ab'=ba'.$$

(2) 令

$$Q=\left\{\frac{a}{b}\,\middle|\,a\in R,b\in R^{*}\right\},$$

并规定

$$\frac{a}{b}+\frac{c}{d}=\frac{ad+bc}{bd},\quad \frac{a}{b}\cdot\frac{c}{d}=\frac{ac}{bd}.$$

因为 R 是交换环,所以 $ad+bc,ac,bd\in R$,又因为 $b\neq 0,d\neq 0$,而 R 是无零因子环,所以 $bd\neq 0$. 从而$\frac{ad+bc}{bd},\frac{ac}{bd}\in Q$. 再若

$$\frac{a}{b}=\frac{a'}{b'},\quad \frac{c}{d}=\frac{c'}{d'},$$

则

$$ab'=a'b,\quad cd'=c'd.$$

于是

$$(ad+bc)b'd'=(a'd'+b'c')bd,$$
$$ac\,b'd'=a'c'bd,$$

从而

$$\frac{ad+bc}{bd}=\frac{a'd'+b'c'}{b'd'},\quad \frac{ac}{bd}=\frac{a'c'}{b'd'}.$$

因此,上面规定的加法、乘法与代表元的选取无关,即它们都是 Q 的代数运算.

容易证明,$(Q,+,\cdot)$作成一个域. 零元是$\frac{0}{b}$,$\frac{a}{b}$的负元是$\frac{-a}{b}$,单位元是$\frac{b}{b}$.
当 $a\neq 0$ 时,$\frac{a}{b}$的逆元是$\frac{b}{a}$.

(3)令

$$\varphi:R\to Q,$$
$$a\mapsto\frac{aq}{q}.$$

因为在 Q 中,$\forall q,q'\in R^{*}$,$\frac{aq}{q}=\frac{aq'}{q'}$,所以 φ 是 R 到 Q 的一个映射.

又 $\forall a,b\in R$,若 $\varphi(a)=\varphi(b)$,即$\frac{aq}{q}=\frac{bq'}{q'}$,则 $aqq'=bqq'$,从而 $a=b$,所以 φ 是一个单射.

再 $\forall a,b\in R$,有

$$\varphi(a+b)=\frac{(a+b)q}{q}=\frac{aq}{q}+\frac{bq}{q}=\varphi(a)+\varphi(b),$$

$$\varphi(ab)=\frac{(ab)q}{q}=\frac{aq}{q}\cdot\frac{bq}{q}=\varphi(a)\cdot\varphi(b),$$

因此 φ 是 R 到 Q 的单同态. 令

$$Q_0=\varphi(R)=\left\{\frac{aq}{q}\middle| a\in R,q\in R^*\right\},$$

则 Q_0 是 Q 的子环,且 $R\cong Q_0$.

由构造知,$R\cap Q=\varnothing$.

综上所述,由定理 3.24,存在 R 的扩环 $F=R\cup(Q\backslash Q_0)$,使 $F\cong Q$. 由于 Q 是一个域,从而 F 也是一个域.

推论　定理 3.25 中所构作的无零因子交换环 R 的扩域 F 的构造为

$$F=\{ab^{-1}\mid a\in R,b\in R^*\}.$$

证　设 F 到 Q 的同构映射为 f,则由定理 3.25 与 3.24 知,$\forall a\in R$,有

$$f(a)=\varphi(a)=\frac{aq}{q},\quad q\in R^*.$$

$\forall x\in F$,设 $f(x)=\frac{a}{b}$,则在 Q 中,有

$$\begin{aligned}f(x)&=\frac{a}{b}=\frac{aq}{q}\cdot\frac{q}{bq}=\frac{aq}{q}\cdot\left(\frac{bq}{q}\right)^{-1}\\&=f(a)\cdot f(b)^{-1}=f(ab^{-1}),\end{aligned}$$

而 f 是双射,从而 $x=ab^{-1}$.

反之,$\forall a\in R,b\in R^*$,因为 $R\subseteq F$,且 F 是域,所以 $ab^{-1}\in F$.

因此,$F=\{ab^{-1}|a\in R,b\in R^*\}$.

定义 3.17　设 R 是无零因子交换环,F 是 R 的扩域,且

$$F=\{ab^{-1}\mid a\in R,b\in R^*\},$$

则称 F 是 R 的商域(或分式域).

由定理 3.25 及其推论知,每一个无零因子交换环 R 都存在商域 F. 下面的定理指出,在同构的意义下 R 的商域是唯一的.

定理 3.26　设 F 是环 R 的商域,F' 是环 R' 的商域,若 $R\cong R'$,则 $F\cong F'$.

证　设 R 到 R' 的同构映射是 φ,令

$$\begin{aligned}f:F&\to F',\\ \frac{a}{b}&\mapsto\frac{\varphi(a)}{\varphi(b)},\end{aligned}$$

因为 φ 是满射,所以 f 也是满射.

又 $\forall\frac{a}{b},\frac{c}{d}\in F$,

$$f\left(\frac{a}{b}\right)=f\left(\frac{c}{d}\right)\Rightarrow\frac{\varphi(a)}{\varphi(b)}=\frac{\varphi(c)}{\varphi(d)}$$
$$\Rightarrow\varphi(a)\cdot\varphi(d)=\varphi(b)\cdot\varphi(c)\Rightarrow\varphi(ad)=\varphi(bc)$$
$$\Rightarrow ad=bc\Rightarrow\frac{a}{b}=\frac{c}{d},$$

从而 f 是单射. 再

$$\begin{aligned}f\left(\frac{a}{b}+\frac{c}{d}\right)&=f\left(\frac{ad+bc}{bd}\right)=\frac{\varphi(ad+bc)}{\varphi(bd)}\\&=\frac{\varphi(a)\cdot\varphi(d)+\varphi(b)\cdot\varphi(c)}{\varphi(b)\cdot\varphi(d)}\\&=\frac{\varphi(a)}{\varphi(b)}+\frac{\varphi(c)}{\varphi(d)}=f\left(\frac{a}{b}\right)+f\left(\frac{c}{d}\right),\end{aligned}$$

$$\begin{aligned}f\left(\frac{a}{b}\cdot\frac{c}{d}\right)&=f\left(\frac{ac}{bd}\right)=\frac{\varphi(ac)}{\varphi(bd)}\\&=\frac{\varphi(a)\cdot\varphi(c)}{\varphi(b)\cdot\varphi(d)}=\frac{\varphi(a)}{\varphi(b)}\frac{\varphi(c)}{\varphi(d)}\\&=f\left(\frac{a}{b}\right)f\left(\frac{c}{d}\right),\end{aligned}$$

从而 f 保持运算.

因此 f 是 F 到 F' 的同构，即 $F\cong F'$.

在定理 3.26 中，取 $R=R'$ 就得到下面商域的唯一性定理.

定理 3.27　设 F 与 F' 都是环 R 的商域，则 $F\cong F'$.

推论　环 R 的商域是 R 的最小扩域.

例 1　有理数域 $\mathbf{Q}$ 是整数环 $\mathbf{Z}$ 的商域.

证　因为 $\mathbf{Q}$ 是 $\mathbf{Z}$ 的扩域，且

$$\mathbf{Q}=\left\{\frac{m}{n}\,\middle|\,m\in\mathbf{Z},n\in\mathbf{Z}^*\right\}.$$

例 2　实数域 $\mathbf{R}$ 不是整数环 $\mathbf{Z}$ 的商域.

证　因为 $\sqrt{2}\in\mathbf{R}$ 不能表成 $\frac{m}{n}(m\in\mathbf{Z},n\in\mathbf{Z}^*)$ 的形式.

又证　因为 $\mathbf{Z}\subset\mathbf{Q}\subset\mathbf{R}$，所以 $\mathbf{R}$ 不是 $\mathbf{Z}$ 的最小扩域.

习　题　3.6

1. 设 $C=\{(a,b)\mid a,b\in\mathbf{R}\}$，并定义相等及两个代数运算如下：

$$(a,b)=(c,d)\Leftrightarrow a=c,b=d,$$
$$(a,b)+(c,d)=(a+c,b+d),$$

$$(a,b)\cdot(c,d)=(ac-bd,ad+bc),$$

证明:(1) $(C,+,\cdot)$是一个域;

(2) 令$R=\{(a,0)\mid a\in\mathbf{R}\}$,则$R$是$C$的子域,且$R\cong\mathbf{R}$;

(3) $C\cong\mathbf{C}$.

2. 指出下列各命题的真假,并说明理由.

(1) 环$R=\{3k\mid k\in\mathbf{Z}\}$的商域是有理数域$\mathbf{Q}$;

(2) 有理数域$\mathbf{Q}$的商域是$\mathbf{Q}$;

(3) 实数域$\mathbf{R}$的商域是复数域$\mathbf{C}$;

(4) 整环R中的每一个非零元在它的商域中都有逆元;

(5) 每一个交换环至少包含在一个商域中.

3. 证明:域F的商域就是F.

4. 求环$R=\{m+n\sqrt{2}\mid m,n\text{ 是偶数}\}$的商域.

5. 求Gauss整数环$\mathbf{Z}[i]$的商域.

6. 求数域P上一元多项式环$P[x]$的商域.

3.7　多项式环

在前面提到的多项式环$R[x]$中,R都是指数环,本节把它推广到一般的有单位元交换环. 这种多项式环在代数学中占有重要的地位.

定义 3.18　设R'是一个有单位元1的交换环,$1\in R\leqslant R'$,$\alpha\in R'$,则R'中形如

$$a_0+a_1\alpha+a_2\alpha^2+\cdots+a_n\alpha^n\quad(a_i\in R,n\in\mathbf{N}\cup\{0\})$$

的元素称为R上α的一个多项式,记作$f(\alpha)$;a_i称为$f(\alpha)$的系数,$a_i\alpha^i$称为$f(\alpha)$的项.

现在用$R[\alpha]$表示全体R上α的多项式所组成的集合. 由于当$m<n$时,

$$a_0+\cdots+a_m\alpha^m=a_0+\cdots+a_m\alpha^m+0\alpha^{m+1}+\cdots+0\alpha^n,$$

从而我们可以将有限个多项式的项数看作相同的.

由R'的运算性质可知,

$$(a_0+\cdots+a_n\alpha^n)-(b_0+\cdots+b_n\alpha^n)=(a_0-b_0)+\cdots+(a_n-b_n)\alpha^n,$$

$$(a_0+\cdots+a_m\alpha^m)(b_0+\cdots+b_n\alpha^n)=c_0+\cdots+c_{m+n}\alpha^{m+n},$$

其中$c_k=\sum\limits_{i+j=k}a_ib_j$. 于是两个多项式的差、积仍属于$R[\alpha]$,从而$R[\alpha]$是$R'$的子环,而且它是$R'$中包含$R$与$\alpha$的最小子环. 显然$\alpha\in R$时,$R[\alpha]=R$.

定义 3.19　$R[\alpha]$称为R上α的多项式环.

下面主要讨论未定元的多项式.

定义 3.20　设R'是一个有单位元1的交换环,$1\in R\leqslant R'$,$x\in R'$,若

$$a_0+a_1x+a_2x^2+\cdots+a_nx^n=0(a_i\in R,n\in\mathbf{N}\cup\{0\})$$
$$\Rightarrow a_0=a_1=a_2=\cdots=a_n=0,$$

则称 x 是R 上的未定元. 称 x 的多项式

$$f(x)=a_0+a_1x+a_2x^2+\cdots+a_nx^n \quad (a_i\in R,n\in\mathbf{N}\cup\{0\})$$

是一元多项式. 当 $a_n\neq 0$ 时,称 a_nx^n 是 $f(x)$的首项;称 a_n 是 $f(x)$的首项系数;称 n 是 $f(x)$的次数,记作 $\deg f(x)$,零多项式 0 没有次数.

$R[x]$称为 R 上的一元多项式环.

定理 3.28 设 $f(x),g(x)$是 $R[x]$中两个非零多项式,则

(1) $\deg(f(x)+g(x))\leqslant\max\{\deg f(x),\deg g(x)\}$,

(2) $\deg(f(x)g(x))\leqslant\deg f(x)+\deg g(x)$,

且当 $f(x)$与 $g(x)$的最高次项系数不是零因子时,有

$$\deg(f(x)g(x))=\deg f(x)+\deg g(x).$$

证明留给读者自行完成.

在一个给定的环 R'中,未必含有 R 上的未定元. 例如,当 $R'=R$ 时,R 中的每一个元素都不是R 上的未定元. 又如,Gauss 整数环 $\mathbf{Z}[i]$中的每一个数 $\alpha=m+ni$ $(m,n\in\mathbf{Z})$都不是整数环 $\mathbf{Z}$ 上的未定元,因为等式$(m^2+n^2)+(-2m)\alpha+\alpha^2=0$ 成立. 但是我们可以将 R'进一步扩大,构造一个 R 的新的扩环,使其包含 R 上的未定元. 看下面的重要定理.

定理 3.29 设 R 是一个有单位元的交换环,则一定存在 R 上的未定元 x,从而存在一元多项式环 $R[x]$.

证 分三步证明. (1) 令

$$P'=\{(a_0,a_1,a_2,\cdots)\mid a_i\in R,\text{仅有有限个 } a_i\neq 0\},$$

并规定:

$$(a_0,a_1,a_2,\cdots)=(b_0,b_1,b_2,\cdots)\Leftrightarrow a_i=b_i,(i=0,1,2,\cdots),$$
$$(a_0,a_1,a_2,\cdots)+(b_0,b_1,b_2,\cdots)=(a_0+b_0,a_1+b_1,a_2+b_2,\cdots),$$
$$(a_0,a_1,a_2,\cdots)\cdot(b_0,b_1,b_2,\cdots)=(c_0,c_1,c_2,\cdots),$$

其中 $c_k=\sum\limits_{i+j=k}a_ib_j\ (k=0,1,2,\cdots)$. 容易证明,$(P',+,\cdot)$作成一个有单位元的交换环. 零元是$(0,0,0,\cdots)$. $(a_0,a_1,a_2,\cdots)$的负元是$(-a_0,-a_1,-a_2,\cdots)$. 单位元是$(1,0,0,\cdots)$.

(2) 令

$$\varphi:R\to P'$$
$$a\mapsto(a,0,0,\cdots),$$

则 φ 是R 到 P'的一个映射. 且 $\forall a,b\in R$,若 $\varphi(a)=\varphi(b)$,即$(a,0,0,\cdots)=(b,0,$

$0,\cdots)$,于是 $a=b$,从而 φ 是一个单射.

又 $\forall a,b\in R$,有

$$\varphi(a+b)=(a+b,0,0,\cdots)=(a,0,0,\cdots)+(b,0,0,\cdots)$$
$$=\varphi(a)+\varphi(b),$$
$$\varphi(ab)=(ab,0,0,\cdots)=(a,0,0,\cdots)\cdot(b,0,0,\cdots)=\varphi(a)\cdot\varphi(b),$$

因此 φ 是 R 到 P' 的单同态. 令

$$R'=\varphi(R)=\{(a,0,0,\cdots)\mid a\in R\},$$

则 R' 是 P' 的子环,且 $R\cong R'$.

由构造知,$R\cap P'=\varnothing$.

综上所述,由定理 3.24,存在 R 的扩环 P,使 $P\cong P'$. 由于 P' 是一个有单位元的交换环,从而 P 也是一个有单位元的交换环,且 P 的单位元就是 R 的单位元.

(3) 令 $x=(0,1,0,0,\cdots)$,则用归纳法可以证得

$$x^k=(\overbrace{0,\cdots,0}^{k},1,0,\cdots).$$

下面证明 x 是 R 上的未定元. 假设在 P 中,

$$a_0+a_1x+\cdots+a_nx^n=0\quad(a_i\in R,n\in\mathbf{N}\cup\{0\}),$$

则在 P' 中,

$$(a_0,0,\cdots)+(a_1,0,\cdots)(0,1,0,\cdots)+\cdots$$
$$+(a_n,0,\cdots)(\overbrace{0,\cdots,0}^{n},1,0,\cdots)=(0,0,0,\cdots),$$

即

$$(a_0,a_1,\cdots,a_n,0,\cdots)=(0,0,\cdots,0,0,\cdots),$$

从而

$$a_0=a_1=\cdots=a_n=0.$$

因此 x 是 R 上的未定元.

带余除法是多项式理论的基础,但并不是在任何一个一元多项式环中都可以施行的. 譬如,在 $\mathbf{Z}[x]$ 中,$f(x)=x^2-1$ 除以 $g(x)=2x+1$ 不能进行,因为 $\frac{1}{2}$ 不属于 $\mathbf{Z}$. 下面给出一个在 $R[x]$ 中可施行带余除法的充分条件.

定理 3.30　设 $f(x),g(x)\in R[x]$,且 $g(x)\neq0$,若 $g(x)$ 的首项系数是可逆元,则存在唯一的一对多项式 $q(x),r(x)\in R[x]$,使

$$f(x)=g(x)q(x)+r(x),\quad r(x)=0\text{ 或 }\deg r(x)<\deg g(x).$$

证　(1)先证存在性. 若 $f(x)=0$ 或 $\deg f(x)<\deg g(x)$,取 $q(x)=0$,$r(x)=f(x)$ 即可. 下面假设

$$f(x)=a_0+a_1x+\cdots+a_mx^m,$$

$$g(x) = b_0 + b_1 x + \cdots + b_n x^n,$$

其中 $a_m \neq 0, b_n$ 是可逆元，且 $m \geqslant n$. 对 m 作归纳法. 归纳假定对于次数小于 m 的每一个多项式除以 $g(x)$，都存在满足定理条件的多项式 $q(x), r(x)$. 令

$$f_1(x) = f(x) - b_n^{-1} a_m x^{m-n} g(x),$$

则 $f_1(x)=0$ 或 $\deg f_1(x)<m$. 由已证结果或归纳假定，存在 $q_1(x), r_1(x)$，使

$$f_1(x) = g(x)q_1(x) + r_1(x), \quad r_1(x) = 0 \text{ 或 } \deg r_1(x) < \deg g(x).$$

于是

$$f(x) = (q_1(x) + b_n^{-1} a_m x^{m-n}) g(x) + r_1(x),$$

即存在 $q(x)=q_1(x)+b_n^{-1}a_m x^{m-n}, r(x)=r_1(x)$，使

$$f(x) = g(x)q(x) + r(x), \quad r(x) = 0 \text{ 或 } \deg r(x) < \deg g(x),$$

存在性得证.

(2)再证唯一性. 设另有一对多项式 $q'(x), r'(x) \in R[x]$，使

$$f(x) = g(x)q'(x) + r'(x), \quad r'(x) = 0 \text{ 或 } \deg r'(x) < \deg g(x),$$

则

$$g(x)q(x) + r(x) = g(x)q'(x) + r'(x),$$

即

$$(q(x) - q'(x))g(x) = r'(x) - r(x).$$

若 $g(x)-q'(x)\neq 0$，因为 $g(x)$ 的最高次项的系数是可逆元，所以由定理3.28，

$$\deg(q(x) - q'(x)) + \deg g(x) = \deg(r'(x) - r(x)) < \deg g(x),$$

出现矛盾. 因此 $q(x)-q'(x)=0$，从而 $r(x)-r'(x)=0$.

例 证明：域 F 上一元多项式环 $F[x]$ 的每一个理想都是主理想.

证 设 $A \lhd F[x]$. 若 $A=\{0\}$，则 $A=(0)$. 若 $A\neq\{0\}$，则 A 中存在次数最低的多项式 $p(x)$，于是 $(p(x))\subseteq A$.

又 $\forall f(x)\in A$，由带余除法得

$$f(x) = p(x)q(x) + r(x), \quad r(x) = 0 \text{ 或 } \deg r(x) < \deg p(x).$$

因为 $f(x)\in A, p(x)\in(p(x))\subseteq A$，所以 $r(x)\in A$. 由 $p(x)$ 次数的最低性的假设，得 $r(x)=0$. 从而 $f(x)=p(x)q(x)\in(p(x))$，即 $A\subseteq(p(x))$.

因此 $A=(p(x))$.

我们再将多项式概念加以推广.

定义 3.21 设 R' 是一个有单位元 1 的交换环，$1\in R \leqslant R', \alpha_1, \alpha_2, \cdots, \alpha_n \in R'$，把环 $R[\alpha_1][\alpha_2]\cdots[\alpha_n]$ 称为 R 上的 $\alpha_1, \alpha_2, \cdots, \alpha_n$ 的多项式环，记作 $R[\alpha_1, \alpha_2, \cdots, \alpha_n]$.

$R[\alpha_1, \alpha_2, \cdots, \alpha_n]$ 中的元素称为 R 上 $\alpha_1, \alpha_2, \cdots, \alpha_n$ 的多项式，它们都可以表为

$$\sum_{i_1 i_2 \cdots i_n} a_{i_1 i_2 \cdots i_n} \alpha_1^{i_1} \alpha_2^{i_2} \cdots \alpha_n^{i_n} \quad (a_{i_1 i_2 \cdots i_n} \in R, \text{仅有有限个 } a_{i_1 i_2 \cdots i_n} \neq 0),$$

其中 $a_{i_1 i_2 \cdots i_n}$ 称为这个多项式的系数.

定义 3.22 设 R' 是一个有单位元 1 的交换环, $1 \in R \leqslant R'$, $x_1, x_2, \cdots, x_n \in R'$, 若

$$\sum_{i_1 i_2 \cdots i_n} a_{i_1 i_2 \cdots i_n} x_1^{i_1} x_2^{i_2} \cdots x_n^{i_n} = 0$$

$$\Rightarrow a_{i_1 i_2 \cdots i_n} = 0 (i_j = 0, 1, 2, \cdots, j = 1, 2, \cdots, n),$$

则称 $x_1, x_2, \cdots, x_n$ 是 R 上的无关未定元; 称 $x_1, x_2, \cdots, x_n$ 的多项式

$$\sum_{i_1 i_2 \cdots i_n} a_{i_1 i_2 \cdots i_n} x_1^{i_1} x_2^{i_2} \cdots x_n^{i_n} \quad (a_{i_1 i_2 \cdots i_n} \in R)$$

是 n 元多项式; 称 $R[x_1, x_2, \cdots, x_n]$ 是 n 元多项式环.

定理 3.31 设 R 是一个有单位元的交换环, $n \in \mathbf{N}$, 则一定存在 R 上的无关未定元 $x_1, x_2, \cdots, x_n$, 从而存在 n 元多项式环 $R[x_1, x_2, \cdots, x_n]$.

证 对 n 作归纳法. 当 $n=1$ 时, 由定理 3.29, 结论成立. 现设 $x_1, x_2, \cdots, x_{n-1}$ 是 R 上的无关未定元, x_n 是 $R[x_1, x_2, \cdots, x_{n-1}]$ 上的未定元, 若

$$\sum_{i_1 i_2 \cdots i_n} a_{i_1 i_2 \cdots i_n} x_1^{i_1} x_2^{i_2} \cdots x_n^{i_n} = 0,$$

则

$$\sum_{i_n} \Big(\sum_{i_1 i_2 \cdots i_{n-1}} a_{i_1 i_2 \cdots i_n} x_1^{i_1} x_2^{i_2} \cdots x_{n-1}^{i_{n-1}} \Big) x_n^{i_n} = 0.$$

于是

$$\sum_{i_1 i_2 \cdots i_{n-1}} a_{i_1 i_2 \cdots i_n} x_1^{i_1} x_2^{i_2} \cdots x_{n-1}^{i_{n-1}} = 0 \quad (i_n = 0, 1, 2, \cdots),$$

从而

$$a_{i_1 i_2 \cdots i_n} = 0 \quad (i_j = 0, 1, 2, \cdots, j = 1, 2, \cdots, n).$$

因此 $x_1, x_2, \cdots, x_n$ 是无关未定元.

习 题 3.7

1. 设 F 是域, 证明: $F[\alpha]$ 是 F 上线性空间.
2. 设 R 是整环, 证明: R 上的一元多项式环 $R[x]$ 也是整环.
3. 证明: R 上的一元多项式环 $R[x]$ 可以与它的一个真子环同构.
4. 在 $\mathbf{Z}_7[x]$ 中计算:

$$([3]x^3 + [5]x - [4])([4]x^2 - x + [3]).$$

5. 证明: (1) $R[\alpha_1, \alpha_2] = R[\alpha_2, \alpha_1]$;

(2) 若 $x_1, x_2, \cdots, x_n$ 是 R 上的无关未定元, 则每一个 x_i 都是 R 上的未定元.

3.8 扩　域

域的研究方法是从给定的域出发，进行扩张.

定义 3.23　设 E 是域 F 的一个扩域，S 是 E 的一个子集，则称 E 的所有包含 $F\cup S$ 的子域的交称为 F 添加 S 得到的扩域，记作 $F(S)$.

当 S 是有限集 $\{\alpha_1,\alpha_2,\cdots,\alpha_n\}$ 时，$F(S)$ 又可以记作 $F(\alpha_1,\alpha_2,\cdots,\alpha_n)$. 特别 $F(\alpha)$ 称为 F 的单纯扩域.

由定义可知，$F(S)$ 是包含 F 与 S 的 E 的最小子域，且 $F(S)$ 是由 E 中一切形如

$$\frac{f_1(\beta_1,\beta_2,\cdots,\beta_m)}{f_2(\beta_1,\beta_2,\cdots,\beta_m)}$$

的元素所组成，其中 $\beta_1,\beta_2,\cdots,\beta_m$ 是 S 中的任意有限个元素，$f_1(\beta_1,\beta_2,\cdots,\beta_m)$ 与 $f_2(\beta_1,\beta_2,\cdots,\beta_m)(\neq 0)$ 是 F 上 $\beta_1,\beta_2,\cdots,\beta_m$ 的多项式.

定理 3.32　设 E 是域 F 的一个扩域，S_1,S_2 是 E 的两个子集，则

$$F(S_1\cup S_2)=F(S_1)(S_2)=F(S_2)(S_1).$$

证　首先 $F(S_1\cup S_2)$ 是包含 F,S_1,S_2 的 E 的子域，从而是包含 $F(S_1)$ 与 S_2 的 E 的子域. 然而 $F(S_1)(S_2)$ 是包含 $F(S_1)$ 与 S_2 的 E 的最小子域，于是 $F(S_1)(S_2)\subseteq F(S_1\cup S_2)$. 另一方面，$F$ 与 $S_1\cup S_2$ 都包含于 $F(S_1)(S_2)$ 中，然而 $F(S_1\cup S_2)$ 是包含 F 与 $S_1\cup S_2$ 的最小子域，于是 $F(S_1\cup S_2)\subseteq F(S_1)(S_2)$. 因此 $F(S_1\cup S_2)=F(S_1)(S_2)$. 同理可证 $F(S_1\cup S_2)=F(S_2)(S_1)$.

由定理 3.32，我们可将添加有限集合 $\{\alpha_1,\alpha_2,\cdots,\alpha_n\}$ 于域 F 归结为有限次单纯扩张，即

$$F(\alpha_1,\alpha_2,\cdots,\alpha_n)=F(\alpha_1)(\alpha_2)\cdots(\alpha_n).$$

定义 3.24　设 E 是域 F 的一个扩域，$\alpha\in E$，若 $\exists\, 0\neq f(x)\in F[x]$，使 $f(\alpha)=0$，则称 α 满足 $f(x)$（或 α 是 $f(x)$ 的根），又称 α 是 F 上的代数元；反之，若 $\forall\, 0\neq f(x)\in F[x]$，都有 $f(\alpha)\neq 0$，则称 α 是 F 上的超越元.

若 α 是 F 上的代数元，则称 $F(\alpha)$ 是 F 的单代数扩域；若 α 是 F 上的超越元，则称 $F(\alpha)$ 是 F 的单超越扩域. 又若 E 的元均为 F 上的代数元，则称 E 是 F 的代数扩域.

例 1　域 F 中的元素都是 F 上的代数元.

例 2　$\sqrt{2},\sqrt{3},i$ 都是有理数域 $\mathbf{Q}$ 上的代数元.

例 3　$\pi,e,3^{\sqrt{2}}$ 都是有理数域 $\mathbf{Q}$ 上的超越元.

例 4　复数域 $\mathbf{C}$ 中每个数都是实数域 $\mathbf{R}$ 上的代数元. 这是因为任意复数 $a+$

$bi(a,b\in\mathbf{R})$满足 $f(x)=x^2-2ax+a^2+b^2$. 由此可见,复数域是实数域的代数扩域.

下面讨论单纯扩域 $F(\alpha)$的结构,它与 α 的性质有关. 先考虑单代数扩域.

定义 3.25　设 F 是域,$p(x)\in F[x]$,且 $\deg p(x)\geqslant 1$,若

$$p(x)=g(x)h(x),g(x),h(x)\in F[x]\Rightarrow g(x)\in F \text{ 或 } h(x)\in F,$$

则称 $p(x)$是 F 上的不可约多项式.

例如,当 $a\in F$ 时,一次多项式 $x-a$ 是 F 上不可约多项式. 又如,x^2-2 是有理数域 $\mathbf{Q}$ 上的不可约多项式.

定义 3.26　设 E 是域 F 的扩域,$\alpha\in E$,则将 $F[x]$中使 $p(\alpha)=0$ 的次数最低的首项系数为 1 的多项式

$$p(x)=x^n+a_{n-1}x^{n-1}+\cdots+a_1x+a_0$$

称为 α 的极小多项式,n 称为 α 在 F 上的次数.

定理 3.33　设 E 是域 F 的一个扩域,$\alpha\in E$,则下列各命题等价:

(1) α 是 F 上的代数元;

(2) 同态

$$\varphi: F[x]\to F[\alpha],\quad f(x)\mapsto f(\alpha)$$

的核:$\mathrm{Ker}\,\varphi=(p(x))\neq 0$,且 $F[\alpha]\cong F[x]/(p(x))$;

(3) 存在不可约多项式 $p(x)\in F[x]$,使 $p(\alpha)=0$;

(4) 存在 α 的极小多项式 $p(x)$;

(5) 域 F 上的线性空间 $F[\alpha]$是有限维的;

(6) $F[\alpha]$是域,且 $F[\alpha]=F(\alpha)$.

证　(1)⇒(2). 因为 α 是 F 上的代数元,所以 $\exists\, 0\neq h(x)\in F[x]$,使$h(\alpha)=0$,从而 $\mathrm{Ker}\,\varphi\neq 0$. 由 3.7 节例 1 知,$F[x]$的每一个理想都是主理想,于是 $\exists\, p(x)\in F[x]$,使 $\mathrm{Ker}\,\varphi=(p(x))$. 又由于 φ 是满同态,因此 $F[\alpha]\cong F[x]/(p(x))$.

(2)⇒(3). 若 $p(x)$ 可约,则 $p(x)=g(x)h(x)$,且 $0<\deg g(x)$, $\deg h(x)<\deg p(x)$. 于是 $g(\alpha)h(\alpha)=p(\alpha)=0$. 因为 E 是域,所以 $g(\alpha)=0$ 或 $h(\alpha)=0$. 不妨假设 $g(\alpha)=0$,于是 $g(x)\in\mathrm{Ker}\,\varphi=(p(x))$,从而$p(x)\mid g(x)$,出现矛盾.

(3)⇒(4). 因为 F 是域,所以可以假设 $p(x)$是首项系数为 1 的多项式. 若 $g(x)$是 α 的极小多项式,设

$$p(x)=g(x)q(x)+r(x),\quad r(x)=0 \text{ 或 } \deg r(x)<\deg g(x),$$

于是 $r(\alpha)=p(\alpha)-g(\alpha)\,q(\alpha)=0$. 从而 $r(x)=0$,即 $p(x)=g(x)q(x)$. 由于 $p(x)$是不可约多项式,于是 $q(x)\in F$,且 $p(x)=g(x)$.

(4)⇒(5). 设 $\deg p(x)=n$. $\forall f(\alpha)\in F[\alpha]$,设

$$f(x)=p(x)q(x)+r(x),\quad 其中\ r(x)=r_{n-1}x^{n-1}+\cdots+r_1x+r_0,$$

则

$$f(\alpha)=p(\alpha)q(\alpha)+r(\alpha)=r_{n-1}\alpha^{n-1}+\cdots+r_1\alpha+r_0,$$

从而 $f(\alpha)$可以由 $\alpha^{n-1},\cdots,\alpha,1$ 生成. 又若 $\alpha^{n-1},\cdots,\alpha,1$ 线性相关,则存在不全为零的 $a_{n-1},\cdots,a_1,a_0\in F$,使

$$a_{n-1}\alpha^{n-1}+\cdots+a_1\alpha+a_0=0.$$

这与 $p(x)$是 α 的极小多项式矛盾. 因此,$\alpha^{n-1},\cdots,\alpha,1$ 是 F 上线性空间$F[\alpha]$的一个基,从而 $F[\alpha]$是 F 上的 n 维线性空间.

(5)⇒(6). 因为 $F\subseteq F[\alpha]\subseteq E$,而 F,E 都是域,所以 $F[\alpha]$是整环. 又由假设 $F[\alpha]$是 F 上 n 维线性空间,所以 $\forall\, 0\neq k(\alpha)\in F[\alpha]$,$k(\alpha)^n,\cdots,k(\alpha),1$ 是线性相关的,即存在不全为零的 $a_n,\cdots,a_1,a_0\in F$,使

$$a_nk(\alpha)^n+\cdots+a_1k(\alpha)+a_0=0.$$

设 a_i 是 $a_n,\cdots,a_1,a_0$ 中右起第一个非零元,则

$$k(\alpha)^i(a_nk(\alpha)^{n-i}+\cdots+a_{i+1}k(\alpha)+a_i)=0.$$

由于 $F[\alpha]$是整环,从而

$$a_nk(\alpha)^{n-i}+\cdots+a_{i+1}k(\alpha)+a_i=0,$$

$$k(\alpha)\left(-\frac{a_n}{a_i}k(\alpha)^{n-i-1}-\cdots-\frac{a_{i+1}}{a_i}\right)=1,$$

即 $k(\alpha)$在 $F[\alpha]$中可逆,所以 $F[\alpha]$是域. 又因为 $F\cup\{\alpha\}\subseteq F[\alpha]\subseteq F(\alpha)$,而 $F(\alpha)$是包含 F 与$\{\alpha\}$的 E 的最小子域,因此 $F[\alpha]=F(\alpha)$.

(6)⇒(1). 若 $\alpha=0$,则 α 满足 $x\in F[x]$,即 α 是 F 上的代数元. 若 $\alpha\neq0$,设 α 在 $F[\alpha]$中的逆元是 $\sum\limits_{i=0}^{n-1}a_i\alpha^i$,则

$$\sum_{i=0}^{n-1}a_i\alpha^{i+1}=\alpha\sum_{i=0}^{n-1}a_i\alpha^i=1,$$

所以 α 满足 $0\neq f(x)=\sum\limits_{i=0}^{n-1}a_ix^{i+1}-1$,即 α 是 F 上的代数元.

相应地,单超越扩域 $F(\alpha)$有下列结构.

定理 3.34 设 E 是域 F 的一个扩域,$\alpha\in E$,则下列各命题等价:

(1) α 是 F 上的超越元;

(2) 同态

$$\varphi:\ F[x]\to F[\alpha],$$
$$f(x)\mapsto f(\alpha)$$

的核：Ker $\varphi=0$，即 $F[\alpha]\cong F[x]$；

(3) 域 F 上的线性空间 $F[\alpha]$ 是无限维的；

(4) $F[\alpha]$ 不是域.

例 5　证明：$\sqrt{2}$ 是有理数域 **Q** 上的代数元，并求 $\mathbf{Q}(\sqrt{2})$ 与 $\sqrt{2}$ 在 **Q** 上的次数.

解　因为 $\sqrt{2}$ 满足 $p(x)=x^2-2\in\mathbf{Q}[x]$，所以 $\sqrt{2}$ 是 **Q** 上的代数元. 又 $p(x)=x^2-2$ 是 **Q** 上首项系数为 1 的不可约多项式，所以 $p(x)$ 是 $\sqrt{2}$ 的极小多项式，因此 $\sqrt{2}$ 在 **Q** 上的次数为 2，$\mathbf{Q}(\sqrt{2})=\mathbf{Q}[\sqrt{2}]=\{a+b\sqrt{2}\mid a,b\in\mathbf{Q}\}$.

例 6　设 E 是域 F 的代数扩域，K 是 E 的子环，且 $F\subseteq K$，证明：K 是域.

证　因为 E 是域 F 的代数扩域，所以 $\forall\, 0\neq\alpha\in K$ 是 F 上的代数元，于是存在 α 的极小多项式

$$p(x)=x^n+a_{n-1}x^{n-1}+\cdots+a_1x+a_0,\quad n\geqslant 1.$$

若 $a_0=0$，则

$$p(x)=x(x^{n-1}+a_{n-2}x^{n-1}+\cdots+a_1).$$

这与 $p(x)$ 是 F 上的不可约多项式矛盾，从而 $a_0\neq 0$，且由 $p(\alpha)=0$ 可得

$$[-a_0^{-1}(\alpha^{n-1}+a_{n-1}\alpha^{n-2}+\cdots+a_1)]\alpha=1,$$

所以 α 在 K 中可逆，因此 K 是域.

又证　因为 E 是域 F 的代数扩域，所以 $\forall\, 0\neq\alpha\in K$ 是 F 上的代数元. 于是由定理 3.33，$F[\alpha]$ 是域，从而 $\alpha\in F[\alpha]$ 可逆，且 $\alpha^{-1}\in F[\alpha]\subseteq K$. 因此 K 是域.

设 E 是域 F 的一个扩域，则对于 E 的加法与 $F\times E$ 到 E 的乘法，E 作成 F 上的一个线性空间.

定义 3.27　设 E 是域 F 的一个扩域，将 E 作为 F 上线性空间的维数记作 $[E:F]$，并称为 E 在 F 上的次数. 若 $[E:F]$ 是有限的，则称 E 是 F 的有限扩域；若 $[E:F]$ 是无限的，则称 E 是 F 的无限扩域.

例如，复数域 **C** 是实数域 **R** 的有限扩域，且 $[\mathbf{C}:\mathbf{R}]=2$；实数域 **R** 是有理数域 **Q** 的无限扩域.

由定理 3.33 知，α 是 F 上的代数元 $\Leftrightarrow$ $F[\alpha]$ 是 F 的有限扩域.

定理 3.35　设 K 是域 F 的一个有限扩域，E 是域 K 的有限扩域，则 E 是域 F 的有限扩域，且 $[E:F]=[E:K][K:F]$.

证　设 $\alpha_1,\alpha_2,\cdots,\alpha_n$ 是线性空间 K 在域 F 上的一个基，$\beta_1,\beta_2,\cdots,\beta_m$ 是线性空间 E 在域 K 上的一个基，下面证明 $\alpha_i\beta_j(i=1,2,\cdots,n,j=1,2,\cdots,m)$ 是线性空间 E 在域 F 上的一个基. 设

$$\sum_{i=1}^{n}\sum_{j=1}^{m}a_{ij}\alpha_i\beta_j=0,\quad a_{ij}\in F,$$

则

$$\sum_{j=1}^{m}(\sum_{i=1}^{n} a_{ij}\alpha_i)\beta_j = 0, \quad \sum_{i=1}^{n} a_{ij}\alpha_i \in K.$$

因为 $\beta_1,\beta_2,\cdots,\beta_m$ 线性无关,所以

$$\sum_{i=1}^{n} a_{ij}\alpha_i = 0, \quad j = 1,2,\cdots,m.$$

又因为 $\alpha_1,\alpha_2,\cdots,\alpha_n$ 线性无关,所以

$$a_{ij} = 0, \quad i = 1,2,\cdots,n, \quad j = 1,2,\cdots,m,$$

从而 $\alpha_i\beta_j(i=1,2,\cdots,n,j=1,2,\cdots,m)$线性无关. 再$\forall \gamma\in E$,因为 $\beta_j(j=1,2,\cdots,m)$是 E 在 K 上的一个基,所以

$$\gamma = \sum_{j=1}^{m}\delta_j\beta_j, \quad \delta_j \in K.$$

又因为 $\alpha_i(i=1,2,\cdots,n)$是 K 在 F 上的一个基,所以

$$\delta_j = \sum_{i=1}^{n} b_{ij}\alpha_i, \quad b_{ij} \in F,$$

从而

$$\gamma = \sum_{j=1}^{m}\sum_{i=1}^{n} b_{ij}\alpha_i\beta_j.$$

因此 $\alpha_i\beta_j(i=1,2,\cdots,n,j=1,2,\cdots,m)$是 E 在 F 上的一个基. 于是

$$[E:F] = [E:K][K:F].$$

定理 3.36 设 E 是域 F 的一个有限扩域,则 E 是 F 的代数扩域.

证 $\forall \alpha\in E$,$F(\alpha)$是 F 上线性空间 E 的子空间. 因为$[E:F]$有限,所以$F(\alpha)$是 F 上有限维线性空间,因此由定理 3.33 知 α 是 F 上的代数元.

定义 3.28 设 $f(x)$是域 F 上的一个非零多项式,若 $f(x)$在 F 的扩域 K 上可以分解为一次因式的积,而在 K 的任意真子域上都不能分解为一次因式的积,则称 K 是 $f(x)$在 F 上的分裂域.

定理 3.37 设 K 是域 F 上的多项式 $f(x)$的分裂域:

$$f(x) = a_n(x-\alpha_1)(x-\alpha_2)\cdots(x-\alpha_n), \quad \alpha_i \in K,$$

则 $K=F(\alpha_1,\alpha_2,\cdots,\alpha_n)$.

证 由于 $F\subseteq F(\alpha_1,\alpha_2,\cdots,\alpha_n)\subseteq K$,且在 $F(\alpha_1,\alpha_2,\cdots,\alpha_n)$中 $f(x)$已能够分解为一次因式的积,因此 $K=F(\alpha_1,\alpha_2,\cdots,\alpha_n)$.

由定理 3.37 可知,$f(x)$在 F 上的分裂域 K 恰好是把 $f(x)$的根添加于 F 所得的扩域. 因此,我们也把多项式的分裂域称为根域. 而且,域 F 上任意多项式的分裂域一定是 F 的有限扩域,从而也是 F 的代数扩域.

定义 3.29　若域 E 上的每一个多项式在 $E[x]$ 中都能分解为一次因式的乘积，则称 E 是代数闭域.

例如，复数域是一个代数闭域.

显然，代数闭域不会有真正意义上的代数扩域. 而且，对于每一个域 F，都存在 F 的代数扩域 E，使 E 是代数闭域. 其证明不在本书论及.

习　题　3.8

1. 证明：$F(S)$ 的一切添加 S 的有限子集于 F 所得的子域的并是一个域.
2. 求 i 与 $\frac{2i+1}{i-1}$ 在有理数域 $\mathbf{Q}$ 上的极小多项式，并且证明：$\mathbf{Q}(i)=\mathbf{Q}\left(\frac{2i+1}{i-1}\right)$.
3. 证明：$\mathbf{Q}(\sqrt{2},\sqrt{3})=\mathbf{Q}(\sqrt{2}+\sqrt{3})$，并求：$[\mathbf{Q}(\sqrt{2},\sqrt{3}):\mathbf{Q}]$.
4. 证明：$\mathbf{Q}(\sqrt{2})$ 与 $\mathbf{Q}(i)$ 不同构.
5. 设 E 是域 F 的有限扩域，且 $[E:F]=5$，证明：E 是 F 的单代数扩域.
6. 设 E 是域 F 的有限扩域，证明：$\exists\,\alpha_1,\alpha_2,\cdots,\alpha_t\in E$，使 $E=F(\alpha_1,\alpha_2,\cdots,\alpha_t)$.
7. 设 $E=F(\alpha_1,\alpha_2,\cdots,\alpha_t)$，其中每一个 α_i 都是 F 上的代数元，证明：E 是 F 的有限扩域.
8. 设 E 是域 F 的代数扩域，α 是 E 上的代数元，证明：α 也是 F 上的代数元.
9. 设 E 是域 F 的扩域，S 是 E 的子集，且 S 中的元素都是 F 上的代数元，证明：$F(S)$ 是 F 的代数扩域.
10. 证明：有理数域 $\mathbf{Q}$ 上多项式 x^4+1 的分裂域是 $\mathbf{Q}$ 的一个单代数扩域.
11. 设 $f(x)$ 与 $g(x)$ 是域 F 上有相同次数的多项式，若它们在 F 上有共同的分裂域，问：$f(x)$ 与 $g(x)$ 是否一定相等？

3.9　有　限　域

有限域是一类特殊的域，在编码理论、正交试验设计以及计算机技术中都有广泛应用.

定义 3.30　只含有限个元素的域称为有限域.

例如，模素数 p 的剩余类域 $\mathbf{Z}_p$ 是有限域.

定义 3.31　设 E 是一个域，E 的所有子域的交称为 E 的素域.

由定义可知，E 的素域是 E 的最小子域，而且素域没有真子域.

例如，有理数域 $\mathbf{Q}$，模素数 p 的剩余类域 $\mathbf{Z}_p$ 都是素域.

定理 3.38　设 E 是一个域，P 是 E 的素域，则

$$\mathrm{ch}E=p(\text{素数})\Leftrightarrow P\cong\mathbf{Z}_p(\text{模 } p \text{ 的剩余类域}),$$

$$\mathrm{ch}E=0\Leftrightarrow P\cong\mathbf{Q}(\text{有理数域}).$$

证　设 1 是域 E 的单位元，则 1 也是素域 P 的单位元. 令

$$\varphi:\mathbf{Z}\to P$$

$$n \mapsto n \cdot 1,$$

则 φ 是环同态,且

$$\operatorname{Ker} \varphi = \{n \mid \varphi(n) = 0\} = \{n \mid n \cdot 1 = 0\}.$$

(1) 若 $\mathrm{ch}E = p$(素数),则 $\operatorname{Ker} \varphi = (p)$,于是 $\operatorname{Im} \varphi \cong \mathbf{Z}/(p) = \mathbf{Z}_p$. 由于 $\mathbf{Z}_p$ 是域,于是 $\operatorname{Im} \varphi$ 是 E 的子域,且由 P 的定义,$P \subseteq \operatorname{Im}\varphi$. 又由于 $\operatorname{Im} \varphi \subseteq P$,因此 $\operatorname{Im} \varphi = P$.

(2) 若 $\mathrm{ch}E = 0$,则 $\operatorname{Ker} \varphi = 0$,于是 $\operatorname{Im}\varphi \cong \mathbf{Z}$. 由定理 3.26,$\operatorname{Im} \varphi$ 的商域 $\cong \mathbf{Z}$ 的商域,即 $\operatorname{Im} \varphi$ 的商域 $\cong \mathbf{Q}$. 由 P 的定义,$P \subseteq \operatorname{Im} \varphi$ 的商域. 又由于 $\operatorname{Im} \varphi$ 的商域 $\subseteq P$,因此 $\operatorname{Im} \varphi$ 的商域 $= P$.

由定理 3.38 可知,每个域的素域取决于这个域的特征,与其所包含的元素多少无关. 而且在同构的意义下有限域是 $\mathbf{Z}_p$ 的有限扩域.

定理 3.39 设 E 是一个有限域,若 $\mathrm{ch}E = p$,则 E 所含元素个数为 p^n,其中 n 是 E 在它的素域 P 上的次数.

证 由假设,E 是其素域 P 的有限扩域,且 $[E : P] = n$. 设 $\alpha_1, \alpha_1, \cdots, \alpha_n$ 是 E 在 P 上的线性空间的一个基,则

$$E = \{a_1\alpha_1 + a_2\alpha_1 + \cdots + a_n\alpha_n \mid a_1, a_2, \cdots, a_n \in P\}.$$

由定理 3.38,$P \cong \mathbf{Z}_p$,从而 $|P| = p$. 因此,$|E| = p^n$.

包含 p^n 个元素的有限域也称为 p^n 阶 Galois 域,记作 $\mathrm{GF}(p^n)$.

定理 3.40 设 E 是一个 p^n 阶 Galois 域,P 是 E 的素域,则 E 是多项式

$$x^q - x \quad (q = p^n)$$

在 P 上的分裂域.

证 E 中全体非零元所组成的集合 E^* 关于 E 的乘法作成一个群,其阶是 $q-1$,于是

$$\alpha_i^{q-1} = 1, \quad \alpha_i \in E^*.$$

又因为 $0^q = 0$,所以

$$\alpha_i^q = \alpha_i, \quad \alpha_i \in E, i = 1, 2, \cdots, q.$$

从而在 E 中多项式 $x^q - x$ 可以分解为一次因式的积:

$$x^q - x = (x - \alpha_1)(x - \alpha_2)\cdots(x - \alpha_q).$$

因此 $E = P(\alpha_1, \alpha_2, \cdots, \alpha_q)$ 是多项式 $x^q - x$ 在 P 上的分裂域.

下面讨论有限域的结构.

定理 3.41 一个有限域是它的素域的单纯扩域.

证 设 E 是包含 q 个元素的有限域,则 E 中全体非零元所组成的集合 E^* 关于 E 的乘法作成一个交换群,其阶为 $q-1$. 设 m 是 E^* 的元的阶中最大的一个,则

由习题 2.3 第 7 题得

$$\alpha_i^m = 1, \quad \forall \alpha_i \in E^*,$$

即多项式 x^m-1 至少有 $q-1$ 个不同的根，从而 $q-1 \leqslant m$. 又由 Lagrange 定理知，$m \leqslant q-1$. 所以 $m=q-1$. 这表明，E^* 有一个元 α 的阶是 $q-1$，因此 E^* 是循环群：$E^*=(\alpha)$，而 E 是添加 α 于素域 P 的单纯扩域：$E=P(\alpha)$.

定义 3.32　有限域 E 的全体非零元所作成的乘群 E^* 的生成元称为 E 的本原元.

例　设 E 是含 4 个元的域，讨论 E 的结构.

解　因为 $4=2^2$，所以 E 的素域 $P \cong \mathbf{Z}_2$，且 $[E:P]=2$. 取 $\mathbf{Z}_2$ 上的不可约多项式 $p(x)=x^2+x+1$，并设 α 是 $p(x)$ 的根，则 $\alpha^2+\alpha+1=0$，于是 $E=P(\alpha)=\{0,1,\alpha,1+\alpha\}$，其运算表为

$+$	0	1	α	$1+\alpha$
0	0	1	α	$1+\alpha$
1	1	0	$1+\alpha$	α
α	α	$1+\alpha$	0	1
$1+\alpha$	$1+\alpha$	α	1	0

$\cdot$	0	1	α	$1+\alpha$
0	0	0	0	0
1	0	1	α	$1+\alpha$
α	0	α	$1+\alpha$	1
$1+\alpha$	0	$1+\alpha$	1	α

又 $E^*=\{1,\alpha,1+\alpha\}=\{1,\alpha,\alpha^2\}=(\alpha)=(1+\alpha)$.

习　题　3.9

1. 找出 $\mathbf{Z}_3[x]$ 的所有二次不可约多项式.
2. 设 P 是特征为 2 的素域，找出 $P[x]$ 的所有三次不可约多项式.
3. 讨论含 8 个元的域的结构.
4. 设交换环 R 的模素理想 A 的剩余类只有有限个($\geqslant 2$)，证明：商环 R/A 是有限域.

复习题三

1. 设 S 是一个非空集合，证明 S 的幂集 2^S 关于集合的对称余$+$，集合的交$\cap$作成一个有

单位元的交换环.

2. 设 R 是一个有单位元环, $\forall x,y\in R$,令

$$x\oplus y=x+y-1,\quad x\odot y=x+y-xy,$$

证明:R 对于代数运算$\oplus$,$\odot$也作成一个有单位元环.

3. 若环 R 的每个元 x 都适合方程 $x^2=x$,则称 R 是 Boole 环. 证明:在 Boole 环中,(1) $\forall x\in R$,有 $x+x=0$;(2) $\forall x,y\in R$,有 $xy=yx$.

4. 找出环 $\mathbf{Z}[\sqrt{2}]$中的可逆元群.

5. 设 P 是一个数域, $R=\left\{\begin{pmatrix}a_1&a_2&a_3\\0&a_4&a_5\\0&0&a_6\end{pmatrix}\middle| a_i\in P\right\}$, $A=\left\{\begin{pmatrix}0&0&a_1\\0&0&a_2\\0&0&0\end{pmatrix}\middle| a_i\in P\right\}$, $B=\left\{\begin{pmatrix}0&0&0\\0&0&a_1\\0&0&0\end{pmatrix}\middle| a_1\in P\right\}$,证明:

(1) R 关于矩阵的加法、乘法作成一个环;

(2) $B\lhd A\lhd R$,但是 B 不是 R 的理想.

6. 设 R 是环, $B\lhd A\lhd R$,且 A 有单位元,证明: $B\lhd R$.

7. 在实数域 $\mathbf{R}$ 上的二元多项式环 $\mathbf{R}[x,y]$中,下面集合哪些是 $\mathbf{R}[x,y]$的理想?

(1) 全体常数项为零的多项式 $f(x,y)$所组成的集合;

(2) 全体不含 x 的多项式 $f(x,y)$所组成的集合;

(3) 全体二次项系数为零的多项式 $f(x,y)$所组成的集合.

8. 在 Gauss 整数环 $\mathbf{Z}[i]$中, $A=(2+i)$含有哪些元? $\mathbf{Z}[i]/(2+i)$含有哪些元?

9. 若一个环的每一个元都是幂零元,则称这个环是诣零的. 设 A 是环 R 的理想,证明:当 A 与 R/A 都是诣零的,则 R 也是诣零的.

10. 设 R 是有单位元 1 的环, R 中含 1 的最小子环称为 R 的素环. 证明:素环是由形如 $k\cdot 1(k\in\mathbf{Z})$的元素组成,且它同构于 $\mathbf{Z}$ 或 $\mathbf{Z}_m$.

11. 证明: (x,m)是整数环 $\mathbf{Z}$ 上一元多项式环 $\mathbf{Z}[x]$的极大理想$\Leftrightarrow m$ 是素数.

12. 设 $\mathbf{R}[0,1]$是$[0,1]$上全体实函数所组成的环, $a\in\mathbf{R}$,证明:

$$\mathbf{R}_a[0,1]=\{f(x)\mid f(x)\in\mathbf{R}[0,1],f(a)=0\}$$

是 $\mathbf{R}[0,1]$的一个极大理想.

13. 设 R 是一个交换环, A 是 R 的一个极大理想. 若 $\forall a\notin A$ 都有$a^2\notin A$,证明: R/A 是一个域.

14. 设 K 是域 F 的代数扩域, E 是 K 的代数扩域,证明: E 是 F 的代数扩域.

15. 设 $E=\mathbf{Q}(2^{\frac{1}{3}},2^{\frac{1}{3}}i)$, $K=\mathbf{Q}(2^{\frac{1}{3}},2^{\frac{1}{3}}\omega i)$,其中 $\omega=\dfrac{-1+\sqrt{3}i}{2}$,证明: $[E:\mathbf{Q}(2^{\frac{1}{3}})]=2$, $[E:\mathbf{Q}]=6$, $[K:\mathbf{Q}(2^{\frac{1}{3}})]=4$, $[K:\mathbf{Q}]=12$.

16. 证明: $\mathbf{Q}(\sqrt{2},\sqrt[3]{2})$是 $\mathbf{Q}$ 的一个单代数扩域.

第 4 章　整环里的因子分解

在整数环 $\mathbf{Z}$ 中，每一个不等于 ± 1 的非零整数都能分解成有限个素数的乘积，而且除了因数次序和 ± 1 的因数差别以外，分解是唯一的. 同样，在数域 P 上的一元多项式环 $P[x]$ 中，每一个次数 $\geqslant 1$ 的多项式都能分解成有限个不可约多项式的乘积，而且除了因子次序和零次因式的差别以外，分解是唯一的. 在这一章里，我们将对一般的整环讨论元素因子分解的初等理论，给出整环中因子分解唯一性定理成立的一些条件，并介绍几种唯一分解定理成立的整环.

在本章中，I 都表示整环，其单位元是 1.

4.1　不可约元、素元、最大公因子

本节介绍与因子分解密切相关的一些基本概念，它们是整数环中相应概念在一般整环中的推广.

定义 4.1　整环 I 中的可逆元 ε 称为 I 的单位.

按定义，ε 是 I 的单位 $\Leftrightarrow (\varepsilon)=I$.

一个元数大于 2 的整环中至少有两个单位：1 和 -1. 整数环 $\mathbf{Z}$ 只有两个单位，即 1 和 -1. 域 F 中的每一个非零元都是单位.

一个整环的单位显然有下列性质.

定理 4.1　整环 I 的全体单位关于 I 的乘法构成一个交换乘群.

定义 4.2　设 $a,b\in I$，若 $\exists c\in I$，使

$$a=bc,$$

则称 b 整除 a 或 b 是 a 的因子，记作 $b\mid a$.

按定义，$\forall a\in I$，都有 $a\mid 0$，特别 $0\mid 0$.

整除关系具有下列性质.

定理 4.2　设 $a,b,c\in I$，

(1) $c\mid b, b\mid a\Rightarrow c\mid a$；

(2) $b\mid a\Leftrightarrow (a)\subseteq(b)$；

(3) $a\mid b, b\mid a\Leftrightarrow b=\varepsilon a$，$\varepsilon$ 是 I 的单位 $\Leftrightarrow (b)=(a)$；

(4) ε 是 I 的单位 $\Leftrightarrow \varepsilon\mid 1$；

(5) 设 $b\in I$，ε 是 I 的单位，若 $b\mid\varepsilon$，则 b 也是 I 的单位；

(6) 设 $a\in I$，ε 是 I 的单位，则 $\varepsilon\mid a$，$\varepsilon a\mid a$.

证 (1)因为 $c|b,b|a$,所以 $\exists d,e\in I$,使 $b=cd,a=be$. 于是$a=(cd)e=c(de)$,从而 $c|a$.

(2) 若 $b|a$,则 $\exists c\in I$,使 $a=bc$,所以$(a)\subseteq(b)$. 反之,若$(a)\subseteq(b)$,则由 $a\in(a)$得 $a\in(b)$,于是 $\exists c\in I$,使 $a=bc$,从而 $b|a$.

(3) 首先由(2)可得 $a|b,b|a \Leftrightarrow (b)=(a)$. 下面再证 $a|b,b|a \Leftrightarrow b=\varepsilon a$,$\varepsilon$ 是 I 的单位. 若 $a|b,b|a$,则 $\exists d,e\in I$,使 $b=ad,a=be$. 如 $a=0$,则 $b=0$,于是 $b=\varepsilon a$ 成立. 如 $a\neq 0$,则由 $a=be=(ad)e=a(de)$得 $de=1$,于是 $d=\varepsilon$ 是 I 的单位,从而 $b=\varepsilon a$ 也成立. 反之,若 $b=\varepsilon a$,ε 是 I 的单位,则$a|b$,且 $a=\varepsilon^{-1}b$,于是 $b|a$.

(4) ε 是 I 的单位 $\Leftrightarrow$ $\exists\varepsilon^{-1}\in I$ 使$\varepsilon\varepsilon^{-1}=1 \Leftrightarrow \varepsilon|1$.

(5) 若 $b|\varepsilon$,则 $\exists c\in I$,使 $\varepsilon=bc$. 因为 ε 是单位,所以 $1=\varepsilon\varepsilon^{-1}=(bc)\varepsilon^{-1}=b(c\varepsilon^{-1})$. 因此 b 也是 I 的单位.

(6) 因为 $a=\varepsilon(\varepsilon^{-1}a)=\varepsilon^{-1}(\varepsilon a)$,所以 $\varepsilon|a,\varepsilon a|a$.

定义 4.3 设 $a,b\in I$,若 $a|b$ 且 $b|a$,则称 a 与 b 相伴,记作 $a\sim b$.

由定理 4.2(3)得,相伴关系有下列性质.

定理 4.3 设 $a,b,c\in I$,则下列各个命题等价:

(1) $a\sim b$;

(2) $b=\varepsilon a$,ε 是 I 的单位;

(3) $(a)=(b)$.

推论 相伴关系是整环 I 上的一个等价关系.

例 1 设

$$I=\mathbf{Z}[\sqrt{-3}]=\{m+n\sqrt{-3}\,|\,m,n\in\mathbf{Z}\}.$$

(1) 证明:ε 是 I 的单位 $\Leftrightarrow |\varepsilon|^2=1 \Leftrightarrow \varepsilon=\pm 1$;

(2) 求 2 的相伴元.

证 (1) 采用循环论证方法.

① 若 ε 是 I 的单位,则 $\exists\varepsilon'\in I$,使 $\varepsilon\varepsilon'=1$. 两边取模的平方,得

$$|\varepsilon|^2|\varepsilon'|^2=1.$$

设 $\varepsilon=m+n\sqrt{-3}$,则$|\varepsilon|^2=\varepsilon\bar{\varepsilon}=m^2+3n^2$ 是正整数. 同理,$|\varepsilon'|^2$ 也是正整数,于是 $|\varepsilon|^2=1$.

② 若$|\varepsilon|^2=1$,则 $m^2+3n^2=1$,所以 $n=0,m=\pm 1$,即 $\varepsilon=\pm 1$.

③ 显然± 1 是 I 的单位.

(2) 由(1)与相伴元的定义可得,2 的相伴元只有 2 与-2.

定理 4.2(6)指出,对于 I 中的每一个元素 a,任意一个单位 ε,以及 a 的相伴元 εa 都是a 的因子,这种因子称为 a 的平凡因子.

定义 4.4 设 $a,b\in I$,若 $b|a$,但 b 不是单位,且 b 与 a 不相伴,则称 b 是a 的

真因子.

定理 4.4　设 $a,b\in I$,则

$$b\text{ 是 }a\text{ 的真因子}\Leftrightarrow (a)\subset(b)\subset I.$$

证　因为 $b|a\Leftrightarrow(a)\subseteq(b)$;又 $b\not\sim a\Leftrightarrow(a)\neq(b)$;而 b 不是单位 $\Leftrightarrow(b)\neq I$,所以定理得证.

推论 1　b 是 0 的真因子 $\Leftrightarrow b\neq 0$,且 b 不是单位.

推论 2　单位没有真因子.

定理 4.5　设 $a\neq 0$,且 $a=bc$,若 b 是 a 的真因子,则 c 也是 a 的真因子.

证　因为 $a=bc$,所以 $c|a$. 因为 b 是 a 的真因子,所以 c 不是单位. 又若 c 与 a 相伴,则存在单位 ε,使 $c=\varepsilon a$,于是 $a=bc=b\varepsilon a$. 由消去律,得 $b\varepsilon=1$,从而 b 是单位,这与 b 是 a 的真因子矛盾,所以 c 与 a 不相伴. 因此 c 也是 a 的真因子.

定义 4.5　设 $a\in I$,且 $a\neq 0$,a 不是单位,若 a 在 I 中没有真因子,则称 a 是 I 的一个不可约元;若 a 在 I 中有真因子,则称 a 是 I 的一个可约元.

定理 4.6　设 $a\in I$,且 $a\neq 0$,a 不是单位,则

$$a\text{ 是 }I\text{ 的可约元}\Leftrightarrow a=bc,\text{且 }b,c\text{ 都不是单位}.$$

证　设 a 是可约元,则 a 有真因子 b,于是 $a=bc$. 由定理 4.5,c 也是 a 的真因子. 从而 b 与 c 都不是单位.

反之,设 $a=bc$,b,c 都不是单位,下面证 b 是 a 的真因子,显然只要证 $b\not\sim a$. 反设 $b\sim a$,则存在 I 的单位 ε,使 $b=\varepsilon a$. 于是 $a=bc=\varepsilon ac$. 由消去律,得 $\varepsilon c=1$,于是 c 是单位,与假设矛盾. 因此 a 是可约元.

定理 4.7　一个不可约元的相伴元也是不可约元.

证　设 a 是一个不可约元,$b\sim a$,则存在 I 的单位 ε,使 $b=\varepsilon a$. 由于 $\varepsilon\neq 0$,$a\neq 0$,而整环 I 没有零因子,从而 $b=\varepsilon a\neq 0$. 又若 b 是单位,则 $a=\varepsilon^{-1}b$ 也是单位,这与 a 是不可约元矛盾,所以 b 不是单位.

现设 $c|b$,则 $b=cd$,$d\in I$,即 $\varepsilon a=cd$. 于是 $a=c(\varepsilon^{-1}d)$,即 $c|a$. 但 a 是不可约元,从而 c 是单位,或 $c\sim a$. 当 $c\sim a$ 时,由于 $b\sim a$,从而 $c\sim b$. 所以 b 只有平凡因子.

因此,b 是不可约元.

定义 4.6　设 $p\in I$,且 $p\neq 0$,p 不是单位,若由 $p|ab$ 可推出 $p|a$ 或 $p|b$,则称 p 是 I 的一个素元.

素元与不可约元之间有下列关系.

定理 4.8　在整环 I 中,每一个素元都是不可约元.

证　设 p 是一个素元,若 $p=ab$,则 $p|ab$. 由素元定义可得 $p|a$ 或 $p|b$. 若 $p|a$,而由 $p=ab$ 又可得 $a|p$,所以 $a\sim p$,从而 b 是单位. 同理,若 $p|b$,则 a 是单位. 因此,由定理 4.6,得 p 是不可约元.

注意,定理 4.8 的逆命题在一般的整环中不成立. 看下面的例子.

例 2 设

$$I=\mathbf{Z}[\sqrt{-3}]=\{m+n\sqrt{-3}\mid m,n\in\mathbf{Z}\},$$

证明:(1) I 中适合条件$|a|^2=4$ 的元 a 是 I 的不可约元;

(2) 2 是 I 的不可约元,但不是 I 的素元.

证 (1) 因为$|a|^2=4$,所以 $a\neq 0$,且由例 1 知 a 也不是单位. 设 $b=m+n\sqrt{-3}\in I$ 是 a 的一个因子,则 $a=bc,c\in I$,于是

$$4=|a|^2=|b|^2|c|^2.$$

但是对于任何正整数 m,n,$|b|^2=m^2+3n^2\neq 2$,所以$|b|^2=1$ 或 4. 若$|b|^2=1$,由例 1 知 b 是单位;若$|b|^2=4$,则$|c|^2=1$,于是 c 是单位,所以 $b\sim a$. 从而 a 只有平凡因子. 因此,a 是不可约元.

(2) 因为$|2|^2=4$,由(1)知,2 是 I 的不可约元. 下面证 2 不是 I 的素元. 首先 $2\mid(1+\sqrt{-3})(1-\sqrt{-3})$. 若 $2\mid 1+\sqrt{-3}$,则存在 $c\in I$,使 $1+\sqrt{-3}=2c$. 于是 $|1+\sqrt{-3}|^2=|2|^2|c|^2$,即 $4=4|c|^2$,从而$|c|^2=1$. 由例 1 知 $c=\pm 1$,但这是不可能的. 所以 $2\nmid 1+\sqrt{-3}$. 同理 $2\nmid 1-\sqrt{-3}$. 因此 2 不是 I 的素元.

定义 4.7 设 $a,b\in I$,若$\exists d\in I$,使

(1) $d\mid a,d\mid b$ (这时称 d 是 a 与 b 的公因子);

(2) $\forall c\in I,c\mid a,c\mid b\Rightarrow c\mid d$;

则称 d 是 a 与 b 的最大公因子.

由定义可知,若 d 是 a 与 b 的一个最大公因子,则当 $d_1\sim d$ 时,d_1 也是 a 与 b 的一个最大公因子. 反之,若 d,d' 是 a 与 b 的两个最大公因子,由定义,$d'\mid d$,且 $d\mid d'$,于是 $d'\sim d$. 因此,若 a 与 b 的最大公因子存在,则除相差一个单位因子外,a 与 b 的最大公因子是唯一确定的.

我们知道,在整数环中单位只有两个:1 与-1. 当 m,n 不同时为零时,用符号(m,n)表示 m 与 n 的正的最大公因数. 在数域 P 上的一元多项式环$P[x]$中,单位只有非零常数,当 $f(x),g(x)$不同时为零时,用符号$(f(x),g(x))$表示 $f(x)$与 $g(x)$的首项系数为 1 的最大公因式. 然而在一般的整环 I 中,由于单位无法确定,只能用符号(a,b)表示 a 与 b 的任意一个最大公因子.

显然,下列性质成立:

(1) $(a,0)\sim a$;

(2) $(a,b)\sim 0\Leftrightarrow a=b=0$;

(3) $\forall a\in I$ 与单位ε,有$(a,\varepsilon)\sim\varepsilon$.

需要注意,一般整环 I 中两个元 a,b,未必存在最大公因子. 例如在例 1 给出的整环 $I=\mathbf{Z}[\sqrt{-3}]$中,$a=2(1+\sqrt{-3})$与 $b=(1+\sqrt{-3})(1-\sqrt{-3})$不存在最

大公因子. 因为

$$a=2(1+\sqrt{-3})=-(1-\sqrt{-3})^2,\quad b=(1+\sqrt{-3})(1-\sqrt{-3})=2^2,$$

所以 a 与 b 有公因子 ±1(单位), ±2, $\pm(1+\sqrt{-3})$, $\pm(1-\sqrt{-3})$. 其次, 若 $c=m+n\sqrt{-3}\in I$ 是 a 的一个真因子, 则 $a=ce$, c, e 都不是单位. 于是 $|c|^2\ |e|^2=|a|^2=16$. 但是, 不论 m,n 是什么整数, $|c|^2=m^2+3n^2\neq2$ 或 8. 又因为 c,e 都不是单位, 所以 $|c|^2\neq1$, $|e|^2\neq1$. 从而 $|c|^2=m^2+3n^2=4$. 于是 $m=\pm2, n=0$ 或 $m=\pm1, n=\pm1$, 即 a 只有真因子 ±2, $\pm1\pm\sqrt{-3}$. 同理, b 也只有真因子 ±2, $\pm1\pm\sqrt{-3}$. 而 $a\not\sim b$, 从而 a 与 b 的公因子只有 ±1(单位), ±2, $\pm(1+\sqrt{-3})$, $\pm(1-\sqrt{-3})$.

然而, ±2, $\pm(1+\sqrt{-3})$, $\pm(1-\sqrt{-3})$ 都是 I 的不可约元, 互相不能整除, 从而它们都不是 a 与 b 的最大公因子. 又单位无真因子, 从而 ±1 也不是 a 与 b 的最大公因子.

定义 4.8　设 $a,b\in I$, 若 a 与 b 的最大公因子存在, 且是单位, 则称 a 与 b 互素.

a 与 b 互素, 当且仅当除单位外, a 与 b 无其他公因子.

定理 4.9　若整环 I 中任意两个元的最大公因子都存在, 则 $\forall a,b,c\in I$, 有

(1) $(a,(b,c))\sim((a,b),c)$;

(2) $c(a,b)\sim(ca,cb)$;

(3) $(a,b)\sim1, (a,c)\sim1\Rightarrow(a,bc)\sim1$.

证　(1) 令 $r=(a,(b,c))$, 则 $r|a$, $r|(b,c)$. 由此 $r|b$, $r|c$, 于是 $r|(a,b)$, 从而 $r|((a,b),c)$, 即 $(a,(b,c))|((a,b),c)$. 同理 $((a,b),c)|(a,(b,c))$. 因此 $((a,b),c)\sim(a,(b,c))$.

(2) 若 $c=0$, 显然结论成立. 现设 $c\neq0$, 令 $d=(a,b)$, $e=(ca,cb)$. 由 $d=(a,b)$ 得 $d|a$, $d|b$, 于是 $cd|ca$, $cd|cb$, 所以 $cd|e$, 即 $e=cdu$. 另一方面, 由 $e=(ca,cb)$, 得 $ca=ex$, $cb=ey$, 于是 $ca=cdux$, $cb=cduy$. 由消去律, 得 $a=dux$, $b=duy$, 即 $du|a$, $du|b$, 于是 $du|d$. 从而 u 是 I 的一个单位. 所以 $cd\sim e$, 即 $c(a,b)\sim(ca,cb)$.

(3) 若 $(a,b)\sim1$, 由(2)得 $(ac,bc)\sim c$, $(a,ac)\sim a$. 于是再由(1)得 $1\sim(a,c)\sim(a,(ac,bc))\sim((a,ac),bc)\sim(a,bc)$.

最大公因子, 互素的概念可以推广到多元的情形:

设 $a_1,a_2,\cdots,a_m\in I$, 若 $\exists d\in I$, 使

(1) $d|a_1, d|a_2,\cdots,d|a_m$;

(2) $\forall c\in I, c|a_i, i=1,2,\cdots,m\Rightarrow c|d$;

则称 d 是 $a_1,a_2,\cdots,a_m$ 的最大公因子.

如果 $a_1,a_2,\cdots,a_m$ 的最大公因子存在, 且是单位, 则称 $a_1,a_2,\cdots,a_m$ 互素.

习　题　4.1

1. 证明：0 不是任何元的真因子.

2. 找出 Gauss 整数环 $I=\mathbf{Z}[i]=\{m+ni \mid m,n\in\mathbf{Z}\}$的所有单位.

3. 证明：在 Gauss 整数环 $I=\mathbf{Z}[i]$中，3 是不可约元，5 是可约元.

4. 设 I 是整环，$a,b\in I$，直接证明：$(a)=(b) \Leftrightarrow a\sim b$.

5. 设 p 是整环 I 的素元，$p\mid a_1 a_2\cdots a_m(m\geqslant 2)$，证明：至少存在一个 $a_i(1\leqslant i\leqslant m)$，使$p\mid a_i$.

6. 设整环 I 中任意两个元的最大公因子都存在，$a_1,a_2,\cdots,a_m$ 是 I 中 m 个不全为零的元，若 $a_1=d\,b_1,a_2=d\,b_2,\cdots,a_m=d\,b_m$，证明：$d$ 是 $a_1,a_2,\cdots,a_m$ 的最大公因子$\Leftrightarrow$ $b_1,b_2,\cdots,b_m$ 互素.

4.2　唯一分解环

定义 4.9　设 $a\in I$ 满足：

(1) 有一个因子分解式

$$a=p_1\,p_2\cdots\,p_r\quad (p_i \text{ 是 } I \text{ 中不可约元})；$$

(2) 若同时又有因子分解式

$$a=q_1\,q_2\cdots\,q_s\quad (q_j \text{ 是 } I \text{ 中不可约元})；$$

那么 $s=r$，并且可以适当调换因子的次序，使 $q_i\sim p_i(i=1,2,\cdots,r)$.

则称 a 为 I 中的唯一分解元，并称 r 是a 的长.

设 a 是唯一分解元，若在 a 的分解式中，有 t 个不可约因子 $p_1,p_2,\cdots,p_t$ 互不相伴，且其他的不可约因子都与某个 p_i 相伴，则 a 的分解式可以写作：

$$a=\varepsilon\, p_1^{e_1}\, p_2^{e_2}\cdots p_t^{e_t},$$

其中 ε 是单位，$e_i\in\mathbf{N}$. 这个式子称为 a 的标准分解式.

注意，零元与单位都不满足定义 4.9 中条件(1)，所以零元与单位都不是唯一分解元.

定义 4.10　若整环 I 中每一个既不是零又不是单位的元都是唯一分解元，则称 I 是唯一分解环.

按此定义，整数环 $\mathbf{Z}$ 与数域 P 上一元多项式环 $P[x]$都是唯一分解环. 但一般的整环未必是唯一分解环.

例　整环 $I=\mathbf{Z}[\sqrt{-3}]$不是唯一分解环.

证　由 4.1 节例 1 知，I 的单位只有 1 与-1，从而 4 是 I 中一个既不是零元又不是单位的元，而且

$$4=2\cdot 2=(1+\sqrt{-3})(1-\sqrt{-3}).$$

因为$|2|^2=|1+\sqrt{-3}|^2=|1-\sqrt{-3}|^2=4$，由4.1节例2知：$2,1+\sqrt{-3},1-\sqrt{-3}$都是$I$的不可约元. 又因为$2\nsim 1+\sqrt{-3}$，$2\nsim 1-\sqrt{-3}$，所以4有两种本质上不同的不可约元的因子分解，从而4不是唯一分解元. 因此$I=\mathbf{Z}[\sqrt{-3}]$不是唯一分解环.

在唯一分解环中，关于最大公因子的存在性，不可约元与素元的关系有两个重要的性质，先证一个引理.

引理　在一个唯一分解环I中，若元a的不可约因子分解已知，则可确定出a的所有真因子(至多相差单位因子)，且元a的长大于其任一真因子的长.

证　设b是a的真因子，则$a=bc$，b,c都不是单位. 因为I是唯一分解环，所以

$a=p_1p_2\cdots p_r$，$r>0$，p_i是不可约元，

$b=p'_1p'_2\cdots p'_s$，$s>0$，p'_j是不可约元，

$c=p''_1p''_2\cdots p''_t$，$t>0$，p''_k是不可约元.

则

$$a=p_1p_2\cdots p_r=p'_1p'_2\cdots p'_sp_1''p_2''\cdots p_t''.$$

由因子分解的唯一性，得$s+t=r$，且$p_j'\sim p_{i_j}$，当$j\neq k$时，$i_j\neq i_k$，从而

$$r>s,\quad b\sim p_{i_1}p_{i_2}\cdots p_{i_s}.$$

定理4.10　在一个唯一分解环I中，任意两个元都有最大公因子.

证　设a,b是I中任意两个元. 若a,b中有一个是零，例如$a=0$，则$(a,b)\sim b$. 若a,b中有一个是单位，例如a是单位，则$(a,b)\sim a$.

若a,b均不等于零且不是单位，因为I是唯一分解环，所以a,b都可以分解为不可约元的乘积. 设$p_1,p_2,\cdots,p_r$是a,b的分解式中所有互不相伴的不可约因子，则

$$a=\varepsilon_a p_1^{h_1}p_2^{h_2}\cdots p_r^{h_r},\quad b=\varepsilon_b p_1^{k_1}p_2^{k_2}\cdots p_r^{k_r},$$

其中$\varepsilon_a,\varepsilon_b$都是单位，$h_i,k_i$都是非负整数. 令

$$d=p_1^{e_1}p_2^{e_2}\cdots p_r^{e_r},\quad e_i=\min(h_i,k_i).$$

显然$d|a$，$d|b$. 若另有$c|a$，$c|b$，则由引理，得

$$c=\varepsilon_c p_1^{f_1}p_2^{f_2}\cdots p_r^{f_r},$$

其中ε_c是单位. 因为$i\neq j$时$p_i\nsim p_j$，所以$0\leqslant f_i\leqslant h_i$，且$0\leqslant f_i\leqslant k_i$. 于是$f_i\leqslant e_i$，从而$c|d$.

因此d是a与b的一个最大公因子.

定理4.11　在一个唯一分解环I中，每一个不可约元都是素元.

证　由定理4.10，I中任意两个元的最大公因子都存在. 设p是I的一个不可约元. 若p不是素元，则$\exists a,b\in I$，使$p|ab$，而$p\nmid a$，且$p\nmid b$. 于是$(p,a)\sim 1$，

$(p,b)\sim 1$. 由定理 4.9(3), $(p,ab)\sim 1$. 从而 $p\nmid ab$, 矛盾. 因此, p 是素元.

由定理 4.11 的证明过程可得:

推论 若整环 I 中任意两个元的最大公因子都存在, 则 I 中的每一个不可约元都是素元.

下面给出两个唯一分解环的判定定理.

定理 4.12 若整环 I 满足:

(1) I 中每一个既不是零又不是单位的元 a 都有一个因子分解:

$$a=p_1 p_2\cdots p_r \quad (p_i \text{ 是 } I \text{ 中不可约元});$$

(2) I 的每一个不可约元 p 都是素元;

则 I 是唯一分解环.

证 由(1)知 I 中一个既不是零又不是单位的元 a 有一个不可约元的因子分解, 从而我们只需证明 a 的分解是唯一的. 假设 a 有两种不可约元的因子分解:

$$a=p_1 p_2\cdots p_r=q_1 q_2\cdots q_s \quad (p_i, q_j \text{ 是 } I \text{ 中不可约元}), \tag{4.1}$$

要证 $r=s$, 且适当调换 q_i 的次序, 可使 $q_i\sim p_i(i=1,2,\cdots,r)$.

对 r 作归纳法. 当 $r=1$ 时, $a=p_1$ 是不可约的, 从而 $s=1$, 且 $q_1=p_1$. 现设上述结论对 $r-1$ 的情形成立, 来证对 r 也成立. 在(4.1)中, p_1 是不可约元, 由条件(2)知, p_1 是素元. 又 $p_1\mid q_1 q_2\cdots q_s$, 从而 p_1 必能整除某个 q_i(习题 4.1 第 5 题), 适当调换 q_j 的次序, 可以假定 $p_1\mid q_1$. 而 q_1 也是不可约元, 从而 $q_1\sim p_1$, 即 $q_1=\varepsilon p_1$, ε 是单位. 于是

$$a=p_1 p_2\cdots p_r=(\varepsilon p_1) q_2\cdots q_s.$$

消去 p_1, 得

$$b=p_2\cdots p_r=(\varepsilon q_2)\cdots q_s=q_2'\cdots q_s',$$

其中 $q_2'=\varepsilon q_2$ 是不可约元的相伴元为不可约元, $q_j'=q_j(j>2)$ 都是不可约元, 从而 b 是 $s-1$ 个不可约元 $q_2',\cdots,q_s'$ 的乘积, 同时 b 又是 $r-1$ 个不可约元 $p_2,\cdots,p_r$ 的乘积. 由归纳假定, 得 $s-1=r-1$, 且适当调换因子的次序, 有 $q_i'\sim p_i(i=2,\cdots,r)$. 于是 $s=r$ 且 $q_i\sim p_i(1\leqslant i\leqslant r)$.

因此 a 是唯一分解元, I 是唯一分解环.

定理 4.13 若整环 I 满足:

(1) I 中每一个既不是零又不是单位的元 a 都有一个因子分解:

$$a=p_1 p_2\cdots p_r \quad (p_i \text{ 是 } I \text{ 中不可约元});$$

(2) I 的任意两个元都存在最大公因子;

则 I 是唯一分解环.

证 由定理 4.11 的推论与定理 4.12 即得.

习　题　4.2

1. 证明整环 $I=\mathbf{Z}[\sqrt{10}]=\{m+n\sqrt{10}\mid m,n\in\mathbf{Z}\}$不是唯一分解环.

2. 证明在 Gauss 整数环 $I=\mathbf{Z}[i]$中,5 是唯一分解元.

3. 按唯一分解环定义直接证明定理 4.11.

4. 设 I 是唯一分解环,$a_1,a_2,\cdots,a_m$ 是 I 中 $m(\geqslant 2)$个元,证明在 I 中 $a_1,a_2,\cdots,a_m$ 的最大公因子存在,且它们的任意两个最大公因子互为相伴元.

4.3　主理想环

下面介绍几种重要类型的唯一分解环,第一种是主理想环.

定义 4.11　若整环 I 的每一个理想都是主理想,则称 I 是主理想环.

例如,由 3.4 节例 7 知,整数环 $\mathbf{Z}$ 是一个主理想环;由 3.7 节例 1 知,域 F 上的一元多项式环 $F[x]$也是一个主理想环.但是 3.4 节例 8 指出,在整数环 $\mathbf{Z}$ 上的一元多项式环 $\mathbf{Z}[x]$中,$(2,x)$不是主理想,因此 $\mathbf{Z}[x]$不是主理想环.

引理　设 I 是一个主理想环,若在序列

$$a_1,a_2,a_3,\cdots\quad(a_i\in I,i=1,2,3,\cdots)$$

中每一个元都是前面一个元的真因子,则这个序列一定是有限序列.

证　作序列的各个元生成的主理想:

$$(a_1),(a_2),(a_3),\cdots.$$

由于 a_{i+1}是 a_i 的真因子,由定理 4.4 得

$$(a_1)\subset(a_2)\subset(a_3)\subset\cdots.$$

令

$$A=\bigcup(a_k),$$

则 $\forall a,b\in A$ 及 $r\in I$,总有 $a\in(a_i),b\in(a_j)$,其中 i,j 为某两个正整数.假设 $i\leqslant j$,则$(a_i)\subseteq(a_j)$,从而 $a\in(a_j)$,于是

$$a-b,\quad ra\in(a_j)\subseteq A.$$

因此 A 是 I 的一个理想.因为 I 是主理想环,所以 $A=(d)$.于是 $d\in A=\bigcup(a_k)$,从而 d 属于某个(a_n).我们断言,这个 a_n 一定是序列中的最后一个元.不然,在 a_n 后面还有一个元 a_{n+1}.由于

$$d\in(a_n),\quad a_{n+1}\in A=(d),$$

可得

$$a_n\mid d,\quad d\mid a_{n+1}$$

于是 $a_n\mid a_{n+1}$.而由假设 $a_{n+1}\mid a_n$,从而 $a_{n+1}\sim a_n$.这与 a_{n+1}是 a_n 的真因子的假设相矛盾.

定理 4.14 每一个主理想环 I 都是唯一分解环.

证 只需证明 I 满足定理 4.13 中的条件(1)与(2).

在 I 中任意取一个既不是零也不是单位的元 a. 假定 a 不能写成有限个不可约元的乘积,则 a 是可约元,从而有真因子 b,即存在 $c\in I$,使

$$a=bc.$$

由定理 4.5 知 c 也是 a 的真因子. 因为 a 不能写成有限个不可约元的乘积,所以 b 与 c 中至少有一个也不能写成有限个不可约元的乘积,将这个元记作 a_1. 于是 a_1 又有真因子 a_2. 如此下去,得到了 I 的一个无限真因子序列:

$$a,a_1,a_2,a_3,\cdots,$$

与引理矛盾. 因此 a 有一个不可约元的因子分解. 定理 4.13 中的条件(1)满足.

其次,$\forall a,b\in I$,考虑由 a,b 生成的理想 $(a,b)=\{ar+bs\mid r,s\in I\}$. 因为 I 是主理想环,所以存在 $d\in I$,使 $(a,b)=(d)$. 于是 $a\in(d)$,$b\in(d)$,从而 $d\mid a$,$d\mid b$. 又若 $c\mid a$,$c\mid b$,则 $a\in(c)$,$b\in(c)$,所以 $\forall r,s\in I$,有 $ar+bs\in(c)$,即 $(d)\subseteq(c)$,从而 $c\mid d$. 因此 d 是 a,b 的一个最大公因子. 定理 4.13 中的条件(2)满足.

由于整数环 $\mathbf{Z}$ 与域 F 上的一元多项式环 $F[x]$ 都是一个主理想环,因此 $\mathbf{Z}$ 与 $F[x]$ 都是唯一分解环.

注意,定理 4.14 的逆命题不成立,即一个唯一分解环未必是主理想环. 例如,$\mathbf{Z}[x]$ 不是主理想环,但是我们将在 4.5 节中证明 $\mathbf{Z}[x]$ 是唯一分解环.

我们知道在一个唯一分解环 I 中,任意两个元都有最大公因子. 在一个主理想环中两个元的最大公因子还有更进一步的性质.

定理 4.15 设 I 是主理想环,$a,b\in I$,则

$$(a,b)=(d) \Leftrightarrow d \text{ 是 } a \text{ 与 } b \text{ 的一个最大公因子}.$$

证 先证必要性. 设 $(a,b)=(d)$,则 $a\in(d)$,$b\in(d)$,于是 $d\mid a$,$d\mid b$,所以 d 是 a,b 的一个公因子. 同时又有 $d\in(a,b)$,于是 $d=au+bv$,$u,v\in I$. 设 c 是 a,b 的任意一个公因子,即 $c\mid a$,$c\mid b$,从而由上式得 $c\mid d$. 因此 d 是 a,b 的一个最大公因子.

再证充分性. 由于 I 是主理想环,于是存在 $e\in I$,使 $(a,b)=(e)$,从而 e 是 a 与 b 的一个最大公因子. 又由假设,d 是 a 与 b 的一个最大公因子,所以 $d\sim e$,因此 $(d)=(e)=(a,b)$.

推论 设 I 是主理想环,$a_1,a_2,\cdots,a_s\in I$,则

$$(a_1,a_2,\cdots,a_s)=(d) \Leftrightarrow d \text{ 是 } a_1,a_2,\cdots,a_s \text{ 的一个最大公因子}.$$

定理 4.16 设 I 是一个主理想环,p 是 I 中的非零元,则

$$(p) \text{ 是 } I \text{ 的极大理想} \Leftrightarrow p \text{ 是 } I \text{ 的不可约元}.$$

证 先证充分性. 设 p 是 I 的不可约元. 若 I 中有一个理想 A,使 $(p)\subset A$. 因为 I 是主理想环,所以 $\exists a\in I$,使 $A=(a)$. 于是 $(p)\subset(a)$,即 $a\mid p$,且 $a\not\sim p$. 而 p 是

不可约元,从而 a 是单位,即 $A=(a)=I$. 因此 (p) 是 I 的极大理想.

再证必要性. 因为 (p) 是 I 的极大理想,所以 $(p)\neq I$, p 不是单位. 现设 $b\mid p$,则 $(p)\subseteq(b)$. 因为 (p) 是极大理想,所以 $(b)=(p)$ 或 $(b)=I$,即 $b\sim p$ 或 b 是单位. 因此 p 是不可约元.

习　题　4.3

1. 设 I 是主理想环, d 是 $a,b\in I$ 的一个最大公因子,证明: $\exists s,t\in I$,使 $d=as+bt$.

2. 设 I 是主理想环, $a,b\in I$,证明: a,b 互素 $\Leftrightarrow$ $\exists s,t\in I$,使 $as+bt=1$.

3. 设 I 是主理想环, $a,b,c\in I$,证明:

(1) 若 a,b 互素,且 $a\mid bc$,则 $a\mid c$;

(2) 若 a,b 互素,且 $a\mid c$, $b\mid c$,则 $ab\mid c$.

4. 在整数环 $\mathbf{Z}$ 中,求出包含 (6) 的所有极大理想.

5. 在有理数域 $\mathbf{Q}$ 上的一元多项式环 $\mathbf{Q}[x]$ 中,理想 (x^3+1,x^2+3x+2) 等于怎样的一个主理想?

6. 证明: $\mathbf{Q}[x]/(x^2+3)$ 是一个域.

4.4　欧　氏　环

本节介绍另一种重要类型的唯一分解环——欧氏环.

定义 4.12　设 I 是整环,若

(1) 存在一个由 $I^*=I\backslash\{0\}$ 到非负整数集 $\mathbf{N}\cup\{0\}$ 的映射 φ;

(2) $\forall a\in I^*$, $b\in I$, $\exists q,r\in I$,使

$$b=aq+r,\quad r=0 \text{ 或 } \varphi(r)<\varphi(a);$$

则称 I 是一个欧氏环.

例 1　证明:整数环 $\mathbf{Z}$ 是一个欧氏环.

证　首先整数环 $\mathbf{Z}$ 是一个整环. 令

$$\varphi:\mathbf{Z}^*\to\mathbf{N}\cup\{0\},$$
$$a\mapsto|a|,$$

其中 $|a|$ 是 a 的绝对值,则 φ 是一个 $\mathbf{Z}^*$ 到 $\mathbf{N}\cup\{0\}$ 的映射,并且 $\forall a\in\mathbf{Z}^*$, $b\in\mathbf{Z}$, $\exists q,r\in\mathbf{Z}$,使

$$b=aq+r,\quad r=0 \text{ 或 } \varphi(r)=|r|<|a|=\varphi(a),$$

因此 $\mathbf{Z}$ 是一个欧氏环.

例 2　证明:Gauss 整数环 $\mathbf{Z}[i]=\{m+ni\mid m,n\in\mathbf{Z}\}$ 是一个欧氏环.

证　显然 $\mathbf{Z}[i]$ 是复数域 $\mathbf{C}$ 的一个子环,且 $1\in\mathbf{Z}[i]$,于是 $\mathbf{Z}[i]$ 是一个整环. 令

$$\varphi: \mathbf{Z}[i]^* \to \mathbf{N} \cup \{0\},$$
$$a \mapsto |a|^2,$$

其中$|a|$是a的模,则φ是一个$\mathbf{Z}[i]^*$到$\mathbf{N}\cup\{0\}$的映射. 下面证明:$\forall a\in\mathbf{Z}[i]^*$,$b\in\mathbf{Z}[i]$,$\exists q,r\in\mathbf{Z}[i]$,使

$$b=aq+r, \quad r=0 \text{ 或 } \varphi(r)<\varphi(a).$$

设$a^{-1}b=u+vi$,其中$u,v\in\mathbf{Q}$. 现取u',v'分别是与u,v最接近的整数,令$k=u-u'$,$h=v-v'$,则

$$|k|=|u-u'|\leqslant\frac{1}{2}, \quad |h|=|v-v'|\leqslant\frac{1}{2},$$

于是

$$\begin{aligned} b &= a(u+vi)=a[(u'+k)+(v'+h)i] \\ &= a(u'+v'i)+a(k+hi) \\ &= aq+r, \end{aligned}$$

其中$q=u'+v'i\in\mathbf{Z}[i]$,$r=a(k+hi)$. 因为$r=b-aq$,所以$r\in\mathbf{Z}[i]$. 若$r\neq0$,则

$$\begin{aligned} \varphi(r) &= |r|^2=|a|^2|k+hi|^2=|a|^2(k^2+h^2) \\ &\leqslant |a|^2\left(\frac{1}{4}+\frac{1}{4}\right)=\frac{1}{2}\varphi(a)<\varphi(a). \end{aligned}$$

因此$\mathbf{Z}[i]$是欧氏环.

定理 4.17 域F上的一元多项式环$F[x]$是欧氏环.

证 显然$F[x]$是一个整环. 令

$$\varphi: F[x]^* \to \mathbf{N}\cup\{0\},$$
$$g(x) \mapsto \deg g(x),$$

其中$\deg g(x)$是$g(x)$的次数,则φ是一个$F[x]^*$到$\mathbf{N}\cup\{0\}$的映射. $\forall g(x)\in F[x]^*$,$f(x)\in F[x]$,由于$g(x)$的最高项系数不等于零,即是域F的单位,从而由定理 3.30,$\exists q(x),r(x)\in F[x]$,使

$$f(x)=g(x)q(x)+r(x),$$

其中$r(x)=0$或$\varphi(r(x))=\deg r(x)<\deg g(x)=\varphi(g(x))$. 因此$F[x]$是一个欧氏环.

定理 4.18 每一个欧氏环I是主理想环,从而是唯一分解环.

证 设A是I的一个理想. 若$A=\{0\}$,则$A=(0)$,A是一个主理想. 现设$A\neq\{0\}$,则A含有非零元. 因为I是欧氏环,所以存在一个I^*到$\mathbf{N}\cup\{0\}$的一个映射φ,令

$$M=\{\varphi(x) \mid x\in A, x\neq0\},$$

则M是非负整数组成的集合,且$M\neq\varnothing$. 从而M中存在最小数,设为$\varphi(a)$,$a\in A$.

又因为 I 是欧氏环，所以 $\forall b \in A$，$\exists q, r \in I$，使

$$b = aq + r, \quad r = 0 \text{ 或 } \varphi(r) < \varphi(a).$$

由于 A 是 I 的理想，且 $a, b \in A$，于是 $r = b - aq \in A$. 若 $r \neq 0$，则 $\varphi(r) \in M$，且 $\varphi(r) < \varphi(a)$，这与 $\varphi(a)$ 是 M 中的最小数的选取矛盾. 从而 $r = 0$，即 $b = aq \in (a)$. 于是 $A \subseteq (a)$. 反之，因为 $a \in A$，A 是一个理想，有 $(a) \subseteq A$. 因此 $A = (a)$ 是一个主理想. I 是一个主理想环. 再由定理 4.14，I 是唯一分解环.

注意，定理 4.18 的逆命题不成立. 例如，整环 $\left\{ \dfrac{a + b\sqrt{-19}}{2} \,\middle|\, a, b \in \mathbf{Z}, a \equiv b \pmod 2 \right\}$ 是主理想环，但不是欧氏环. 其证明已超出本书范围，读者可参看：华罗庚，数论导引，科学出版社，501；Motzhin, The Euclidean algorithm, Bull. Amer. Math. Soc. 55(1949), 1142～1146.

习　题　4.4

1. 证明：域 F 是欧氏环.

2. 证明：整环 $\mathbf{Z}[\sqrt{-2}] = \{m + n\sqrt{-2} \mid m, n \in \mathbf{Z}\}$ 关于 $\mathbf{Z}[\sqrt{-2}]^*$ 到 $\mathbf{N} \cup \{0\}$ 的映射 $\varphi(m + n\sqrt{-2}) = m^2 + 2n^2$ 是一个欧氏环.

3. 证明：整环 $\mathbf{Z}[\sqrt{2}] = \{m + n\sqrt{2} \mid m, n \in \mathbf{Z}\}$ 关于 $\mathbf{Z}[\sqrt{2}]^*$ 到 $\mathbf{N} \cup \{0\}$ 的映射 $\varphi(m + n\sqrt{2}) = |m^2 - 2n^2|$ 是一个欧氏环.

4.5　唯一分解环上的一元多项式环

我们已经看到，域 F 上的一元多项式环 $F[x]$ 是唯一分解环. 在这一节中，我们将推广这一结果，证明唯一分解环 I 上的一元多项式环 $I[x]$ 也是唯一分解环.

在本节中，I 都表示唯一分解环.

定理 4.19　(1) $I[x]$ 是一个整环，I 的单位元就是 $I[x]$ 的单位元；

(2) $I[x]$ 中的单位恰是 I 中的单位.

证　(1) 显然成立.

(2) 首先 I 的单位显然都是 $I[x]$ 的单位；反之设 $f(x)$ 是 $I[x]$ 的单位，则 $\exists g(x) \in I[x]$，使

$$f(x)\, g(x) = 1,$$

于是 $\deg f(x) + \deg g(x) = \deg 1 = 0$，从而 $\deg f(x) = \deg g(x) = 0$，即 $f(x)$，$g(x) \in I$，因此 $f(x)$ 是 I 的单位.

定义 4.13　若 $f(x) \in I[x]$ 的系数的最大公因子是单位，则称 $f(x)$ 是 $I[x]$ 的一个本原多项式.

本原多项式有许多重要性质.

定理 4.20 (1) 本原多项式不能是零多项式;

(2) 设 $f(x)$是零次多项式,则 $f(x)$为本原多项式当且仅当 $f(x)$为单位;

(3) 与本原多项式相伴的多项式也是本原多项式;

(4) 若本原多项式 $f(x)$可约,则

$$f(x) = f_1(x) f_2(x),$$

其中 $0<\deg f_i(x)<\deg f(x), i=1,2$;

(5) 设 $0\neq f(x)\in I[x]$,则

$$f(x) = d f_1(x),$$

其中 $d\in I$, $f_1(x)$是本原多项式,且这个分解除相差单位因子外是唯一的,即若又有

$$f(x) = e f_2(x),$$

其中 $e\in I$, $f_2(x)$是本原多项式,则

$$d\sim e, \quad f_1(x)\sim f_2(x).$$

证 (1) 因为 0 不是单位,所以零多项式不是本原多项式.

(2) 由本原多项式的定义直接可得.

(3) 设 $f(x)=a_0+a_1x+\cdots+a_nx^n$ 是本原多项式, $g(x)\sim f(x)$,即 $g(x)=\varepsilon f(x)$, ε 是 $I[x]$的单位,由定理 4.19, ε 也是 I 的单位.令

$$g(x)=b_0+b_1x+\cdots+b_nx^n,$$

则 $b_i=\varepsilon a_i, i=0,1,\cdots,n$. 于是由定理 4.9(2)得

$$(b_0,b_1,\cdots,b_n)=(\varepsilon a_0,\varepsilon a_1,\cdots,\varepsilon a_n)\sim \varepsilon (a_0,a_1,\cdots,a_n).$$

因为 $f(x)$是本原多项式,所以$(a_0,a_1,\cdots,a_n)$是单位,从而$(b_0,b_1,\cdots,b_n)$也是单位,因此 $g(x)$是本原多项式.

(4) 若 $f(x)$可约,则 $f(x)\neq 0$,且由定理 4.6,得

$$f(x) = f_1(x) f_2(x),$$

其中 $f_1(x), f_2(x)$都不是 $I[x]$的单位.若 $\deg f_1(x)=0$,即 $f_1(x)=a\in I$,则 a 为 $f(x)$系数的一个公因子.但是 $f(x)$是本原多项式,于是 a 是 I 的单位,也是 $I[x]$ 的单位,这与 $f_1(x)$不是 $I[x]$的单位矛盾,因此 $\deg f_1(x)>0$. 同理,得 $\deg f_2(x)>0$. 再由 $\deg f(x) = \deg f_1(x)+\deg f_2(x)$,得 $\deg f_i(x)<\deg f(x), i=1,2$.

(5) 设

$$f(x)=a_0+a_1 x+\cdots+a_n x^n, \quad a_i\in I,$$

令 d 为 $a_0,a_1,\cdots,a_n$ 的一个最大公因子.因为 $f(x)\neq 0$,所以 $d\neq 0$,且 $a_i= d a'_i$,

其中 $a_0', a_1', \cdots, a_n'$ 互素(习题 4.1 第 6 题),于是 $f(x)$ 可表为

$$f(x) = d\, f_1(x),$$

其中 $f_1(x) = a_0' + a_1' x + \cdots + a_n' x^n$ 是一个本原多项式.

其次,若又有 $f(x) = e\, f_2(x)$,其中 $e \in I$, $f_2(x)$ 是本原多项式,则由习题 4.1 第 6 题知,e 也是 $a_0, a_1, \cdots, a_n$ 的一个最大公因子. 于是 $e \sim d$,即存在单位 ε,使 $e = \varepsilon d$,从而

$$d\, f_1(x) = e\, f_2(x) = \varepsilon\, d\, f_2(x),$$

得 $f_1(x) = \varepsilon f_2(x)$,即 $f_1(x) \sim f_2(x)$.

令 Q 是 I 的商域,定理 4.20(5)的结果可以推广到 Q 上的一元多项式环 $Q[x]$ 中.

引理 1　设 Q 是 I 的商域,$0 \neq f(x) \in Q[x]$,则 $f(x)$ 可表示为

$$f(x) = r\, f_1(x),$$

其中 $0 \neq r \in Q$, $f_1(x)$ 是 $I[x]$ 中一个本原多项式,并且这个分解除相差 I 中的单位因子外是唯一的.

证　设

$$f(x) = q_0 + q_1 x + \cdots + q_n x^n, \quad q_i \in Q,$$

于是 $q_i = \dfrac{a_i}{b_i}$, $a_i, b_i \in I$, $b_i \neq 0$. 令 $b = b_0 b_1 \cdots b_n$,则 $0 \neq b\, f(x) \in I[x]$. 由定理 4.20(5),得

$$b\, f(x) = c\, f_1(x),$$

其中 $c \in I$, $f_1(x) \in I[x]$ 是一个本原多项式. 于是

$$f(x) = r\, f_1(x), \quad r = cb^{-1} \in Q.$$

其次,若又有

$$f(x) = s\, f_2(x), \quad s = ed^{-1} \in Q,$$

其中 $e, d \in I$, $d \neq 0$, $f_2(x) \in I[x]$ 是本原多项式. 于是

$$cd\, f_1(x) = be\, f_2(x) \in I[x].$$

由定理 4.20(5)中关于分解的唯一性,得

$$cd \sim be, \quad f_1(x) \sim f_2(x),$$

从而 $f_1(x) = \varepsilon\, f_2(x)$, ε 是单位.

引理 2(Gauss)　在 $I[x]$ 中,设 $f(x) = g(x)\, h(x)$,则 $f(x)$ 是本原多项式 $\Leftrightarrow$ $g(x)$ 与 $h(x)$ 都是本原多项式.

证　$\Rightarrow$. 若 $g(x)$ 与 $h(x)$ 中有一个不是本原多项式,则 $f(x)$ 也不会是本原多项式,必要性显然成立.

$\Leftarrow$. 设

$$g(x) = a_0 + a_1 x + \cdots + a_m x^m,$$
$$h(x) = b_0 + b_1 x + \cdots + b_n x^n,$$
$$f(x) = g(x) h(x) = c_0 + c_1 x + \cdots + c_{m+n} x^{m+n},$$

其中 $c_k = \sum_{i+j=k} a_i b_j$. 因为 $g(x), h(x)$ 是两个本原多项式,所以 $g(x) \neq 0, h(x) \neq 0$,从而 $f(x) \neq 0$. 假若 $f(x)$ 不是本原多项式,则 $c_0, c_1, \cdots, c_{m+n}$ 的一个最大公因子 d 不是 I 的单位. 而 $f(x) \neq 0$,于是 $d \neq 0$. 由于 I 是唯一分解环,于是存在 I 的不可约元 p,使 $p \mid d$,从而 $p \mid c_k, k=0,1,\cdots,m+n$. 因为 $g(x), h(x)$ 是本原的,所以 p 不能整除所有的 a_i,也不能整除所有的 b_j. 设 a_i 中不能被 p 整除的下标最小的为 a_r,b_j 中不能被 p 整除的下标最小的为 b_s. 看 $f(x)$ 中 x^{r+s} 的系数

$$c_{r+s} = a_0 b_{r+s} + \cdots + a_{r-1} b_{s+1} + a_r b_s + a_{r+1} b_{s-1} + \cdots + a_{r+s} b_0.$$

该式中,$c_{r+s}, a_0, \cdots, a_{r-1}, b_{s-1}, \cdots, b_0$ 都能被 p 整除,从而 $p \mid a_r b_s$. 由于唯一分解环中的不可约元也是素元,从而 $p \mid a_r$ 或 $p \mid b_s$. 这与 a_r, b_s 的取法矛盾. 因此,$f(x)$ 是本原多项式.

引理 3 设 Q 是 I 的商域,$q(x)$ 是 $I[x]$ 中次数大于零的不可约多项式,则 $q(x)$ 在 $Q[x]$ 中也是不可约的.

证 因为 $q(x)$ 的次数大于零,且在 $I[x]$ 中不可约,所以其系数的最大公因子只能是单位,从而 $q(x)$ 是本原多项式.

若 $q(x)$ 在 $Q[x]$ 中是可约的,则由定理 4.6,

$$q(x) = q_1(x) q_2(x),$$

其中 $q_1(x), q_2(x) \in Q[x]$,且都不是单位,即不是 Q 中的非零元,所以 $q_1(x), q_2(x)$ 都是 $Q[x]$ 中次数大于零的多项式. 于是由引理 1,得

$$q_i(x) = r_i h_i(x), \quad i=1,2,$$

其中 $r_i \in Q, h_i(x)$ 是 $I[x]$ 中的本原多项式. 从而

$$q(x) = r_1 r_2 h_1(x) h_2(x),$$

其中 $r_1 r_2 \in Q$,且由引理 2 知,$h_1(x) h_2(x)$ 是 $I[x]$ 中的本原多项式,因此由引理 1 中关于分解的唯一性,得

$$q(x) = \varepsilon h_1(x) h_2(x),$$

其中 ε 是 I 的单位. 然而 $\deg h_i(x) = \deg q_i(x) > 0$,这与 $q(x)$ 在 $I[x]$ 中的不可约性矛盾. 因此 $q(x)$ 在 $Q[x]$ 中不可约.

引理 4 $I[x]$ 中次数大于零的本原多项式 $f_0(x)$ 是 $I[x]$ 中的唯一分解元.

证 先证 $f_0(x)$ 可以分解成不可约多项式的乘积. 若 $f_0(x)$ 是不可约多项式,则结论已成立. 现设 $f_0(x)$ 可约,则由定理 4.20(4),得

$$f_0(x) = f_1(x)\, f_2(x),$$

其中 $0<\deg f_i(x)<\deg f_0(x), i=1,2$. 因为 $f_0(x)$是本原多项式,由引理 2 得 $f_1(x), f_2(x)$也是本原多项式. 这样,若 $f_1(x)$或 $f_2(x)$也是可约的,又可把它们分解成次数更低的本原多项式的乘积. 由于 $f_0(x)$的次数是一个有限正整数,从而总有分解式:

$$f_0(x) = q_1(x)\, q_2(x) \cdots q_u(x), \tag{4.2}$$

其中每个 $q_h(x)$是 $I[x]$中的不可约本原多项式,且次数大于零.

若 $f_0(x)$另有一个分解式:

$$f_0(x) = p_1(x)\, p_2(x) \cdots p_v(x), \tag{4.3}$$

其中每个 $p_k(x)$是 $I[x]$中的不可约本原多项式,且次数大于零.

由引理 3,$q_h(x)$ 与 $p_k(x)$ 在 $Q[x]$ 中也是不可约的,从而(4.2),(4.3)也是 $f_0(x)$在 $Q[x]$中的两个不可约元的因子分解. 而 $Q[x]$是唯一分解环,所以 $v=u$,且适当调换因子的次序,在 $Q[x]$中有 $p_h(x)\sim q_h(x)$,即存在 $Q[x]$的单位 α_h,使

$$p_h(x) = \alpha_h\, q_h(x).$$

我们知道,$Q[x]$的单位就是 I 的商域 Q 的单位,从而 $0\neq\alpha_h\in Q$. 所以,由引理 1 中关于分解的唯一性,得

$$p_h(x) = \varepsilon_h\, q_h(x), \quad \varepsilon_h \text{ 是 } I \text{ 的单位},$$

即在 $I[x]$中也有 $p_h(x)\sim q_h(x)$.

因此 $f_0(x)$是 $I[x]$中的唯一分解元.

定理 4.21　设 I 是唯一分解环,则 $I[x]$也是唯一分解环.

证　设 $f(x)\in I[x], f(x)\neq 0$,且 $f(x)$不是单位. 若 $f(x)\in I$,由于 I 是唯一分解环,从而 $f(x)$是唯一分解元. 若 $f(x)$是本原多项式,则由定理4.20(2),得 $f(x)\notin I$,即 $\deg f(x)>0$,于是由引理 4 得 $f(x)$也是唯一分解元. 以下设 $f(x)$是次数大于零的非本原多项式. 由定理 4.20(5),得

$$f(x) = d\, f_0(x),$$

其中 $d\in I$ 不是单位,$f_0(x)$是次数大于零的本原多项式. 因为 I 是唯一分解环,所以 d 在 I 中有因子分解:

$$d=p_1\, p_2 \cdots p_r, \tag{4.4}$$

其中 p_i 是 I 中不可约元. 再由引理 4,$f_0(x)$在 $I[x]$中有因子分解:

$$f_0(x) = q_1(x)\, q_2(x) \cdots q_u(x), \tag{4.5}$$

其中 $q_h(x)$是不可约本原多项式,且次数大于 0.

由(4.4),(4.5),得到 $f(x)$在 $I[x]$中的不可约因子分解:

$$f(x) = p_1\, p_2 \cdots p_r\, q_1(x)\, q_2(x) \cdots q_u(x).$$

假设 $f(x)$在 $I[x]$中另有一个不可约因子分解：

$$f(x) = p_1' p_2' \cdots p_s' q_1'(x) q_2'(x) \cdots q_v'(x),$$

其中 $p_j' \in I, q_k'(x)$是不可约本原多项式，且次数大于 0. 令 $d' = p_1' p_2' \cdots p_s'$, $f_1(x)=q_1'(x) q_2'(x) \cdots q_v'(x)$,则

$$f(x) = d f_0(x) = d' f_1(x),$$

其中 $d,d' \in I, f_0(x), f_1(x)$为 $I[x]$中本原多项式. 由定理 4.20(5)可得$d\sim d'$, $f_0(x)\sim f_1(x)$. 由于 I 是唯一分解环，结合引理 4，得 $d=\varepsilon d'$, $f_0(x) =\varepsilon^{-1} f_1(x)$都是唯一分解元. 从而 $r=s, u=v$，且适当调换因子的次序，可使 $p_i\sim p_i'$, $q_i(x)\sim q_i'(x)$. 因此 $f(x)$是唯一分解元.

综上所证可得 $I[x]$是一个唯一分解环.

由定理 4.21，并对未定元的个数作归纳法可以得到：

定理 4.22 设 I 是唯一分解环，则 n 元多项式环 $I[x_1, x_2, \cdots, x_n]$也是唯一分解环.

由此可见，整数环 $\mathbf{Z}$ 上的一元多项式环 $\mathbf{Z}[x]$是一个唯一分解环，域 F 上二元多项式环 $F[x, y]$也是一个唯一分解环. 但是，我们知道 $\mathbf{Z}[x]$不是主理想环，习题 4.5 第 4 题又指出，$F[x, y]$也不是主理想环. 因此，唯一分解环比主理想环更为广泛.

在本节最后，我们给出 $I[x]$中多项式不可约的一个著名判别法.

定理 4.23 Eisenstein(艾森斯坦因)判别法 设 Q 是 I 的商域，$n\geqslant 1$,

$$f(x) = a_0 + a_1 x + \cdots + a_n x^n \in I[x].$$

若存在 I 中不可约元 p，使

1) $p \nmid a_n$;

2) $p | a_i (i=0,1,\cdots,n-1)$;

3) $p^2 \nmid a_0$;

则 $f(x)$在 $I[x]$中不能分解成两个次数比 n 低的多项式乘积，即 $f(x)$在$Q[x]$中不可约.

证 反设 $f(x) = g(x) h(x)$，其中 $g(x), h(x) \in I[x]$，且 $0<\deg g(x)$, $\deg h(x)<n$. 令

$$g(x) = b_0 + b_1 x + \cdots + b_m x^m, \ m\geqslant 1;$$

$$h(x) = c_0 + c_1 x + \cdots + c_t x^t, \ t\geqslant 1.$$

因为 $p | a_0$，即 $p | b_0 c_0$，又 $p^2 \nmid a_0$，所以可设 $p | b_0$，而 $p \nmid c_0$. 因为 $p \nmid a_n$，所以 p 不能整除 $g(x)$的所有系数，从而存在 j $(1\leqslant j\leqslant m)$，使 $p|b_0, \cdots, p|b_{j-1}$，但 $p \nmid b_j$. 由于 I 是唯一分解环，不可约元 p 也是素元，从而 $p \nmid b_j c_0$. 于是 $p \nmid b_j c_0 + b_{j-1} c_1 + \cdots + b_0 c_j$，即 $p \nmid a_j (j\leqslant m<n)$，这与假设矛盾. 因此 $f(x)$在$I[x]$中不能分解成

两个次数比 n 低的多项式乘积，即 $f(x)$ 在 $Q[x]$ 中不可约.

例　证明：$f(x,y)=4x^2+5(y-1)x+3(y-1)$ 是 $\mathbf{Z}[x,y]$ 中不可约多项式.

证　首先 $f(x,y)$ 的系数的最大公因子是单位. 又因 $\mathbf{Z}[x,y]=\mathbf{Z}[y][x]$，所以 $f(x,y)$ 是系数在 $\mathbf{Z}[y]$ 中的 x 的多项式. 而 $y-1$ 是唯一分解环 $\mathbf{Z}[y]$ 中的不可约元. 用 Eisenstein 判别法得 $f(x,y)$ 是 $\mathbf{Z}[x,y]$ 中不可约多项式.

习　题　4.5

1. 证明：设 $f_1(x)$，$f_2(x)$ 是 $I[x]$ 中两个本原多项式，若它们在 $Q[x]$ 中相伴（Q 为 I 的商域），则在 $I[x]$ 中也相伴.

2. 设 I 是唯一分解环，$f(x)$，$g(x)\in I[x]$，且 $f(x)=af_1(x)$，$g(x)=bg_1(x)$，$a,b\in I$，$f_1(x)$，$g_1(x)$ 是本原多项式，证明：若 $g(x)\mid f(x)$，则 $b\mid a$.

3. 设 $f(x)$ 是 $\mathbf{Z}[x]$ 中首项系数为 1 的多项式，证明：若 $f(x)$ 有有理根 α，则 α 是整数.

4. 证明：域 F 上的二元多项式环 $F[x,y]$ 是唯一分解环，但不是主理想环.

5. 证明：$f(x,y)=2x^2-3xy+5y^2-3x-5y-10$ 是 $\mathbf{Z}[x,y]$ 中不可约多项式.

4.6　因子分解与多项式的根

这一章的最后，我们讨论整环 I 上的一元多项式环 $I[x]$ 中多项式的根的概念和性质，它与 $I[x]$ 中多项式的因子分解有关. 所得结果与高等代数中讨论的数域 P 上一元多项式环 $P[x]$ 中相应的内容基本相似.

定义 4.14　设 $R[x]$ 是环 R 上的一元多项式环，$f(x)\in R[x]$，$\alpha\in R$. 若 $f(\alpha)=0$，则称 α 是 $f(x)$ 的一个根.

定理 4.24（因式定理）　设 $f(x)\in I[x]$，$\alpha\in I$，则

$$\alpha \text{ 是 } f(x) \text{ 的一个根} \Leftrightarrow x-\alpha \mid f(x).$$

证　若 $x-\alpha\mid f(x)$，则 $f(x)=(x-\alpha)g(x)$，从而

$$f(\alpha)=(\alpha-\alpha)g(\alpha)=0,$$

所以 α 是 $f(x)$ 的一个根.

反之，若 α 是 $f(x)$ 的一个根. 因为 $x-\alpha$ 的首项系数 1 是单位，由定理3.30，存在 $q(x)\in I[x]$，$r\in I$，使

$$f(x)=(x-\alpha)q(x)+r,$$

于是

$$f(\alpha)=(\alpha-\alpha)q(\alpha)+r.$$

因为 $f(\alpha)=0$，所以 $r=0$. 从而 $f(x)=(x-\alpha)q(x)$，即 $x-\alpha\mid f(x)$.

定理 4.25　设 $f(x)\in I[x]$，$\alpha_1,\alpha_2,\cdots,\alpha_k$ 是 I 中 k 个互不相同的元，则

$\alpha_1,\alpha_2,\cdots,\alpha_k$ 是 $f(x)$ 的根$\Leftrightarrow(x-\alpha_1)(x-\alpha_2)\cdots(x-\alpha_k)\mid f(x)$.

证 若$(x-\alpha_1)(x-\alpha_2)\cdots(x-\alpha_k)\mid f(x)$,则 $x-\alpha_i\mid f(x)$, $i=1,2,\cdots,k$. 由定理 4.24,得 α_i 都是 $f(x)$的根.

反之,若 $\alpha_1,\alpha_2,\cdots,\alpha_k$ 是 $f(x)$的根. 由定理 4.24,得

$$f(x)=(x-\alpha_1)f_1(x),$$

于是

$$0=f(\alpha_2)=(\alpha_2-\alpha_1)f_1(\alpha_2).$$

但是,$\alpha_2-\alpha_1\neq 0$,I 没有零因子,所以 $f_1(\alpha_2)=0$,即 α_2 是 $f_1(x)$的根. 再由定理 4.24,得

$$f_1(x)=(x-\alpha_2)f_2(x),$$

于是

$$f(x)=(x-\alpha_1)(x-\alpha_2)f_2(x).$$

如此下去,得到

$$f(x)=(x-\alpha_1)(x-\alpha_2)\cdots(x-\alpha_k)f_k(x).$$

推论 设 $f(x)\in I[x]$,若 $\deg f(x)=n$,则 $f(x)$在 I 中至多有 n 个不同的根.

需要注意,若 I 不是整环,定理 4.25 及其推论都不成立. 例如,在 $\mathbf{Z}_6[x]$中,二次多项式 $f(x)=x^2-x$ 有四个不同的根:$[0]$,$[1]$,$[3]$,$[4]$.

下面讨论重根的概念及判别.

定义 4.15 设 $f(x)\in I[x]$,$\alpha\in I$,若

$$(x-\alpha)^k\mid f(x),\quad 且(x-\alpha)^{k+1}\nmid f(x),$$

则称 α 是 $f(x)$的一个 k 重根. 当 $k>1$ 时,称 α 是 $f(x)$的一个重根.

讨论重根,需要导数概念.

定义 4.16 设多项式

$$f(x)=a_nx^n+a_{n-1}x^{n-1}+\cdots+a_1x+a_0,$$

则称

$$f'(x)=na_nx^{n-1}+(n-1)a_{n-1}x^{n-2}+\cdots+a_1$$

是 $f(x)$的一阶导数.

由定义,导数适合下列计算规则:

$$[f(x)+g(x)]'=f'(x)+g'(x);$$

$$[f(x)g(x)]'=f(x)g'(x)+f'(x)g(x);$$

$$[f(x)^t]'=tf(x)^{t-1}f'(x).$$

定理 4.26　设 $f(x)\in I[x]$，$\alpha\in I$，则

$$\alpha \text{ 是 } f(x) \text{ 的一个重根} \Leftrightarrow x-\alpha \text{ 是 } f(x),f'(x) \text{ 的公因子}.$$

证　设 α 是 $f(x)$ 的一个重根，则 $(x-\alpha)^k \mid f(x)$，$k>1$，即

$$f(x)=(x-\alpha)^k g(x),\quad k>1.$$

于是 $x-\alpha \mid f(x)$，且

$$\begin{aligned} f'(x) &= (x-\alpha)^k g'(x)+k(x-\alpha)^{k-1} g(x) \\ &= (x-\alpha)^{k-1}[(x-\alpha) g'(x)+k g(x)]. \end{aligned}$$

因为 $k-1>0$，所以 $x-\alpha \mid f'(x)$.

反之，设 $x-\alpha \mid f(x)$，$x-\alpha \mid f'(x)$. 若 α 不是 $f(x)$ 的重根，则

$$f(x)=(x-\alpha) g(x),\quad x-\alpha \nmid g(x).$$

于是

$$f'(x)=(x-\alpha) g'(x)+g(x).$$

从而 $f'(\alpha)=g(\alpha)\neq 0$，即 α 不是 $f'(x)$ 的根，这与 $x-\alpha \mid f'(x)$ 的假设矛盾. 因此，α 是 $f(x)$ 的一个重根.

推论　设 $I[x]$ 是一个唯一分解环，$f(x)\in I[x]$，$\alpha\in I$，则

$$\alpha \text{ 是 } f(x) \text{ 的一个重根} \Leftrightarrow x-\alpha \mid (f(x),f'(x)).$$

例　设 $f(x)=x^3-x$ 是 $\mathbf{Z}_3[x]$ 中一个多项式，证明：$\mathbf{Z}_3$ 中的每一个元都是 $f(x)$ 的根.

证　$\mathbf{Z}_3=\{[0],[1],[2]\}$，$f(x)=x^3-x=x(x-[1])(x-[2])$，由定理 4.25得证.

又证　将 $\mathbf{Z}_3$ 中的每一个元 α 代入 $f(x)=x^3-x$，都有 $f(\alpha)=0$，所以 $\mathbf{Z}_3$ 中的每一个元都是 $f(x)$ 的根.

习　题　4.6

1. 问：$\mathbf{Z}_{16}[x]$ 中多项式 $f(x)=x^2$ 在 $\mathbf{Z}_{16}$ 中有多少个根？
2. 证明：$\mathbf{Z}_6[x]$ 中多项式 $f(x)=x^3-x$ 在 $\mathbf{Z}_6$ 中有 6 个根.
3. 试求 $\mathbf{Z}_5[x]$ 中多项式 $f(x)=x^5-1$ 在 $\mathbf{Z}_5$ 中的根.
4. 判断：

(1) $\mathbf{Z}_3[x]$ 中多项式 $f(x)=x^2+1$ 是否可约；

(2) $\mathbf{Z}_5[x]$ 中多项式 $f(x)=x^2+1$ 是否可约.

5. 设 $\mathrm{ch}I=0$，$f(x)\in I[x]$，$\alpha\in I$，$k\geqslant 1$，证明：

$$\alpha \text{ 是 } f(x) \text{ 的 } k \text{ 重根} \Leftrightarrow \alpha \text{ 是 } f(x) \text{ 的根，且 } \alpha \text{ 是 } f'(x) \text{ 的 } k-1 \text{ 重根}.$$

复 习 题 四

1. 设整环:$I=\left\{\frac{m}{2^n}\mid m\in \mathbf{Z}, n\in \mathbf{N}\cup\{0\}\right\}$,找出 I 的所有单位与不可约元.

2. 求模 8 的剩余类环 $\mathbf{Z}_8$ 的所有非零理想,以及它们的交.

3. 证明:在一个唯一分解环 I 中,任意两个元 a,b 都有一个最小公倍元,即 $\exists m\in I$,使 $a\mid m, b\mid m$,并且若 $a\mid n, b\mid n$,则 $m\mid n$(用$[a,b]$表示 a 与 b 的任意一个最小公倍元).

4. 证明:在一个唯一分解环 I 中,$a\,b\sim[a,b]\,(a,b)$.

5. 设 I 是唯一分解环,$f_1(x), f_2(x), \cdots, f_n(x), \cdots$ 是 $I[x]$ 中本原多项式的序列,并且 $f_{i+1}(x)\mid f_i(x), i=1,2,\cdots,n,\cdots$. 证明:这个序列只有有限个互不相伴的项.

6. 设 I 是唯一分解环,$f(x), g(x)\in I[x]$,且$(f(x), g(x))=1$. 证明:$(f(x)\cdot g(x), f(x)+g(x))=1$.

7. 设 I_0 是一个主理想环,I 是整环,且 $I_0\leqslant I$. 证明:假若 d 是 I_0 中的 a 和 b 的一个最大公因子,那么 d 也是 I 中的 a 和 b 的一个最大公因子.

8. 设一元多项式环 $I[x]$是主理想环,$f(x), g(x)\in I[x]$,$m(x)$是 $f(x)$与 $g(x)$的一个最小公倍元,证明:$(m(x))=(f(x))\cap(g(x))$.

9. (1) 证明:$p(x)=x^3+x+1$ 是 $\mathbf{Z}_2[x]$中不可约多项式;

(2) 证明:$\mathbf{Z}_2[x]/(x^3+x+1)$是域.

10. 设 I 是一个主理想环,$0\neq a\in I$. 证明:当 a 是不可约元时,$I/(a)$是一个域;当 a 是可约元时,$I/(a)$不是整环.

11. 设 $\mathbf{Z}$ 是整数环,$\mathbf{Q}$ 是有理数域,$\mathbf{R}$ 是实数域,证明:

(1) 商环 $\mathbf{Q}[x]/(x^4+1)$是域,但 $\mathbf{R}[x]/(x^4+1)$不是域;

(2) 商环 $\mathbf{Q}[x]/(x^2+1)$是域,但 $\mathbf{Z}[x]/(x^2+1)$不是域.

习题解答或提示

为了帮助读者学习，部分习题给出了解答，但是解答非常简略，主要为读者提供解题的思路. 作为练习，读者应当给出完整的答案，并且努力找出更加巧妙的解法. 复习题具有一定的综合性，难度较大，都给出了详细的解题过程.

第1章 基本概念

习 题 1.1

1. (1),(5),(6),(8),(9),(11)为真，其余都为假.

2. $M\cup N=\{a,c,d,e,f,g,h\}$；$M\cap N=\{a,e\}$；

   $M\backslash N=\{c,h\}$；$N\backslash M=\{d,f,g\}$；

   $M'=\{b,d,f,g\}$；$N'=\{b,c,h\}$.

   $M'\cup N'=(M\cap N)'=\{b,c,d,f,g,h\}$.

   $M'\cap N'=(M\cup N)'=\{b\}$.

3. 因为 $A\subseteq A\cup B=A\cap B\subseteq B$，$B\subseteq A\cup B=A\cap B\subseteq A$，所以 $A=B$.

4. $\forall x\in B\Rightarrow x\in A\cup B\Rightarrow x\in A\cup C\Rightarrow x\in A$ 或 $x\in C$.

当 $x\in C$，则 $B\subseteq C$. 当 $x\in A$，则 $x\in A\cap B\Rightarrow x\in A\cap C\Rightarrow x\in C$. 所以也有 $B\subseteq C$. 同理 $C\subseteq B$. 因此 $B=C$.

7. $2^A=\{\varnothing,\{-1\},\{3\},\{-1,3\}\}$.

8. A 的 k 元子集有 C_n^k 个，所以 $|A|=C_n^0+C_n^1+\cdots+C_n^n=2^n$.

习 题 1.2

1. f 是 $\mathbf{Z}$ 到 $\mathbf{Z}$ 的映射，但 f 既不是单射，也不是满射.

3. (1) 有 $3^3=27$ 个 A 到 B 的映射.

   (2) 有 $3!=6$ 个 A 到 B 的单射，满射，双射.

4. (1) $\forall x\in\mathbf{Z}$，

   $(f\circ g)(x)=f(g(x))=4x+2$；

   $(g\circ f)(x)=g(f(x))=4x+1$；

   $(h\circ f)(x)=h(f(x))=x$；

   $(h\circ g)(x)=h(g(x))=x$；

   $$(f\circ h)(x)=f(h(x))=\begin{cases}x, & \text{当 } 2\mid x \text{ 时},\\ x-1, & \text{当 } 2\nmid x \text{ 时};\end{cases}$$

$$(g\circ h)(x)=g(h(x))=\begin{cases}x+1, & 当 2\mid x 时,\\ x, & 当 2\nmid x 时.\end{cases}$$

(2) ① $\forall x,y\in\mathbf{Z}$,若 $f(x)=f(y)$,即 $2x=2y$,于是 $x=y$. 所以 f 是单射. 取定一个整数 n,令

$$k(x)=\begin{cases}\dfrac{x}{2}, & 当 2\mid x 时,\\ n, & 当 2\nmid x 时,\end{cases}$$

则 k 是 f 的左逆映射.

② $\forall x,y\in\mathbf{Z}$,若 $g(x)=g(y)$,即 $2x+1=2y+1$,于是 $x=y$. 所以 g 是单射. 取定一个整数 n,令

$$s(x)=\begin{cases}\dfrac{x-1}{2}, & 当 2\nmid x 时,\\ n & 当 2\mid x 时,\end{cases}$$

则 s 是 g 的左逆映射.

(3) $\forall x\in\mathbf{Z}$, $\exists 2x\in\mathbf{Z}$,使 $h(2x)=x$,所以 h 是满射. 而且由(1)可知,f,g 都是 h 的右逆映射.

5. (1) 若 $g\circ f$ 有左逆映射 $h:C\to A$,则 $h\circ(g\circ f)=I_A$,于是 $(h\circ g)\circ f=I_A$,因此 $h\circ g$ 是 f 的左逆映射. 但是 g 未必有左逆映射,例如,设

$$\begin{aligned}f:&N\to N,\\ &1\mapsto 1\\ &n\mapsto n+1,当 n\geqslant 2 时;\\ g:&N\to N,\\ &1\mapsto 1,\\ &n\mapsto n-1,当\geqslant 2 时.\end{aligned}$$

则 $g\circ f=I_N$ 有左逆映射,而 g 不是单射,从而没有左逆映射.

(2) 若 $g\circ f$ 有右逆映射 $k:C\to A$,则 $(g\circ f)\circ k=I_C$,于是 $g\circ(f\circ k)=I_C$,因此 $f\circ k$ 是 g 的右逆映射. 但是 f 未必有右逆映射,如在上例中,$g\circ f=I_N$ 有右逆映射,而 f 不是满射,从而没有右逆映射.

习　题　1.3

1. (3),(4),(6)都正确;(1),(2),(5)都不正确.

2. (1),(3),(5)中的法则"$\circ$"都是有理数域 $\mathbf{Q}$ 的代数运算,而(2),(4)中的法则"$\circ$"都不是有理数域 $\mathbf{Q}$ 的代数运算.

3. 因为代数运算$\circ$适合交换律,所以$\circ$的运算表中关于主对角线对称的元素都相等,于是得下表:

当$\{\lambda_1,\lambda_2,\cdots,\lambda_n\}\neq\{\lambda_1',\lambda_2',\cdots,\lambda_n'\}$时，相应的矩阵

$$\begin{pmatrix}\lambda_1 & & & \\ & \lambda_2 & & \\ & & \ddots & \\ & & & \lambda_n\end{pmatrix} \text{与} \begin{pmatrix}\lambda_1' & & & \\ & \lambda_2' & & \\ & & \ddots & \\ & & & \lambda_n'\end{pmatrix}$$

属于不同的等价类.

7. 有 15 种不同的分类，分别为

$\{\{1,2,3,4\}\}$;

$\{\{1,2,3\},\{4\}\}$;　$\{\{1,2,4\},\{3\}\}$;

$\{\{1,3,4\},\{2\}\}$;　$\{\{2,3,4\},\{1\}\}$;

$\{\{1,2\},\{3,4\}\}$;　$\{\{1,3\},\{2,4\}\}$;　$\{\{1,4\},\{2,3\}\}$;

$\{\{1,2\},\{3\},\{4\}\}$;　$\{\{1,3\},\{2\},\{4\}\}$;　$\{\{1,4\},\{2\},\{3\}\}$;

$\{\{2,3\},\{1\},\{4\}\}$;　$\{\{2,4\},\{1\},\{3\}\}$;　$\{\{3,4\},\{1\},\{2\}\}$;

$\{\{1\},\{2\},\{3\},\{4\}\}$.

复习题一

1. (1) a 是 $f(x)g(x)$的实根$\Leftrightarrow f(a)g(a)=0\Leftrightarrow f(a)=0$ 或 $g(a)=0\Leftrightarrow a\in A$ 或 $a\in B\Leftrightarrow a\in A\cup B$. 因此，多项式 $f(x)g(x)$实根的集合为 $A\cup B$.

(2) a 是 $f(x)^2+g(x)^2$ 的实根$\Leftrightarrow f(a)^2+g(a)^2=0\Leftrightarrow f(a)=0$ 且 $g(a)=0\Leftrightarrow a\in A$ 且 $a\in B\Leftrightarrow a\in A\cap B$. 因此，多项式 $f(x)^2+g(x)^2$ 实根的集合为 $A\cap B$.

2. (1)

$$\begin{aligned}&(A\cup B)\cap(A'\cup B')\\&=[(A\cup B)\cap A']\cup[(A\cup B)\cap B']\\&=(A\cap A')\cup(B\cap A')\cup(A\cap B')\cup(B\cap B')\\&=(B\cap A')\cup(A\cap B')\\&=A+B.\end{aligned}$$

(2)

$$\begin{aligned}(A\cup B)\backslash(A\cap B)&=(A\cup B)\cap(A\cap B)'\\&=(A\cup B)\cap(A'\cup B')=A+B.\end{aligned}$$

(3) 由(1)得

$$\begin{aligned}A'+B'&=(A'\cup B')\cap[(A')'\cup(B')']\\&=(A'\cup B')\cap(A\cup B)=A+B.\end{aligned}$$

3. (1)

$$\begin{aligned}&x\in A\times(B\cup C)\\&\Leftrightarrow x=(a,b),a\in A,b\in B\cup C\\&\Leftrightarrow x=(a,b),a\in A,b\in B\text{或}b\in C\\&\Leftrightarrow x=(a,b)\in A\times B\text{或}x=(a,b)\in A\times C\end{aligned}$$

$$\Leftrightarrow x \in (A\times B)\cup(A\times C).$$

因此，$A\times(B\cup C)=(A\times B)\cup(A\times C)$.

(2)

$$\begin{aligned} x &\in A\times(B\cap C)\\ &\Leftrightarrow x=(a,b),a\in A,b\in B\cap C\\ &\Leftrightarrow x=(a,b),a\in A,b\in B\text{ 且 }b\in C\\ &\Leftrightarrow x=(a,b)\in A\times B\text{ 且 }x=(a,b)\in A\times C\\ &\Leftrightarrow x\in(A\times B)\cap(A\times C).\end{aligned}$$

因此，$A\times(B\cap C)=(A\times B)\cap(A\times C)$.

4. (1)

$$\begin{aligned} x\in f(f^{-1}(T)) &\Leftrightarrow \exists\, y\in f^{-1}(T),\text{使 }x=f(y)\\ &\Leftrightarrow x=f(y)\in T,\text{且 }x=f(y)\in f(A)\\ &\Leftrightarrow x=f(y)\in T\cap f(A).\end{aligned}$$

因此，$f(f^{-1}(T))=T\cap f(A)$.

(2)

$$\begin{aligned} x\in f(S\cap f^{-1}(T)) &\Leftrightarrow \exists\, y\in S\cap f^{-1}(T),\text{使 }x=f(y)\\ &\Leftrightarrow \exists\, y\in S,\text{且 }y\in f^{-1}(T),\text{使 }x=f(y)\\ &\Leftrightarrow x\in f(S),\text{且 }x=f(y)\in T\\ &\Leftrightarrow x\in f(S)\cap T.\end{aligned}$$

因此，$f(S\cap f^{-1}(T))=f(S)\cap T$.

(3) $$\forall\, x\in S\Rightarrow f(x)\in f(S)\Rightarrow x\in f^{-1}(f(S)).$$

因此，$S\subseteq f^{-1}(f(S))$.

但是"="未必成立. 例如，设 $A=B=\mathbf{Z}$, $\forall\, a\in A$, $f(a)=0$，则 f 是 A 到 B 的映射. 令 $S=\{0\}$，则 $f(S)=\{0\}$，而 $f^{-1}(f(S))=A$. 于是 $S\neq f^{-1}(f(S))$.

注 若 f 是单射，则"="成立. 因为 $\forall\, x\in f^{-1}(f(S))$，有 $f(x)\in f(S)$，即 $\exists\, y\in S$，使 $f(x)=f(y)$. 由于 f 是单射，所以 $x=y\in S$，从而 $f^{-1}(f(S))\subseteq S$. 因此 $S=f^{-1}(f(S))$.

5. 设 $A=\{a_1,a_2,\cdots,a_m\}$，$B=\{b_1,b_2,\cdots,b_n\}$.

(1) 对于 A 到 B 的一个映射 f，A 中每一个元素 a_i 的像 $f(a_i)$ 可取 $b_1,b_2,\cdots,b_n$ 中的任一个，从而有 n 种选法. 而 A 有 m 个元素，且只要 A 中有一个元素选取的像不同，所得的映射就不同，因此 A 到 B 可以作且只能作 n^m 个不同的映射.

(2) 对于 A 到 B 的一个单射 f，A 中每一个元素在 B 中都有像，而且 A 中不同元素在 B 中的像必须不同，所以 A 到 B 可以作单射的充要条件是 $m\leqslant n$. 在此条件下，$f(a_1)$ 可取 $b_1,b_2,\cdots,b_n$ 中的任一个，从而有 n 种选法；而当 $f(a_1)$ 取定后，$f(a_2)$ 可取余下 $n-1$ 个元素中的任一个，从而有 $n-1$ 种选法；…；$f(a_m)$ 有 $n-m+1$ 种选法. 因此 A 到 B 可以作且只能作 $n(n-1)\cdots(n-m+1)$ 个不同的单射.

(3) 对于 A 到 B 的一个满射 f，B 中每一个元素在 A 中都有原像，而且 B 中不同元素在 A 中的原像必须不同，所以 A 到 B 可以作满射的充要条件是 $m\geqslant n$. 在此条件下，b_1 的原像可取 $a_1,a_2,\cdots,a_m$ 中的任一个，从而有 m 种选法；而当 b_1 的原像取定后，b_2 的原像可取余下 $m-1$ 个元素中的任一个,从而有 $m-1$ 种选法;…;b_n 的原像有 $m-n+1$ 种选法. 因此 A 到 B 可以作且只能作 $m(m-1)\cdots(m-n+1)$ 个不同的满射.

(4) 由(2)与(3)可得 A 到 B 可以作双射的充要条件是 $m=n$. 此时 A 到 B 可以作且只能作 $m!$ 个不同的双射.

6. (1)

$$(a,b)\in(R^{-1})^{-1}\Leftrightarrow(b,a)\in R^{-1}\Leftrightarrow(a,b)\in R.$$

因此,$(R^{-1})^{-1}=R$.

(2)

$$\begin{aligned}(a,b)\in R_1^{-1}&\Rightarrow(b,a)\in R_1\Rightarrow(b,a)\in R_2\\&\Rightarrow(a,b)\in R_2^{-1}.\end{aligned}$$

因此,$R_1^{-1}\subseteq R_2^{-1}$.

(3)

$$\begin{aligned}(a,b)\in(\bigcup_{i\in I}R_i)^{-1}&\Leftrightarrow(b,a)\in\bigcup_{i\in I}R_i\\&\Leftrightarrow\exists i\in I,\text{使}(b,a)\in R_i\\&\Leftrightarrow\exists i\in I,\text{使}(a,b)\in R_i^{-1}\\&\Leftrightarrow(a,b)\in\bigcup_{i\in I}R_i^{-1}.\end{aligned}$$

因此,$(\bigcup_{i\in I}R_i)^{-1}=\bigcup_{i\in I}R_i^{-1}$.

(4)

$$\begin{aligned}(a,b)\in(\bigcap_{i\in I}R_i)^{-1}&\Leftrightarrow(b,a)\in\bigcap_{i\in I}R_i\Leftrightarrow\forall i\in I,(b,a)\in R_i\\&\Leftrightarrow\forall i\in I,(a,b)\in R_i^{-1}\Leftrightarrow(a,b)\in\bigcap_{i\in I}R_i^{-1}.\end{aligned}$$

因此,$(\bigcap_{i\in I}R_i)^{-1}=\bigcap_{i\in I}R_i^{-1}$

7. 等价关系~所确定的~等价类为

$$\begin{aligned}[0]&=\{\cdots,-16,-8,0,8,16,\cdots\},\\ [2]&=\{\cdots,-14,-6,2,10,18,\cdots\},\\ [4]&=\{\cdots,-12,-4,4,12,20,\cdots\},\\ [6]&=\{\cdots,-10,-2,6,14,22,\cdots\}.\end{aligned}$$

(关于~是 $2\mathbf{Z}$ 上的一个等价关系可按定义直接验证,由读者自己完成.)

8. 只要证定义 1.19 中的条件(1),(2),(3)与条件(1),(4)等价. 首先设(1),(2),(3)满足,若 $a\sim b,a\sim c$,则由(2),$b\sim a$,再由(3)得 $b\sim c$,(4)成立. 其次,设(1),(4)满足,若 $a\sim b$,由(1),$a\sim a$,所以由(4)得 $b\sim a$,(2)成立. 若 $a\sim b,b\sim c$,由(2),$b\sim a$,所以由(4)得 $a\sim c$,(3)也成立.

第 2 章 群

习 题 2.1

1. (1) 按定义直接验证.

(2) 设 S 的单位元是 e,则 (e,e) 是 $S\times S$ 的单位元.

(3) 因为 $S\not\subseteq S\times S$,所以 S 不是 $S\times S$ 的子半群.

3. 在 $ab=ba$ 的左、右两边同乘以 b^{-1},即得.

4. 只要证 $(a_1a_2\cdots a_n)(a_n^{-1}\cdots a_2^{-1}a_1^{-1})=e$, 对 n 作数学归纳法.

习　题　2.2

6. S 未必成群. 例如,设 $S=\{a,b\}$,并由下表给出 S 的一个代数运算:

·	a	b
a	a	b
b	a	b

则 S 是半群,而且 a,b 都是 S 的左单位元. 又对于左单位元 a 来说,a,b 都有右逆元 a;对于左单位元 b 来说,a,b 都有右逆元 b. 但 S 不是群,因为对于左单位元 a 来说,b 没有左逆元;对于左单位元 b 来说,a 没有左逆元.

9. 首先由假设 $ba=a^mb$ 得 $bab^{-1}=a^m$,于是 $\forall s\in\mathbf{N}$,由第 8 题得

$$ba^sb^{-1}=(bab^{-1})^s=(a^m)^s=a^{ms},$$

即 $ba^s=a^{ms}b$.

下面来证等式 $b^na=a^{m^n}b^n$,对 n 作数学归纳法. 由题设当 $n=1$ 时成立. 现假定对 $n-1$ 成立,即 $b^{n-1}a=a^{m^{n-1}}b^{n-1}$,则

$$b^na=b(b^{n-1}a)=b(a^{m^{n-1}}b^{n-1})=(ba^{m^{n-1}})b^{n-1}=(a^{m\cdot m^{n-1}}b)b^{n-1}=a^{m^n}b^n.$$

因此等式 $b^na=a^{m^n}b^n$ 对一切正整数 n 都成立.

习　题　2.3

1. (1) $|1|=1$;(2) $|-1|=2$;(3) $|2|=\infty$;(4) $\left|\dfrac{1}{2}\right|=\infty$.

2. 因为 $a^m=e$,所以 $|a|$ 有限. 设 $|a|=k$,则 $a^k=e$,由题设 $m|k$;又因为 $a^m=e$,所以 $k|m$. 因此 $k=m$,即 $|a|=m$.

4. 注意到 $x^{-1}ax$ 与 a 有相同的阶.

5. $\forall a,b\in G$,有 $(ab)^2=e=a^2b^2$,从而 $ba=ab$.

6. 若 $k=0$,即 $|ab|=1$,则 $ab=e$,于是 $b=a^{-1}=aaa^{-1}$.

若 $k\geqslant 1$,则 $(ab)^{2k+1}=e$,于是

$$\begin{aligned}
b=b(ab)^{2k+1}&=\overbrace{(ba)(ba)\cdots(ba)}^{k-1}(bab)a(bab)\overbrace{(ab)\cdots(ab)(ab)}^{k-1}\\
&=\overbrace{(ba)(ba)\cdots(ba)}^{k-1}(bab)a(b^{-1}a^{-1}b^{-1})\overbrace{(a^{-1}b^{-1})\cdots(a^{-1}b^{-1})(a^{-1}b^{-1})}^{k-1}\\
&=\Big[\overbrace{(ba)(ba)\cdots(ba)}^{k-1}(bab)\Big]a\Big[\overbrace{(ba)(ba)\cdots(ba)}^{k-1}(bab)\Big]^{-1}=cac^{-1},
\end{aligned}$$

其中 $c=\overbrace{(ba)(ba)\cdots(ba)}^{k-1}(bab)$.

7. 设 $a\in G$ 的阶是 m. 若 $\exists b\in G$ 的阶 n 不能整除 m,则有素数 p,使

$$m = p^i m_1,\quad (p,m_1)=1,$$
$$n = p^j n_1,\quad j>i.$$

于是由定理 2.8(4)，$c=a^{p^i}$ 的阶是 m_1，$d=b^{n_1}$ 的阶是 p^j. 又由例 2 知，cd 的阶是 $p^j m_1>m$，这与 m 是 G 的元的阶中最大的一个的假设矛盾.

8. (1) 设 $a\in G$，且 $|a|>2$，则 $a^{-1}\neq a$，且 $|a^{-1}|>2$.

设又有 $b\in G$，且 $|b|>2$，$b\neq a$，$b\neq a^{-1}$，则 $b^{-1}\neq b$，且 $|b^{-1}|>2$. 若 $b^{-1}=a$，则 $b=(b^{-1})^{-1}=a^{-1}$，与假设矛盾，所以 $b^{-1}\neq a$. 同理 $b^{-1}\neq a^{-1}$.

从而 G 中阶大于 2 的元成对出现，因此 G 中阶大于 2 的元素的个数一定是偶数；

(2) 由(1)，G 中阶大于 2 的元素的个数是偶数；另外单位元是 1 阶元，而且 G 中只有一个 1 阶元. 因此 G 中阶等于 2 的元素的个数与 G 的阶有相反的奇偶性.

10. 设 $G=(a)$，$m=nq$，则 $a^0=e, a^q, a^{2q}, \cdots, a^{(n-1)q}$ 是方程 $x^n=e$ 在 G 中的 n 个解.

习 题 2.4

2. 显然 $e\in C_G(S)$，从而 $C_G(S)\neq\varnothing$. 又 $\forall x,y\in C_G(S)$，$s\in S$，有 $xs=sx$，$ys=sy$，于是

$$(xy)s=x(ys)=x(sy)=(xs)y=(sx)y=s(xy),$$

所以 $xy\in C_G(S)$. 又由 $xs=sx$ 可得 $sx^{-1}=x^{-1}s$，所以 $x^{-1}\in C_G(S)$. 因此，$C_G(S)\leqslant G$.

3. 显然 $e\in N_G(S)$，从而 $N_G(S)\neq\varnothing$. 又 $\forall x,y\in N_G(S)$，有 $xS=Sx$，$yS=Sy$，于是

$$(xy)S=x(yS)=x(Sy)=(xS)y=(Sx)y=S(xy),$$

所以 $xy\in N_G(S)$. 又由 $xS=Sx$ 可得 $Sx^{-1}=x^{-1}S$，所以 $x^{-1}\in N_G(S)$. 因此，$N_G(S)\leqslant G$.

6. 由假设 $aH=bK$ 得 $H=a^{-1}bK$. 由于 $K\leqslant G$，所以 $e\in K$，从而 $a^{-1}b=(a^{-1}b)e\in H$. 又由于 $H\leqslant G$，所以 $b^{-1}a=(a^{-1}b)^{-1}\in H$，即 $b^{-1}aH=H$. 因此再由 $aH=bK$ 得 $K=b^{-1}aH=H$.

7. 因为

$$\begin{aligned}\forall x\in (H\cap K)a &\Rightarrow x=sa,\ s\in H\cap K\\ &\Rightarrow x=sa,\ s\in H,\text{且 } s\in K\\ &\Rightarrow x=sa\in Ha,\text{且 } x=sa\in Ka\\ &\Rightarrow x\in Ha\cap Ka,\end{aligned}$$

所以 $(H\cap K)a\subseteq Ha\cap Ka$. 又因为

$$\begin{aligned}\forall x\in Ha\cap Ka &\Rightarrow x\in Ha,\text{且 } x\in Ka\\ &\Rightarrow x=ha,\ h\in H,\text{且 } x=ka,\ k\in K\\ &\Rightarrow h=xa^{-1}=k\in H\cap K\\ &\Rightarrow x=ha=ka\in (H\cap K)a,\end{aligned}$$

所以 $Ha\cap Ka\subseteq (H\cap K)a$.

因此，$(H\cap K)a=Ha\cap Ka$.

8. 因为 $A^2=B^4=E$，$BA=AB^3$，$B^2A=AB^2$，$B^3A=AB$，所以

$$(A,B)=\{E,A,B,AB,B^2,AB^2,B^3,AB^3\},$$

而且 $BA=AB^3\neq AB$，从而 (A,B) 是非交换子群.

9. 设 G 是一个群，$H<G$，$K<G$，则 $\exists x\in G\backslash H$，$y\in G\backslash K$，

(1) 若 $x\notin K$,则 $x\notin H\cup K$,所以 $G\neq H\cup K$;

(2) 若 $y\notin H$,则 $y\notin H\cup K$,所以 $G\neq H\cup K$;

(3) 若 $x\in K$,且 $y\in H$. 若 $xy\in H\cup K$,则 $xy\in H$,或 $xy\in K$,于是 $x=(xy)y^{-1}\in H$ 或 $y=x^{-1}(xy)\in K$,出现矛盾. 所以 $xy\notin H\cup K$,因此 $G\neq H\cup K$.

习 题 2.5

1. σ 是 A 的一个变换,而且是单变换,也是满变换.

2. f 是 $\mathbf{Z}$ 的一个变换,但既不是单变换,也不是满变换.

4.

$$\sigma\tau=\begin{pmatrix}1&2&3&4&5&6\\1&4&2&5&3&6\end{pmatrix};$$

$$\tau^2\sigma=\begin{pmatrix}1&2&3&4&5&6\\1&3&4&6&5&2\end{pmatrix};$$

$$\sigma\tau^{-1}=\begin{pmatrix}1&2&3&4&5&6\\2&3&1&5&4&6\end{pmatrix};$$

$$\tau\sigma\tau^{-1}=\begin{pmatrix}1&2&3&4&5&6\\3&5&2&1&6&4\end{pmatrix}.$$

6. 由定理 2.25,当 $n\geqslant 2$ 时,任何一个 n 次置换 σ 都可以表成对换 (ij) 的乘积,而 $(ij)=(1i)(1j)(1i)$,因此 S_n 可以由 $n-1$ 个对换 $(12),(13),\cdots,(1n)$ 生成.

7. 由第 6 题,A_n 中的每一个置换都可以表成偶数个对换 $(1i)$ 之积,而 $(1i)(1j)=(1ji)=(12i)(12j)^2$,因此 A_n 可以由 $n-2$ 个 3 项循环置换 $(123),(124),\cdots,(12n)$ 生成.

8. $\sigma=(15)(2379)(468)$,$\sigma^{-1}=(51)(9732)(864)$,$|\sigma|=12$.

习 题 2.6

2. 令

$$f:\mathbf{R}\to\mathbf{R}^+,$$
$$a\mapsto 2^a$$

证明 f 是 $\mathbf{R}$ 到 $\mathbf{R}^+$ 的一个同构映射.

3. 令

$$f:\mathbf{Z}\to 2\mathbf{Z}$$
$$n\mapsto 2n,$$

证明 f 是 $\mathbf{Z}$ 到 $2\mathbf{Z}$ 的一个同构映射.

4. 令

$$f:(a,b)\to S_3,$$
$$e\mapsto (1),$$
$$a\mapsto (123),$$

$$a^2 \mapsto (132),$$
$$b \mapsto (12),$$
$$ab \mapsto (13),$$
$$a^2b \mapsto (23),$$

再做 S_3 的乘法表并与(a,b)的乘法表比较可见,f 是同构映射.

习　题　2.7

3. 设 G 是一个 4 阶群,e 是 G 的单位元. 由 Lagrange 定理,G 的非单位元的阶为 4 或 2.

若 G 有 4 阶元 a,则 $G=(a)$是循环群. 若 G 没有 4 阶元,则 G 的非单位元都是 2 阶元. 设 a,b 是 G 中两个不同的 2 阶元,则 $ab\in G$,且 $ab\neq e,a,b$. 所以 $G=\{e,a,b,ab\}$是 Klein 四元群.

4. 设 G 是一个 6 阶群,e 是 G 的单位元. 由 Lagrange 定理,G 的非单位元的阶只能为 2,3 或 6.

若 G 中非单位元的阶都为 2,则 G 是交换群(见习题 2.3 第 5 题). 设 a,b 是两个 2 阶元,则 $\{e,a,b,ab\}$是 G 的 4 阶子群,这与 Lagrange 定理矛盾,所以 G 中必有 3 阶元或 6 阶元. 而且,若 b 是 6 阶元,则 b^2 是 3 阶元,所以 G 必有 3 阶元. 设 c 是一个 3 阶元,则(c)是 G 的 3 阶子群.

下面再证 G 只有一个 3 阶子群. 设 H,K 都是 G 的 3 阶子群,则 $H\cap K$ 是 H 的子群,于是 $|H\cap K|=1$ 或 3. 若$|H\cap K|=1$,则由定理 2.39,$|HK|=|H||K|=9$,这与 $HK\subseteq G$ 矛盾,所以$|H\cap K|=3$. 因此 $H=H\cap K=K$.

5. $\Leftarrow$. 设$|G|=p$ 是素数,$H\leqslant G$,则由 Lagrange 定理,$|H|\mid p$. 所以$|H|=1$ 或 p,从而 $H=\{e\}$或 G. 因此 G 只有平凡子群.

$\Rightarrow$. 因为$|G|>1$,所以 $\exists\, e\neq a\in G$. 设 $H=(a)$,则 $H\neq\{e\}$. 但是 $H\subseteq G$,由假设,$H=G$.

若$|a|=\infty$,则 $K=(a^2)$是 G 的非平凡子群,与假设矛盾. 若$|a|=n$ 是合数,即 $n=n_1n_2$,$n_1>1,n_2>1$,则$|a^{n_1}|=n_2$,从而(a^{n_1})是 G 的非平凡子群,与假设矛盾. 因此$|a|$是素数,即 G 是素数阶循环群.

习　题　2.8

1. 由假设,$N=\{e,n\}$. 因为 $N\lhd G$,所以 $\forall\, a\in G$, $ana^{-1}\in N$. 由于$|ana^{-1}|=|n|$,从而 $ana^{-1}=n$,即 $an=na$. 又显然,$ae=ea$. 因此$N\subseteq C(G)$.

2. 因$[G:N]=2$,所以 $\forall\, a\in G\backslash N$, $G=N\cup aN=N\cup Na$,从而 $aN=G\backslash N=Na$. 又 $\forall\, a\in N$ 显然 $aN=N=Na$. 因此 $N\lhd G$.

4. 因为 $C_G(H)\subseteq N_G(H)$,且 $C_G(H)\leqslant G$,所以 $C_G(H)\leqslant N_G(H)$. 又 $\forall\, a\in N_G(H)$, $x\in C_G(H)$, $h\in H$,因为 $ha\in Ha=aH$,所以 $\exists\, h'\in H$ 使 $ha=ah'$,于是 $a^{-1}h=h'a^{-1}$,从而

$$axa^{-1}h=axh'a^{-1}=ah'xa^{-1}=haxa^{-1},$$

即 $axa^{-1}\in C_G(H)$. 因此,$C_G(H)\lhd N_G(H)$.

5. 设 $N\lhd G$,则 $\forall\, a,b\in G$,有

$$aN\cdot bN=a(Nb)N=a(bN)N=(ab)(NN)=(ab)N,$$

必要性得证. 下面证充分性. 由假设,$aN\cdot bN=cN$,则 $ab=(ae)(be)\in cN$,从而 $aN\cdot bN=$

$(ab)N$. 于是 $\forall a\in G, n\in N$,有 $(an)(a^{-1}n)\in aN\cdot a^{-1}N=(aa^{-1})N=eN=N$,所以 $ana^{-1}\in N$,因此 $N\lhd G$.

6. 因为 G 是 $2p$ 阶非交换群,由习题 2.3 第 5 题,$\exists e\neq a\in G$,使 $|a|>2$;再由习题 2.3 第 9 题,G 不是循环群,从而 $|a|\neq 2p$. 又由 Lagrange 定理的推论 1,$|a|\mid 2p$,因此 $|a|=p$. 从而 $N=(a)$ 是 G 的 p 阶子群,且 $[G:N]=2$,因此 N 是 G 的正规子群,$G=N\cup cN(c\notin N)$. 由于 $N=\{e, a, a^2, \cdots, a^{p-1}\}$,所以

$$G=\{e,a,a^2,\cdots,a^{p-1},c,ca,ca^2,\cdots,ca^{p-1}\}.$$

8. 若 A_4 有 6 阶子群 N,则 $[A_4:N]=2$,于是 $N\lhd A_4$. 而 A_4 含 1 个 1 阶元,3 个 2 阶元,8 个 3 阶元,从而 N 必含 3 阶元,不妨设 $\sigma_1=(1,2,3)\in N$. 因为 $N\lhd A_4$,所以 N 还含

$$\sigma_2=(1,2)(3,4)\sigma_1[(1,2)(3,4)]^{-1}=(1,4,2),$$
$$\sigma_3=(1,3)(2,4)\sigma_1[(1,3)(2,4)]^{-1}=(1,3,4),$$
$$\sigma_4=(1,4)(2,3)\sigma_1[(1,4)(2,3)]^{-1}=(2,4,3)$$

以及它们的逆元 $\sigma_1^{-1}=(1,3,2)$,$\sigma_2^{-1}=(1,2,4)$,$\sigma_3^{-1}=(1,4,3)$,$\sigma_4^{-1}=(2,3,4)$,这与 $|N|=6$ 矛盾. 因此,A_4 没有 6 阶子群.

9. 设 K 是商群 G/N 的任意一个子群,令

$$H=\{a\in G\mid aN\in K\},$$

因为 $eN=N\in K$,所以 $e\in H$,从而 $H\neq\varnothing$,而且 $\forall a,b\in H$,有

$$ab^{-1}N=(aN)(bN)^{-1}\in K,$$

所以 $ab^{-1}\in H$,从而 $H\leqslant G$. 又 $\forall n\in N$, $nN=N\in K$,所以 $n\in H$,从而 $N\subseteq H$. 因此 $K=H/N$,其中 H 是 G 的子群,且 $H\supseteq N$.

习　题　2.9

3. 因为 $H\leqslant G, K\lhd G$,由 2.8 节例 4 知,$HK\leqslant G$,所以 $K\lhd HK$,从而 HK/K 有意义,且 $HK/K=\{hK\mid h\in H\}$. 令

$$f: H\to HK/K,$$
$$h\mapsto hK,$$

则 f 是 H 到 HK/K 的满射. 又 $\forall h_1,h_2\in H$,有

$$f(h_1h_2)=(h_1h_2)K=h_1K\cdot h_2K=f(h_1)f(h_2),$$

从而 f 是 H 到 HK/K 的满同态,且

$$\begin{aligned}\operatorname{Ker} f&=\{h\in H\mid f(h)=K\}=\{h\in H\mid hK=K\}\\&=\{h\in H\mid h\in K\}=H\cap K.\end{aligned}$$

因此由定理 2.43,$H\cap K\lhd H$,且 $HK/K\cong H/H\cap K$.

5. 令

$$f:(6)\to \mathbf{Z}_5$$
$$6n\mapsto[6n],$$

证明 f 是(6)到 $\mathbf{Z}_5$ 的一个满同态,且

$$\operatorname{Ker} f=\{6n\in(6)\mid f(6n)=[0]\}$$

$$\begin{aligned}&=\{6n\in(6)\mid[6n]=[0]\}\\&=\{6n\in(6)\mid 5\mid 6n\}\\&=\{30m\mid m\in\mathbf{Z}\}=(30).\end{aligned}$$

因此由定理 2.43,$(30)\lhd(6)$,且$(6)/(30)\cong\mathbf{Z}_5$.

6. 因为 $N\leqslant G$,所以由定理 2.28(4),$f(N)\leqslant G'$. 又因为 G' 是交换群,所以 $f(N)\lhd G'$. 于是 $\forall n\in N,a\in G$,有

$$\begin{aligned}&f(ana^{-1})=f(a)f(n)f(a)^{-1}\in f(N)\\&\Rightarrow\exists m\in N\text{ 使 }f(ana^{-1})=f(m)\\&\Rightarrow f(ana^{-1}m^{-1})=e'(G'\text{ 的单位元})\\&\Rightarrow ana^{-1}m^{-1}\in\operatorname{Ker}f\\&\Rightarrow ana^{-1}m^{-1}\in N\\&\Rightarrow ana^{-1}\in N.\end{aligned}$$

因此 $N\lhd G$.

7. 令

$$f:\mathbf{Z}\to G,\quad n\mapsto a^n,$$

则 f 是 $\mathbf{Z}$ 到 G 的一个满射. 又 $\forall n_1,n_2\in\mathbf{Z}$,有

$$f(n_1+n_2)=a^{n_1+n_2}=a^{n_1}a^{n_2}=f(n_1)f(n_2),$$

所以 f 是满同态,且

(1) 当$|a|=\infty$时,

$$\operatorname{Ker}f=\{n\in\mathbf{Z}\mid f(n)=e\}=\{n\in\mathbf{Z}\mid a^n=e\}=0.$$

因此由定理 2.43,$G\cong\mathbf{Z}/\{0\}=\mathbf{Z}$.

(2) 当$|a|=m$时,

$$\begin{aligned}\operatorname{Ker}f&=\{n\in\mathbf{Z}\mid f(n)=e\}=\{n\in\mathbf{Z}\mid a^n=e\}\\&=\{n\in\mathbf{Z}\mid m\mid n\}=(m).\end{aligned}$$

因此由定理 2.43,$G\cong\mathbf{Z}/(m)=\mathbf{Z}_m$.

8. 由定理 2.28(5),$f^{-1}(N')\leqslant G$. 又 $\forall a\in f^{-1}(N')$,$x\in G$,有 $f(a)\in N'$,$f(x)\in G'$. 因为 $N'\lhd G'$,所以 $f(xax^{-1})=f(x)f(a)f(x)^{-1}\in N'$,从而 $xax^{-1}\in f^{-1}(N')$. 因此 $f^{-1}(N')\lhd G$.

复习题二

1. $$\mathbf{R}^*\times\mathbf{R}=\{(a,b)\mid a\in\mathbf{R}^*,b\in\mathbf{R}\}.$$

(1) $\forall(a,b),(c,d)\in\mathbf{R}^*\times\mathbf{R}$,有 $a,c\in\mathbf{R}^*$,$b,d\in\mathbf{R}$,于是 $ac\in\mathbf{R}^*$,$ad+b\in\mathbf{R}$,从而 $(a,b)\circ(c,d)=(ac,ad+b)\in\mathbf{R}^*\times\mathbf{R}$.

(2) $\forall(a,b),(c,d),(e,f)\in\mathbf{R}^*\times\mathbf{R}$,有

$$\begin{aligned}&[(a,b)\circ(c,d)]\circ(e,f)=(ac,ad+b)\circ(e,f)=(ace,acf+ad+b),\\&(a,b)\circ[(c,d)\circ(e,f)]=(a,b)\circ(ce,cf+d)=(ace,acf+ad+b),\end{aligned}$$

所以$[(a,b)\circ(c,d)]\circ(e,f)=(a,b)\circ[(c,d)\circ(e,f)]$,即$\circ$适合结合律.

(3) $(1,0)\in\mathbf{R}^*\times\mathbf{R}$，且 $\forall(a,b)\in\mathbf{R}^*\times\mathbf{R}$，有

$$(1,0)\circ(a,b)=(1\cdot a,1\cdot b+0)=(a,b),$$

所以 $(1,0)$ 是 $\mathbf{R}^*\times\mathbf{R}$ 的左单位元.

(4) $\forall(a,b)\in\mathbf{R}^*\times\mathbf{R}$，$\exists\left(\frac{1}{a},-\frac{b}{a}\right)\in\mathbf{R}^*\times\mathbf{R}$，且

$$\left(\frac{1}{a},-\frac{b}{a}\right)\circ(a,b)=\left(\frac{1}{a}\cdot a,\frac{1}{a}\cdot b-\frac{b}{a}\right)=(1,0),$$

所以 $\left(\frac{1}{a},-\frac{b}{a}\right)$ 是 (a,b) 的左逆元.

(5) $(1,2),(3,4)\in\mathbf{R}^*\times\mathbf{R}$，且 $(1,2)\circ(3,4)=(3,6)$，$(3,4)\circ(1,2)=(3,10)$，所以 $(1,2)\circ(3,4)\neq(3,4)\circ(1,2)$，即 $\circ$ 不适合交换律.

因此 $(\mathbf{R}^*\times\mathbf{R},\circ)$ 是一个非交换群.

2. (1) $\forall A,B,C\in 2^S$，有

$$\begin{aligned}(A+B)+C&=[(A+B)\cup C]\cap[(A+B)'\cup C']\\&=\{[(A\cup B)\cap(A'\cup B')]\cup C\}\\&\quad\cap\{[(A\cup B)\cap(A'\cup B')]'\cup C'\}\\&=\{(A\cup B\cup C)\cap(A'\cup B'\cup C)\}\\&\quad\cap\{[(A'\cap B')\cup(A\cap B)]\cup C'\}\\&=(A\cup B\cup C)\cap(A'\cup B'\cup C)\\&\quad\cap\{[(A'\cup B)\cap(B'\cup A)]\cup C'\}\\&=(A\cup B\cup C)\cap(A'\cup B'\cup C)\\&\quad\cap(A'\cup B\cup C')\cap(B'\cup A\cup C'),\\A+(B+C)&=[A\cup(B+C)]\cap[A'\cup(B+C)']\\&=\{A\cup[(B\cup C)\cap(B'\cup C')]\}\\&\quad\cap\{A'\cup[(B\cup C)\cap(B'\cup C')]'\}\\&=\{(A\cup B\cup C)\cap(A\cup B'\cup C')\}\\&\quad\cap\{A'\cup[(B'\cap C')\cup(B\cap C)]\}\\&=(A\cup B\cup C)\cap(A\cup B'\cup C')\\&\quad\cap\{A'\cup[(B'\cup C)\cap(C'\cup B)]\}\\&=(A\cup B\cup C)\cap(A\cup B'\cup C')\\&\quad\cap(A'\cup B'\cup C)\cap(A'\cup C'\cup B),\end{aligned}$$

所以 $(A+B)+C=A+(B+C)$，即 $+$ 适合结合律.

(2) $\forall A,B\in 2^S$，有

$$\begin{aligned}A+B&=(A\backslash B)\cup(B\backslash A)\\&=(B\backslash A)\cup(A\backslash B)=B+A,\end{aligned}$$

所以 $+$ 适合交换律.

(3) $\forall A\in 2^S$，有

$$A+\varnothing=(A\backslash\varnothing)\cup(\varnothing\backslash A)=A,$$

所以 2^S 有零元$\varnothing$.

(4) $\forall A\in 2^S$,有

$$A+A=(A\backslash A)\cup(A\backslash A)=\varnothing\cup\varnothing=\varnothing,$$

所以 A 有负元 A.

因此$(2^S,+)$是一个加群.

3. 先证存在性. 由于$(m,n)=1$,所以$\exists u,v\in\mathbf{Z}$,使

$$mu+nv=1, \tag{2.1}$$

于是

$$a=a^{mu+nv}\tau=a^{nv}a^{mu}=bc,$$

其中 $b=a^{nv}$,$c=a^{mu}$. 显然 $bc=cb$,且

$$b^m=(a^{nv})^m=a^{mnv}=e.$$

设$|b|=r$,则 $r|m$,且 $b^r=e$,即 $a^{rnv}=e$,由于$|a|=mn$,所以 $mn|rnv$,即 $m|rv$. 由(2.1)知$(m,v)=1$,从而 $m|r$. 因此$|b|=r=m$.

同理可证$|c|=n$.

再证唯一性. 若又有 $b_1,c_1\in G$,使

$$a=b_1c_1=c_1b_1,\ |b_1|=m,\ |c_1|=n,$$

则

$$b_1=b^{mu+nv}\tau_1=b_1^{mu}b_1^{nv}=b_1^{nv}=b_1^{nv}c_1^{nv}=(b_1c_1)^{nv}=a^{nv}=b.$$

再由 $bc=a=b_1c_1$ 得 $c=c_1$.

4. (1) 设$[m,n]=mk=nh$,则

$$(ab)^{[m,n]}=a^{[m,n]}b^{[m,n]}=a^{mk}b^{nh}=(a^m)^k(b^n)^h=e^ke^h=e,$$

因此$|ab|\,\Big|\,[m,n]$.

(2) 设 $m=p_1^{s_1}\cdots p_k^{s_k}p_{k+1}^{s_{k+1}}\cdots p_r^{s_r}$,$n=p_1^{t_1}\cdots p_k^{t_k}p_{k+1}^{t_{k+1}}\cdots p_r^{t_r}$,其中 $p_1,p_2,\cdots,p_r$ 是互不相同的素数,且

$$0\leqslant t_1\leqslant s_1,\cdots,0\leqslant t_k\leqslant s_k,0\leqslant s_{k+1}\leqslant t_{k+1},\cdots,0\leqslant s_r\leqslant t_r,$$

则

$$[m,n]=p_1^{s_1}\cdots p_k^{s_k}p_{k+1}^{t_{k+1}}\cdots p_r^{t_r},$$

$$|a^{p_{k+1}^{s_{k+1}}\cdots p_r^{s_r}}|=p_1^{s_1}\cdots p_k^{s_k},$$

$$|b^{p_1^{t_1}\cdots p_k^{t_k}}|=p_{k+1}^{t_{k+1}}\cdots p_r^{t_r}.$$

又因为$(p_1^{s_1}\cdots p_k^{s_k},p_{k+1}^{t_{k+1}}\cdots p_r^{t_r})=1$,且 $ab=ba$,因此由 2.3 节例 2 得

$$|a^{p_{k+1}^{s_{k+1}}\cdots p_r^{s_r}}b^{p_1^{t_1}\cdots p_k^{t_k}}|=[m,n].$$

5. (1) $\forall a^m,b^m\in G^{(m)}$,因为 G 是交换群,所以 $a^m(b^m)^{-1}=(ab^{-1})^m\in G^{(m)}$. 因此 $G^{(m)}\leqslant G$.

(2) $\forall a,b\in G_{(m)}$,则 $a^m=b^m=e$. 因为 G 是交换群,所以$(ab^{-1})^m=a^m(b^m)^{-1}=e$,于是 $ab^{-1}\in G_{(m)}$. 因此 $G_{(m)}\leqslant G$.

6. 由假设$[s,t]=d$,则 $s|d,t|d$,所以 $a^d\in H,a^d\in K$,从而$(a^d)\subseteq H\cap K$.

反之，$\forall x\in H\cap K$，有 $x=a^{sk}=a^{th}$.

① 当$|a|=\infty$时，有 $sk=th$，于是 $s|th,t|th$，从而 $d|th$，所以 $x=a^{th}\in(a^d)$. 因此 $H\cap K=(a^d)$.

② 当$|a|=m$，且$(s,t)=1$ 时，有 $sk-th=mq(q\in\mathbf{Z})$，于是$(m,s)|th$. 由于$(s,t)=1$，从而$(m,s)|h$，即 $h=(m,s)r=(mu+sv)r(r,u,v\in\mathbf{Z})$，所以 $x=a^{th}=a^{stvr}\in(a^{st})=(a^d)$. 因此$H\cap K=(a^d)$.

③ 当$|a|=m$，且$(s,t)\neq1$ 时，有 $s=(s,t)s_1,t=(s,t)t_1,(s_1,t_1)=1$，所以 $H\cap K=(a^s)\cap(a^t)=((a^{(s,t)})^{s_1})\cap((a^{(s,t)})^{t_1})=((a^{(s,t)})^{s_1t_1})=(a^{(s,t)s_1t_1})=(a^d)$

注 对于②，③，即当$|a|=m$ 时，也可以证明 $H\cap K$ 与(a^d)包含的元素个数相等，从而得到 $H\cap K=(a^d)$.

设$|a|=m$，则$|H|=\dfrac{m}{(m,s)}$，$|K|=\dfrac{m}{(m,t)}$，而$|H\cap K|\,|\,|H|$，$|H\cap K|\,|\,|K|$，所以

$$|H\cap K|\,\Big|\left(\frac{m}{(m,s)},\frac{m}{(m,t)}\right).$$

由于$\left(\dfrac{m}{(m,s)},\dfrac{m}{(m,t)}\right)=\dfrac{m}{(m,d)}=|(a^d)|$，从而$|H\cap K|=|(a^d)|$.

因此 $H\cap K=(a^d)$.

7. 由于 $H\subseteq G,K\subseteq G$，所以 $HK\subseteq G$. 若 $HK\neq G$，则$\exists g\in G\backslash HK$，令

$$K^{-1}=\{k^{-1}\mid k\in K\},$$

则 $gK^{-1}=\{gk^{-1}|k\in K\}\subseteq G$. $\forall x\in gK^{-1}\cap H$，有

$$x=gk^{-1}=h\quad(k\in K,h\in H),$$

于是 $g=hk$，这与 $g\notin HK$ 矛盾，所以 $gK^{-1}\cap H=\varnothing$. 从而$|gK^{-1}|+|H|\leqslant|G|$. 由于$|gK^{-1}|=|K^{-1}|=|K|$，所以$|K|+|H|\leqslant|G|$，这与题设$|H|+|K|>|G|$矛盾，因此$G=HK$.

8. 设σ的一个循环置换因子为$(i_1i_2\cdots i_r)$，即$\sigma=(i_1i_2\cdots i_r)\cdots$. 设$\tau(i_k)=j_k(k=1,2,\cdots,r)$，则 $\tau^{-1}(j_k)=i_k$，所以$(\tau\sigma\tau^{-1})(j_k)=\tau(\sigma(\tau^{-1}(j_k)))=\tau(\sigma(i_k))=\tau(i_{k+1})=j_{k+1}$. 因此$\tau\sigma\tau^{-1}=(j_1j_2\cdots j_r)\cdots$.

9. 设$\sigma(i)=j,i\neq j$，要证σ不属于S_n 的中心，这只要证存在$\tau\in S_n$，使$(\tau\sigma\tau^{-1})(i)\neq j$. 取$k\neq i,j,\tau=(j,k)$，则$(\tau\sigma\tau^{-1})(i)=k$. 因此 S_n 的中心是单位元群.

10. (1) 首先若$\sigma\in S_p$ 是一个 p 项循环置换，则σ是 p 阶元. 其次，设$\sigma\in S_p$ 可以表为$t(t>1)$个互不相交的循环置换的乘积，则其每一个循环因子的阶都小于 p，由于 p 是素数，所以这些循环因子阶的最小公倍数，即σ的阶不等于 p. 由此可见，σ是 p 阶元当且仅当σ是 p 项循环置换.

而 S_p 的每一个 p 项循环置换都可以表为$(1j_2j_3\cdots j_p)$的形式，其中 $j_2j_3\cdots j_p$ 是 $2,3,\cdots,p$ 的一个排列. 所以 S_p 有且只有$(p-1)!$ 个 p 项循环置换，因此 S_p 有且只有$(p-1)!$ 个 p 阶元.

(2) 设 H 是S_p 的 p 阶子群，因为 p 是素数，所以 H 是循环群，且 H 包含 $p-1$ 个 p 阶元. 又 S_p 的每一个 p 阶元σ 属于一个 p 阶子群(σ)，因此 S_p 的$(p-1)!$ 个 p 阶元确定了S_p 的所有 p 阶子群，其个数为$\dfrac{(p-1)!}{p-1}=(p-2)!$.

11. 首先由复习题一 4(3)得 $H\subseteq\varphi^{-1}(\varphi(H))$. 其次 $\forall a\in\varphi^{-1}(\varphi(H))$, 有 $\varphi(a)\in\varphi(H)$, 即 $\exists h\in H$, 使 $\varphi(a)=\varphi(h)$. 于是 $\varphi(a)\varphi(h)^{-1}=e$, 即 $\varphi(ah^{-1})=e$. 从而 $ah^{-1}\in \mathrm{Ker}\ \varphi$. 由假设 $\mathrm{Ker}\ \varphi\subseteq H$, 所以 $ah^{-1}\in H$, 从而 $a\in H$. 于是 $\varphi^{-1}(\varphi(H))\subseteq H$. 因此 $\varphi^{-1}(\varphi(H))=H$.

12. 对 n 作数学归纳法.

当 $n=1$ 时, G 是 p 阶循环群, 从而 G 中每一个非单位元都是 p 阶元素.

假定对 $pk(1<k<n)$ 阶交换群命题成立, 下面来证对 pn 阶交换群 G 命题也成立. 取 $e\neq a\in G$, 若 $p\,|\,|a|$, 即 $|a|=ps$, 则 $|a^s|=p$, 命题得证. 若 $p\nmid|a|$, 设 $|a|=m$, 则 $(m,p)=1$. 由于 $m\,|\,pn$, 所以 $m|n$. 令 $N=(a)$, 由于 G 是交换群, 所以 $N\lhd G$, 且

$$|G/N|=p\cdot\frac{n}{m},\quad 1\leqslant\frac{n}{m}<n.$$

于是由归纳假设, 商群 G/N 有 p 阶元素 bN. 设 $|b|=r$, 则

$$(bN)^r=b^rN=N.$$

从而 $p|r$, 即 $r=pt$, 则 $|b^t|=p$.

13. 设 $G=a_1H\cup a_2H\cup\cdots$, $H=b_1K\cup b_2K\cup\cdots$, 则 $G=a_1b_1K\cup a_1b_2K\cup a_2b_1K\cup\cdots$. 若 $a_ib_jK\cap a_sb_tK\neq\varnothing$, 则 $a_ib_j=a_sb_tk$, $k\in K$, 于是 $a_i=a_sb_tkb_j^{-1}\in a_sH$, 所以 $a_i=a_s$, 于是 $b_j=b_t$, 即 $i=s$, $j=t$. 故此 $[G:K]=[G:H][H:K]$.

14. (1) $\forall n\in N, a\in G$, 因为 $N\subseteq C(G)$, 所以 $ana^{-1}=n\in N$, 因此 $N\lhd G$.

(2) 因为 G/N 是循环群, 所以 $\exists a\in G$, 使 $G/N=(aN)$. 于是 $\forall x\in G$, $\exists s\in\mathbf{Z}$, 使 $xN=(aN)^s=a^sN$. 从而 $x=a^sn$, $n\in N$. 同样 $\forall y\in G$, 有 $y=a^tm$, $m\in N$, $t\in\mathbf{Z}$. 于是

$$xy=(a^sn)(a^tm)=a^s(na^t)m=a^s(a^tn)m=a^{s+t}(nm),$$

$$yx=(a^tm)(a^sn)=a^t(ma^s)n=a^t(a^sm)n=a^{s+t}(mn).$$

由于 $nm=mn$, 所以 $xy=yx$. 因此 G 是交换群.

15. 设 $|H|=m$, 则 $\forall h\in H$ 有 $h^m=e$. 再设 $[G:N]=n$, 即 $|G/N|=n$, 由于 $hN\in G/N$, 所以 $h^nN=(hN)^n=N$, 从而 $h^n\in N$.

由假设 $(m,n)=1$, 所以 $\exists u,v\in\mathbf{Z}$, 使

$$mu+nv=1,$$

于是

$$h=h^{mu+nv}\tau=(h^m)^u(h^n)^v=e^u(h^n)^v=(h^n)^v\in N.$$

因此 $H\subseteq N$.

16. $\Rightarrow$. 设 $HK\leqslant G$, 则 $H\leqslant HK$, $K\leqslant HK$, 从而 $KH\subseteq HK$. 反之 $\forall hk\in HK(h\in H, k\in K)$, 因为 $HK\leqslant G$, 所以 $(hk)^{-1}\in HK$, 即 $(hk)^{-1}=h_1k_1\,(h_1\in H, k_1\in K)$. 于是 $hk=(h_1k_1)^{-1}=k_1^{-1}h_1^{-1}\in KH$, 从而 $HK\subseteq KH$. 因此 $HK=KH$.

$\Leftarrow$. 因为 $HK=KH$, 所以 $\forall hk, h_1k_1\in HK(h,h_1\in H; k,k_1\in K)$, 有

$$(h_1k_1)(hk)^{-1}=h_1(k_1k^{-1})h^{-1}=(h_1h')k'\in HK,$$

因此 $HK\leqslant G$.

17. (1) $\forall x\in G', g\in G$, 因为 $gxg^{-1}x^{-1}\in G'$, 所以 $gxg^{-1}=gxg^{-1}x^{-1}.x\in G'$, 因此 $G'\lhd G$.

(2) $\forall x,y\in G'$, 有 $x^{-1}y^{-1}xy=z\in G'$. 于是 $xy=yxz$, 所以 $[xy]=[yx]$, 即 $[x][y]=[y][x]$, 因此 G/G' 是交换群.

(3) $\Rightarrow$. 设 G/N 是交换群，则 $\forall x,y\in G$，有 $[x][y]=[y][x]$，于是 $xy=yxz, z\in N$. 所以 $x^{-1}y^{-1}xy=z\in N$. 因此 $G'\leqslant N$.

$\Leftarrow$. $\forall [x],[y]\in G/N$，有 $x^{-1}y^{-1}xy=z\in G'$. 因为 $G'\leqslant N$，所以 $z\in N$，于是 $[xy]=[yx]$，即 $[x][y]=[y][x]$，因此 G/N 是交换群.

18. 设 $e\neq a\in G$，则 $|a|\mid pq$，且 $|a|\neq 1$. 若 $|a|=pq$，则 $G=(a)$. 若 $|a|\neq pq$，因为 p,q 是素数，所以可设 $|a|=p$，于是 $|G/(a)|=q$. 令 $[e]\neq[b]\in G/(a)$，则 $b\notin(a)$，且 $b^q\in(a)$. 于是 $|b|\neq p$. 当 $|b|=pq$ 时，$G=(b)$. 当 $|b|=q$ 时，因为 G 是交换群，p,q 是两个不同的素数，所以 $|ab|=pq$，因此 $G=(ab)$.

19. 设 G 是一个 10 阶群. 若 G 包含 10 阶元 a，则 $G=(a)$. 若 G 不包含 10 阶元，此时 G 中非单位元不能都是 2 阶的，不然 G 包含一个 4 阶子群 $\{e,a,b,ab\}$，这与 Lagrange 定理矛盾. 所以 G 必包含 5 阶元 a，且 $(a)\lhd G$. 令 $[e]\neq[b]\in G/(a)$，则 $b\notin(a)$，且 $b^2\in(a)$. 于是 $|b|\neq 5$，从而 $|b|=2$. 因此

$$G=(a)\cup(a)b=\{e,a,a^2,a^3,a^4,b,ab,a^2b,a^3b,a^4b\}.$$

因为 $b\notin(a)$，所以 $ba\neq a^n(n=0,1,2,3,4)$. 又

① 若 $ba=ab$，则 $|ab|=10$，即 G 含 10 阶元，与假设矛盾；

② 若 $ba=a^2b$，则 $a=b(ba)=b(a^2b)=(ba^2)b=(a^4b)b=a^4$，矛盾；

③ 若 $ba=a^3b$，则 $a=b(ba)=b(a^3b)=(ba^3)b=(a^9b)b=a^4$，矛盾.

因此 $ba=a^4b$，从而 G 是非交换群，而且运算表为：

$\cdot$	e	a	a^2	a^3	a^4	b	ab	a^2b	a^3b	a^4b
e	e	a	a^2	a^3	a^4	b	ab	a^2b	a^3b	a^4b
a	a	a^2	a^3	a^4	e	ab	a^2b	a^3b	a^4b	b
a^2	a^2	a^3	a^4	e	a	a^2b	a^3b	a^4b	b	ab
a^3	a^3	a^4	e	a	a^2	a^3b	a^4b	b	ab	a^2b
a^4	a^4	e	a	a^2	a^3	a^4b	b	ab	a^2b	a^3b
b	b	a^4b	a^3b	a^2b	ab	e	a^4	a^3	a^2	a
ab	ab	b	a^4b	a^3b	a^2b	a	e	a^4	a^3	a^2
a^2b	a^2b	ab	b	a^4b	a^3b	a^2	a	e	a^4	a^3
a^3b	a^3b	a^2b	ab	b	a^4b	a^3	a^2	a	e	a^4
a^4b	a^4b	a^3b	a^2b	ab	b	a^4	a^3	a^2	a	e

20. 设 $|G|=m=p_1^{\alpha_1}p_2^{\alpha_2}\cdots p_r^{\alpha_r}$，$p_1<p_2<\cdots<p_r$，$p_i(i=1,2,\cdots,r)$ 都是素数. 由假设 $|G:N|=p_1$，于是 $|N|=n=p_1^{\alpha_1-1}p_2^{\alpha_2}\cdots p_r^{\alpha_r}$. 令 $x\in G\backslash N$，$K=N\cap xNx^{-1}$，$|K|=k$. 因为 $\frac{n}{k}\Big| m$，而 p_1 是 $|G|$ 的最小素因数，所以 $\frac{n}{k}=1$ 或 $\frac{n}{k}\geqslant p_1$. 由定理 2.39，集合 $N\cdot xNx^{-1}$ 包含 G 的 $n\cdot\frac{n}{k}$ 个元. 于是 $n\cdot\frac{n}{k}\leqslant m=np_1$. 从而 $\frac{n}{k}\leqslant p_1$. 若 $\frac{n}{k}\neq 1$，则 $\frac{n}{k}=p_1$，此时 $N\cdot xNx^{-1}$ 包含 G 的 $np_1=m$ 个元，于是 $N\cdot xNx^{-1}=G$，从而 $x^{-1}=a\cdot xbx^{-1}(a,b\in N)$. 所以 $x=a^{-1}b^{-1}\in N$，但这与 $x\notin N$ 矛盾. 因此，$\frac{n}{k}=1$，$n=k$，$N=K$，即 $N=xNx^{-1}$，从而 $N\lhd G$.

21. $\forall \sigma_a, \sigma_b \in \mathrm{Inn}(G)$,由于 $\forall x \in G$,

$$(\sigma_a\sigma_b)(x) = \sigma_a(\sigma_b(x)) = abxb^{-1}a^{-1} = (ab)x(ab)^{-1},$$

于是 $\sigma_a\sigma_b = \sigma_{ab} \in \mathrm{Inn}(G)$,且 $\sigma_a^{-1} = \sigma_{a^{-1}}$,从而 $\mathrm{Inn}(G) < \mathrm{Aut}(G)$. 又 $\forall f \in \mathrm{Aut}(G)$,$(f\sigma_a f^{-1})(x) = f(\sigma_a(f^{-1}(x))) = f(af^{-1}(x)a^{-1}) = f(a)xf(a)^{-1} = \sigma_{f(a)}(x)$,所以 $f\sigma_a f^{-1} = \sigma_{f(a)} \in \mathrm{Inn}(G)$. 因此 $\mathrm{Inn}(G) \lhd \mathrm{Aut}(G)$.

令 $\varphi: a \mapsto \sigma_a$,则 φ 是 G 到 $\mathrm{Inn}(G)$ 的满射,而且 $\varphi(ab) = \sigma_{ab} = \sigma_a\sigma_b = \varphi(a)\varphi(b)$,所以 φ 是满同态. 又

$$\begin{aligned}\mathrm{Ker}\,\varphi &= \{a \in G \mid \varphi(a) = \sigma_e\} \\ &= \{a \in G \mid ax = xa, \forall x \in G\} = C(G),\end{aligned}$$

因此由同态基本定理,$\mathrm{Inn}(G) \cong G/C(G)$.

第3章　环

习　题　3.1

1. $(a+b)^3 = a^3 + aba + ba^2 + b^2a + a^2b + ab^2 + bab + b^3$.

2. 因为$(R,+)$是 Klein 四元群,所以$(R,+)$是加群. 又由乘法表知:

(1) $\forall x \in R$,有 $0 \cdot x = x \cdot 0 = 0$;

(2) a 是右单位元,即 $\forall x \in R$,有 $xa = x$;

(3) $a+b$ 是右单位元,即 $\forall x \in R$,有 $x(a+b) = x$;

(4) $\forall x \in R$,有 $xb = 0$.

利用上述乘法表的特点,我们验证$(R,+,\cdot)$是一个环. 先证乘法适合结合律,即

$$(xy)z = x(yz), \quad \forall x,y,z \in R. \tag{3.1}$$

当 $z=0$ 或 $z=b$ 时,$(xy)z=0$,$x(yz)=x0=0$,所以(3.1)成立.

当 $z=a$ 或 $z=a+b$ 时,$(xy)z=xy$,$x(yz)=xy$,所以(3.1)成立.

从而$(R,\cdot)$是一个半群. 再证乘法对加法适合左分配律与右分配律,即

$$x(y+z) = xy + xz, \forall x,y,z \in R, \tag{3.2}$$

$$(y+z)x = yx + zx, \forall x,y,z \in R. \tag{3.3}$$

当 y,z 中至少有一个为零时,则(3.2)显然成立.

当 $y=z$ 时,$y+z=0$,于是 $x(y+z)=0=xy+xz$,所以(3.2)成立.

当 $y\neq z$,且都不为零时,分三种情形:

(1) $x(a+b)=x$,$xa+xb=x+0=x$;

(2) $x[a+(a+b)]=xb=0$,$xa+x(a+b)=x+x=0$;

(3) $x[b+(a+b)]=xa=x$,$xb+x(a+b)=0+x=x$;

所以(3.2)成立. 从而乘法对加法适合左分配律.

当 $x=0$ 或 $x=b$ 时,$(y+z)x=0$,$yx+zx=0+0=0$,所以(3.3)成立.

当 $x=a$ 或 $x=a+b$ 时,$(y+z)x=y+z$,$yx+zx=y+z$,所以(3.3)成立.

从而乘法对加法适合右分配律.

因此$(R,+,\cdot)$是一个环. 又由乘法表知,$(R,+,\cdot)$是无单位元的不可交换环.

3. 注意到乘法可交换,并对 n 作数学归纳法.

8. 设 1 是 R 的单位元,则 $\forall x,y\in R$,有

$$(x+y)(1+1)=x+y+x+y,(x+y)(1+1)=x+x+y+y,$$

所以 $x+y=y+x$,即加法适合交换律.

11. 设 $R=\{a_1,a_2,\cdots,a_n\}$,其中当 $i\neq j$ 时,$a_i\neq a_j$. 由于 R 是环,$b\in R$,所以 $ba_i\in R$. 且若 $ba_i=ba_j$,则 $a(ba_i)=a(ba_j)$,即$(ab)a_i=(ab)a_j$. 由假设 $ab=1$,于是 $a_i=a_j$. 所以当 $i\neq j$ 时,$ba_i\neq ba_j$,从而

$$R=\{ba_1,b_2,\cdots,ba_n\}.$$

由于 $1\in R$,所以 $\exists a_s\in R$,使 $ba_s=1$. 又

$$a_s=1\cdot a_s=(ab)a_s=a(ba_s)=a\cdot 1=a.$$

因此 $ba=1$.

12. (1) a) 设$[a]$是 $\mathbf{Z}_m$ 的可逆元,则 $\exists [b]\in\mathbf{Z}_m$,使$[a][b]=[1]$,即$[ab]=[1]$,于是 $m|ab-1$,所以 $\exists k\in\mathbf{Z}$,使 $ab-1=mk$,即 $ab-mk=1$,从而$(a,m)=1$.

反之,设$(a,m)=1$,则 $\exists u,v\in\mathbf{Z}$,使 $au+mv=1$,于是$[a][u]+[m][v]=[1]$,但$[m]=[0]$,所以$[a][u]=[1]$,即$[a]$是 $\mathbf{Z}_m$ 的可逆元.

b) 设$(a,m)=d>1$,则 $a=dc,m=dn$,其中 $1<n<m$,所以$[n]\neq[0]$. 而

$$[a][n]=[cd][n]=([c][d])[n]=[c]([d][n])=[c][dn]=[c][m]=[0],$$

因此$[a]$是零因子.

反之,若$(a,m)=1$,则$[a]$是可逆元,即 $\exists [b]\in\mathbf{Z}_m$,使$[b][a]=[1]$. 设$[a][x]=[0]$,则 $[b]([a][x])=[b][0]$,即$([b][a])[x]=[b][0]$. 于是$[1][x]=[0]$,即$[x]=[0]$. 从而$[a]$不是零因子.

(2) $\mathbf{Z}_{20}$的所有可逆元是[1],[3],[7],[9],[11],[13],[17],[19]. $\mathbf{Z}_{20}$的所有零因子是[2],[4],[5],[6],[8],[10],[12],[14],[15],[16],[18].

13. (1) 由 Lagrange 定理,$(F,+)$中非零元的阶只能是 1,2 或 4;又因为 F 的特征只能是素数,因此 $\mathrm{ch}F=2$.

(2) 因为$(F^*,\cdot)$是 3 阶群,所以是循环群,从而

$$F^*=\{1,a,a^2\},\quad F=\{0,1,a,a^2\}.$$

由于 $\mathrm{ch}F=2$,从而 F 是 Klein 四元群. 因此 F 的加法表与乘法表分别如下:

$+$	0	1	a	a^2
0	0	1	a	a^2
1	1	0	a^2	a
a	a	a^2	0	1
a^2	a^2	a	1	0

$\cdot$	0	1	a	a^2
0	0	0	0	0
1	0	1	a	a^2
a	0	a	a^2	1
a^2	0	a^2	1	a

(3) a 与 a^2 都适合方程 $x^2=x+1$.

14. $\forall a\in R$,有 $a^2=a$,且

$$2a=(2a)^2=4a^2=4a,$$

于是 $2a=0$. 又因为 $|R|>1$,所以 $\mathrm{ch}\,R=2$.

习 题 3.2

3. $S_1 \cap S_2 = \{15n \mid n \in \mathbf{Z}\}$.

习 题 3.3

2. $\mathbf{Z}_{15}$ 到 $\mathbf{Z}_3$ 有且只有两个同态：

$$f_1: \mathbf{Z}_{15} \to \mathbf{Z}_3,$$
$$[n] \mapsto \bar{0},$$
$$f_2: \mathbf{Z}_{15} \to \mathbf{Z}_3,$$
$$[n] \mapsto \bar{n}.$$

3. 因为整数环有单位元 1，而偶数环无单位元，因此整数环与偶数环不同构.

4. 恒等映射

$$I_Q: \mathbf{Q} \to \mathbf{Q},$$
$$x \mapsto x$$

是 $\mathbf{Q}$ 的自同构.

设 φ 是 $\mathbf{Q}$ 的任意一个自同构，则 $\varphi(0)=0, \varphi(1)=1$. 又 $\forall n \in N$，有

$$\varphi(n) = \varphi\overbrace{(1+1+\cdots+1)}^{n个} = \overbrace{\varphi(1)+\varphi(1)+\cdots+\varphi(1)}^{n个} = n.$$

$\varphi(-n) = -\varphi(n) = -n$. 再 $\forall 0 \neq m \in \mathbf{Z}$，有 $\varphi(m^{-1}) = (\varphi(m))^{-1} = m^{-1}$. 从而 $\varphi\left(\frac{n}{m}\right) = \varphi(n)\varphi(m^{-1}) = \frac{n}{m}$. 所以 $\mathbf{Q}$ 只有一个自同构，即恒等映射.

5. (1) $\forall A, B \in F$，设 $A = \begin{pmatrix} a & b \\ -b & a \end{pmatrix}$，$B = \begin{pmatrix} c & d \\ -d & c \end{pmatrix}$，则

$$A - B = \begin{pmatrix} a & b \\ -b & a \end{pmatrix} - \begin{pmatrix} c & d \\ -d & c \end{pmatrix} = \begin{pmatrix} a-c & b-d \\ -(b-d) & a-c \end{pmatrix} \in F,$$

$$AB = \begin{pmatrix} a & b \\ -b & a \end{pmatrix}\begin{pmatrix} c & d \\ -d & c \end{pmatrix} = \begin{pmatrix} ac-bd & ad+bc \\ -(ad+bc) & ac-bd \end{pmatrix} = \begin{pmatrix} c & d \\ -d & c \end{pmatrix}\begin{pmatrix} a & b \\ -b & a \end{pmatrix} = BA.$$

又当 $B \neq O$ 时，实数 c, d 不全为零，所以 $|B| = c^2 + d^2 \neq 0$. 于是

$$AB^{-1} = \begin{pmatrix} a & b \\ -b & a \end{pmatrix}\begin{pmatrix} c & d \\ -d & c \end{pmatrix}^{-1} = \frac{1}{|B|}\begin{pmatrix} ac+bd & bc-ad \\ -(bc-ad) & ac+bd \end{pmatrix} \in F.$$

因此 F 是 $M_2(\mathbf{R})$ 的一个子域.

(2) $\forall a+bi, c+di \in \mathbf{C}$，令 $A = \begin{pmatrix} a & b \\ -b & a \end{pmatrix}$，$B = \begin{pmatrix} c & d \\ -d & c \end{pmatrix}$，且作 $\mathbf{C}$ 到 F 的映射

$$f: a+bi \mapsto A.$$

a) 若 $f(a+bi) = f(c+di)$，即 $\begin{pmatrix} a & b \\ -b & a \end{pmatrix} = \begin{pmatrix} c & d \\ -d & c \end{pmatrix}$，则 $\begin{cases} a=c, \\ b=d, \end{cases}$ 于是 $a+bi = c+di$，从而 f 是单射.

b) $\forall D\in F$,设 $D=\begin{pmatrix} g & h \\ -h & g \end{pmatrix}$,则 $\exists g+hi\in \mathbf{C}$,且 $f(g+hi)=D$,从而 f 是满射.

c) $$f((a+bi)+(c+di))=f((a+c)+(b+d)i)$$
$$=\begin{pmatrix} a+c & b+d \\ -(b+d) & a+c \end{pmatrix}=\begin{pmatrix} a & b \\ -b & a \end{pmatrix}+\begin{pmatrix} c & d \\ -d & c \end{pmatrix}$$
$$=A+B=f(a+bi)+f(c+di),$$
$$f((a+bi)(c+di))=f((ac-bd)+(ad+bc)i)$$
$$=\begin{pmatrix} ac-bd & ad+bc \\ -(ad+bc) & ac-bd \end{pmatrix}=\begin{pmatrix} a & b \\ -b & a \end{pmatrix}\begin{pmatrix} c & d \\ -d & c \end{pmatrix}$$
$$=AB=f(a+bi)f(c+di),$$
因此 f 是复数域 $\mathbf{C}$ 到二阶全矩阵环 $M_2(R)$ 上的同构,从而 $\mathbf{C}\cong F$.

习　题　3.4

1. 令 $A=\{4r\mid r\in 2\mathbf{Z}\}$,因为 $0\in A$,所以 $A\neq\varnothing$. 又 $\forall 4r_1,4r_2\in A,r'\in 2\mathbf{Z}$,有 $4r_1-4r_2=4(r_1-r_2)\in A,4r_1\cdot r'=4(r_1r')\in A$,因此 $A\lhd R$.

$(4)=\{4r+4n\mid r\in 2\mathbf{Z},n\in \mathbf{Z}\}=\{4n\mid n\in \mathbf{Z}\}$. 由于 $4\notin A$,因此 $A\neq(4)$. 实际上 $A=(8)\subset(4)$.

2. $\mathbf{Z}_6$ 有且只有四个理想:$\{[0]\},\{[0],[3]\},\{[0],[2],[4]\},\mathbf{Z}_6$.

5. $(2,x)=(1)$是主理想.

6. $R/A=\left\{\left[\begin{pmatrix} a & 0 \\ 0 & c \end{pmatrix}\right]\middle| a,c\in \mathbf{Z}\right\}$.

7. $\mathbf{Z}[i]/(1+i)=\{[0],[1]\}$.

8. 由 2.9 节例 2 知,
$$\varphi:R/B\to R/A,$$
$$r+B\mapsto r+A$$
是加群的满同态. 又 $\forall r_1+B,r_2+B\in R/B$,有
$$f((r_1+B)(r_2+B))=f(r_1r_2+B)=r_1r_2+A$$
$$=(r_1+A)(r_2+A)=f(r_1+B)f(r_2+B),$$
所以 f 是环 R/B 到 R/A 的满同态. 且
$$\operatorname{Ker} f=A/B,$$
因此由环同态基本定理得:$R/A\cong(R/B)/(A/B)$.

9. $\operatorname{Ker} f=\{(a,0)\mid a\in \mathbf{Z}\},R/\operatorname{Ker} f\cong \mathbf{Z}$.

10. 令
$$\varphi:\mathbf{Z}[x]\to \mathbf{Z}[i],$$
$$f(x)\mapsto f(i),$$
则容易验证 φ 是环满同态,且
$$\operatorname{Ker}\varphi=\{f(x)\mid \varphi(f(x))=0\}=\{f(x)\mid f(i)=0\}$$
$$=\{f(x)\mid x^2+1\mid f(x)\}=(x^2+1).$$

因此由环同态基本定理得：$\mathbf{Z}[x]/(x^2+1)\cong\mathbf{Z}[i]$.

习　题　3.5

1. (1) $\mathbf{Z}$ 的素理想是：$\mathbf{Z}$，(p)（p 是素数），(0). 极大理想是：(p)（p 是素数）.

(2) $\mathbf{Z}_{12}$ 的素理想是：$\mathbf{Z}_{12}$，$\{[0],[2],[4],[6],[8],[10]\}$，$\{[0],[3],[6],[9]\}$. 极大理想是：$\{[0],[2],[4],[6],[8],[10]\}$，$\{[0],[3],[6],[9]\}$.

2. 由习题 1 知，$\mathbf{Z}$ 的素理想只有三种：(0)，(p)（p 是素数），$\mathbf{Z}$. 因此，(p^2)，$(2p)$ 都不是 $\mathbf{Z}$ 的素理想.

3. (1) 由习题 3.4 第 1 题知，$(4)=\{4n\mid n\in\mathbf{Z}\}$，所以 $2\notin(4)$，从而 $(4)\neq 2\mathbf{Z}$. 又设有 $2\mathbf{Z}$ 的理想 N，使 $(4)\subset N$，则 $\exists\, 2m\in N\setminus(4)$. 因为 $2m\notin(4)$，所以 m 为奇数，即 $m=2k+1$. 因为 $4k+2=2m\in N$，$4k\in(4)\subset N$，所以 $2=(4k+2)-4k\in N$. 从而 $N=2\mathbf{Z}$. 因此 (4) 是偶数环 $2\mathbf{Z}$ 的极大理想.

(2) 由于 $2\cdot 2=4\in(4)$，而 $2\notin(4)$，因此 (4) 不是偶数环 $2\mathbf{Z}$ 的素理想.

习　题　3.6

2. (1)，(2)，(4) 为真；(3)，(5) 为假.

3. 首先 $F\subseteq F$ 的商域. 反之，因为 F 是域，所以 $\forall a,b\in F, b\neq 0$，有 $\frac{a}{b}\in F$，从而 $\left\{\frac{a}{b}\,\middle|\, a,b\in F, b\neq 0\right\}\subseteq F$. 因此 F 的商域就是 F.

又证　因为 F 的商域是包含 F 的最小的域，所以 F 的商域 $=F$.

4. R 的商域是 $\{a+b\sqrt{2}\mid a,b\in\mathbf{Q}\}$.

5. $\mathbf{Z}[i]$ 的商域是 $\{a+bi\mid a,b\in\mathbf{Q}\}$，即 Gauss 数域.

6. $P[x]$ 的商域是 $\left\{\frac{f(x)}{g(x)}\,\middle|\, f(x),g(x)\in P[x], g(x)\neq 0\right\}$.

习　题　3.7

3. 显然 x^2 是 R 上的未定元，$R[x^2]\subseteq R[x]$，且 $x\notin R[x^2]$，所以 $R[x^2]$ 是 $R[x]$ 的真子环. 令

$$\varphi: R[x]\rightarrow R[x^2],$$
$$f(x)\mapsto f(x^2),$$

则 φ 是 $R[x]$ 到 $R[x^2]$ 的同构.

4. $[5]x^5-[3]x^4+x^3+[5]x-[5]$.

5. (1) 因为 $\alpha_1\alpha_2=\alpha_2\alpha_1$，所以 $\forall f(\alpha_1,\alpha_2)\in R[\alpha_1,\alpha_2]$，有

$$f(\alpha_1,\alpha_2)=\sum_{i_1 i_2} a_{i_1 i_2}\alpha_1^{i_1}\alpha_2^{i_2}=\sum_{i_1 i_2} a_{i_1 i_2}\alpha_2^{i_2}\alpha_1^{i_1}\in R[\alpha_2,\alpha_1],$$

从而 $R[\alpha_1,\alpha_2]\subseteq R[\alpha_2,\alpha_1]$. 同理 $R[\alpha_2,\alpha_1]\subseteq R[\alpha_1,\alpha_2]$. 因此 $R[\alpha_1,\alpha_2]=R[\alpha_2,\alpha_1]$.

(2) 反设某一个 x_i 不是 R 上的未定元，则存在不全为零的 $a_0,a_1,\cdots a_s\in R$，使 $a_0+a_1x_i+\cdots+a_sx_i^s=0$，那么

$$a_0+a_1x_1^0\cdots x_i\cdots x_n^0+\cdots+a_s x_1^0\cdots x_i^s\cdots x_n^0=0,$$

这与 $x_1,x_2,\cdots,x_n$ 是R 上的无关未定元矛盾.

习 题 3.8

1. 设 T 是 S 的任意一个有限子集,则 $F(T)\subseteq F(S)$. 令 K 是一切添加 S 的有限子集于 F 所得的子域的并,即

$$K=\bigcup_{T\subseteq S}F(T),$$

则 $K\subseteq F(S)$. 又 $\forall\beta\in F(S)$,有 $\beta=\dfrac{f(\alpha_1,\alpha_2,\cdots,\alpha_n)}{g(\alpha_1,\alpha_2,\cdots,\alpha_n)}$,$\alpha_i\in S$,于是 $\beta\in F(\alpha_1,\alpha_2,\cdots,\alpha_n)$,所以 $\beta\in K$,从而 $F(S)\subseteq K$. 因此 $K=F(S)$是一个域.

2. i 在 $\mathbf{Q}$ 上的极小多项式是 $p_1(x)=x^2+1$. $\dfrac{2i+1}{i-1}=\dfrac{1}{2}-\dfrac{3}{2}i$ 在 $\mathbf{Q}$ 上的极小多项式是 $p_2(x)=x^2-x+\dfrac{5}{2}$.

3. $[\mathbf{Q}(\sqrt{2},\sqrt{3}):\mathbf{Q}]=[\mathbf{Q}(\sqrt{2},\sqrt{3}):\mathbf{Q}(\sqrt{2})][\mathbf{Q}(\sqrt{2}):\mathbf{Q}]=4$.

4. 反设 $\mathbf{Q}(\sqrt{2})\overset{\varphi}{\cong}\mathbf{Q}(i)$,且 $\varphi(\sqrt{2})=a+bi$,则 $(a+bi)^2=\varphi(\sqrt{2}\cdot\sqrt{2})=\varphi(2)=\varphi(1+1)=\varphi(1)+\varphi(1)=1+1=2$,于是 $a^2-b^2=2,ab=0$,出现矛盾.

5. $\forall\alpha\in E,\alpha\notin F$,有$[E:F(\alpha)][F(\alpha):F]=[E:F]=5$,且 $F(\alpha)\neq F$,于是$[E:F(\alpha)]=1$,因此 $E=F(\alpha)$.

6. 设$[E:F]=t$,则 E 在 F 上有一个基:$\alpha_1,\alpha_2,\cdots,\alpha_t$,因此 $E=F(\alpha_1,\alpha_2,\cdots,\alpha_t)$.

8. 因为 α 是 E 上的代数元,所以存在非零多项式:

$$f(x)=a_nx^n+a_{n-1}x^{n-1}+\cdots+a_0,\quad a_i\in E,$$

使

$$a_n\alpha^n+a_{n-1}\alpha^{n-1}+\cdots+a_0=0,$$

从而 α 是 $K=F(a_n,a_{n-1},\cdots,a_0)$上的代数元,于是由定理 3.33,$K(\alpha)$是 K 的有限扩域;又由于 E 是域 F 的代数扩域,于是 a_i 都是 F 上的代数元,由第 7 题,K 是 F 的有限扩域. 因此,$K(\alpha)$是 F 的有限扩域. 再由定理 3.36,$K(\alpha)$是 F 的代数扩域. 因此,α 是 F 上的代数元.

10. x^4+1 有四个根:$\alpha_1=\dfrac{\sqrt{2}}{2}(1+i)$,$\alpha_2=\dfrac{\sqrt{2}}{2}(1-i)$,$\alpha_3=\dfrac{\sqrt{2}}{2}(-1+i)$,$\alpha_4=\dfrac{\sqrt{2}}{2}(-1-i)$,而 $\alpha_2=-\alpha_1^3,\alpha_3=\alpha_1^3,\alpha_4=-\alpha_1$,所以 x^4+1 的分裂域是$\mathbf{Q}(\alpha_1,\alpha_2,\alpha_3,\alpha_4)=\mathbf{Q}(\alpha_1)$.

11. 不一定. 例如,x^2-2 与 x^2-8 在有理数域 $\mathbf{Q}$ 上有相同的分裂域:$\mathbf{Q}(\sqrt{2})$.

习 题 3.9

1. 将 $\mathbf{Z}_3$ 中的元素简记作 0,1,2,则 $\mathbf{Z}_3[x]$的所有二次不可约多项式是:x^2+1,x^2+x+2,x^2+2x+2.

2. x^3+x^2+1,x^3+x+1 是 $P[x]$上的所有三次不可约多项式.

3. 因为 $8=2^3$,所以 E 的素域 $P\cong\mathbf{Z}_2$,且$[E:P]=3$. 取 $\mathbf{Z}_2$ 上的不可约多项式 $p(x)=x^3+x+1$,并设 α 是 $p(x)$的零点,则 $\alpha^3+\alpha+1=0$,于是

$$E=P(\alpha)=\{0,1,\alpha,1+\alpha,\alpha^2,1+\alpha^2,\alpha+\alpha^2,1+\alpha+\alpha^2\},$$

其运算表可以用例 1 中的方法自行制作.

4. 因为 R/A 是有限整环,所以它是域.

复 习 题 三

1. (1) 由复习题二第 1 题知,$(2^S,+)$是一个加群;

(2) 由 2.1 节例 2 知,$(2^S,\cap)$是一个交换半群,而且有单位元 S;

(3) 由 1.1 节集合运算的性质与习题 6(5)可得,$\forall A,B,C$ 有

$$\begin{aligned}C\cap(A+B)&=C\cap[(A\backslash B)\cup(B\backslash A)]\\&=[C\cap(A\backslash B)]\cup[C\cap(B\backslash A)]\\&=[(C\cap A)\backslash(C\cap B)]\cup[(C\cap B)\backslash(C\cap A)]\\&=(C\cap A)+(C\cap B),\end{aligned}$$

所以$\cap$对于$+$适合分配律.

因此,$(2^S,+,\cap)$是一个有单位元的交换环.

2. 按定义直接验证$(R,\oplus,\odot)$是环,而且 0 是其单位元.

3. (1) $\forall x\in R$,有 $x+x=(x+x)^2=x^2+x^2+x^2+x^2=x+x+x+x$,所以 $x+x=0$.

(2) $\forall x,y\in R$,有 $x+y=(x+y)^2=x^2+xy+yx+y^2=x+xy+yx+y$,所以 $xy+yx=0$. 再由(1)得 $xy=yx$.

4. $0\neq x+y\sqrt{2}\in\mathbf{Z}(\sqrt{2})$是可逆元

$\Leftrightarrow\exists a+b\sqrt{2}\in\mathbf{Z}(\sqrt{2})$使$(x+y\sqrt{2})(a+b\sqrt{2})=1$

$\Leftrightarrow a=\dfrac{x}{x^2-2y^2},b=\dfrac{-y}{x^2-2y^2}$是整数

$\Leftrightarrow x^2-2y^2=\pm1.$

所以 $\mathbf{Z}(\sqrt{2})$中的可逆元群是

$$\{x+y\sqrt{2}\mid x,y\in\mathbf{Z},x^2-2y^2=\pm1\}.$$

5. (2)

a) $\forall\begin{pmatrix}0&0&a_1\\0&0&a_2\\0&0&0\end{pmatrix},\begin{pmatrix}0&0&b_1\\0&0&b_2\\0&0&0\end{pmatrix}\in A,\begin{pmatrix}x_1&x_2&x_3\\0&x_4&x_5\\0&0&x_6\end{pmatrix}\in R$,有

$$\begin{pmatrix}0&0&a_1\\0&0&a_2\\0&0&0\end{pmatrix}-\begin{pmatrix}0&0&b_1\\0&0&b_2\\0&0&0\end{pmatrix}=\begin{pmatrix}0&0&a_1-b_1\\0&0&a_2-b_2\\0&0&0\end{pmatrix}\in A,$$

$$\begin{pmatrix}0&0&a_1\\0&0&a_2\\0&0&0\end{pmatrix}\begin{pmatrix}x_1&x_2&x_3\\0&x_4&x_5\\0&0&x_6\end{pmatrix}=\begin{pmatrix}0&0&a_1x_6\\0&0&a_2x_6\\0&0&0\end{pmatrix}\in A,$$

$$\begin{pmatrix}x_1&x_2&x_3\\0&x_4&x_5\\0&0&x_6\end{pmatrix}\begin{pmatrix}0&0&a_1\\0&0&a_2\\0&0&0\end{pmatrix}=\begin{pmatrix}0&0&a_1x_1+a_2x_2\\0&0&a_2x_4\\0&0&0\end{pmatrix}\in A,$$

因此 $A \lhd R$.

b) $\forall \begin{pmatrix} 0 & 0 & 0 \\ 0 & 0 & a_1 \\ 0 & 0 & 0 \end{pmatrix}, \begin{pmatrix} 0 & 0 & 0 \\ 0 & 0 & b_1 \\ 0 & 0 & 0 \end{pmatrix} \in B, \begin{pmatrix} 0 & 0 & x_1 \\ 0 & 0 & x_2 \\ 0 & 0 & 0 \end{pmatrix} \in A$,有

$$\begin{pmatrix} 0 & 0 & 0 \\ 0 & 0 & a_1 \\ 0 & 0 & 0 \end{pmatrix} - \begin{pmatrix} 0 & 0 & 0 \\ 0 & 0 & b_1 \\ 0 & 0 & 0 \end{pmatrix} = \begin{pmatrix} 0 & 0 & 0 \\ 0 & 0 & a_1-b_1 \\ 0 & 0 & 0 \end{pmatrix} \in B,$$

$$\begin{pmatrix} 0 & 0 & 0 \\ 0 & 0 & a_1 \\ 0 & 0 & 0 \end{pmatrix} \begin{pmatrix} 0 & 0 & x_1 \\ 0 & 0 & x_2 \\ 0 & 0 & 0 \end{pmatrix} = \begin{pmatrix} 0 & 0 & 0 \\ 0 & 0 & 0 \\ 0 & 0 & 0 \end{pmatrix} \in B,$$

$$\begin{pmatrix} 0 & 0 & x_1 \\ 0 & 0 & x_2 \\ 0 & 0 & 0 \end{pmatrix} \begin{pmatrix} 0 & 0 & 0 \\ 0 & 0 & a_1 \\ 0 & 0 & 0 \end{pmatrix} = \begin{pmatrix} 0 & 0 & 0 \\ 0 & 0 & 0 \\ 0 & 0 & 0 \end{pmatrix} \in B,$$

因此 $B \lhd A$.

c) 取 $\begin{pmatrix} 0 & 0 & 0 \\ 0 & 0 & 1 \\ 0 & 0 & 0 \end{pmatrix} \in B, \begin{pmatrix} 0 & 1 & 0 \\ 0 & 0 & 0 \\ 0 & 0 & 0 \end{pmatrix} \in R$,而 $\begin{pmatrix} 0 & 1 & 0 \\ 0 & 0 & 0 \\ 0 & 0 & 0 \end{pmatrix} \begin{pmatrix} 0 & 0 & 0 \\ 0 & 0 & 1 \\ 0 & 0 & 0 \end{pmatrix} = \begin{pmatrix} 0 & 0 & 1 \\ 0 & 0 & 0 \\ 0 & 0 & 0 \end{pmatrix} \notin B$,因此 B 不是 R 的理想.

(此题表明理想不具有传递性.)

6. 显然 $B \leqslant R$. $\forall b \in B, r \in R$,因为 A 有单位元 1,又 $A \lhd R$,所以 $r = r \cdot 1 \in A$. 于是由 $B \lhd A$ 得 $rb, br \in B$,因此 $B \lhd R$.

7. (1)是理想,(2)与(3)都不是理想.

8. (1)设 $a+bi \in (2+i)$,则

$$a + bi = (x + yi)(2 + i) = (2x - y) + (x + 2y)i.$$

所以 $a = 2x - y, b = x + 2y$,从而 $2a + b = 5x$,即 $5 \mid 2a + b$.

反之,设 $5 \mid 2a + b$,即 $2a + b = 5t, t \in \mathbf{Z}$,于是

$$a + bi = a + (5t - 2a)i = [t + (2t - a)i](2 + i) \in (2 + i).$$

因此 $(2+i) = \{a + bi \mid a, b \in \mathbf{Z}, 且\ 5 \mid 2a + b\}$.

(2) $\forall a + bi \in \mathbf{Z}[i]$,有 $a + bi = (a - 2b) + b(2 + i)$,所以 $[a + bi] = [a - 2b]$. 再设

$$a - 2b = 5q + r, q, r \in \mathbf{Z}, \quad 0 \leqslant r < 5.$$

因为 $5 = (2-i)(2+i) \in (2+i)$,所以 $[a-2b] = [r]$,其中 $r = 0,1,2,3,4$. 又当 $i, j = 0,1,2,3,4$, $i \neq j$ 时,$[i] \neq [j]$. 因此 $\mathbf{Z}[i]/(2+i) = \{[0],[1],[2],[3],[4]\}$.

9. 作 R 到 R/A 的自然同态:

$$\pi: R \to R/A,$$
$$x \mapsto [x],$$

$\forall x \in R$,因为 R/A 是诣零的,所以 $\exists n \in \mathbf{N}$,使 $[x]^n = [0]$,从而 $x^n \in A$. 又因为 A 是诣零的,所以 $\exists m \in \mathbf{N}$,使 $(x^n)^m = 0$. 因此 R 是诣零的.

10. (1) 令

$$R_0 = \{k \cdot 1 \mid k \in \mathbf{Z}\},$$

容易证明 $R_0 \leqslant R$. 又设 S 是 R 的含单位元 1 的任一子环，因为 $1 \in S$，所以 $\forall k \in \mathbf{Z}, k \cdot 1 \in S$，因此 R_0 是 R 的素环.

(2) 令

$$\varphi: \mathbf{Z} \to R_0,$$
$$k \mapsto k \cdot 1,$$

容易证明 φ 是满同态. 现设 $\mathrm{ch}R = m$，则

$$\mathrm{Ker}\,\varphi = \{k \mid \varphi(k) = 0\} = \{k \mid k \cdot 1 = 0\} = (m).$$

所以，由环同态基本定理得：$R_0 \cong \mathbf{Z}/(m)$. 当 $m=0$ 时，$R_0 \cong \mathbf{Z}$；当 $m \neq 0$ 时，$R_0 \cong \mathbf{Z}/(m) \cong \mathbf{Z}_m$.

11. $(x,m) = \{xf(x) + mg(x) \mid f(x), g(x) \in \mathbf{Z}[x]\} = \{xf(x) + km \mid f(x) \in \mathbf{Z}[x], k \in \mathbf{Z}\}$.

$\Rightarrow$. 若 m 是合数，即 $m = m_1 m_2$，$1 < m_1, m_2 < m$，则存在 $\mathbf{Z}[x]$ 的理想 (x, m_1)，使 $(x,m) \subset (x, m_1) \subset \mathbf{Z}[x]$，这与 (x,m) 是 $\mathbf{Z}[x]$ 的极大理想矛盾，因此 m 是素数.

$\Leftarrow$. 由于 m 是素数，所以 $(x,m) \neq \mathbf{Z}[x]$. 又设有 $\mathbf{Z}[x]$ 的理想 N，使 $(x,m) \subset N$，则 $\exists g(x) = xh(x) + g(0) \in N \setminus (x,m)$. 因为 $g(x) \notin (x,m)$，所以 $m \nmid g(0)$. 又因为 m 是素数，所以 $(m, g(0)) = 1$，即 $\exists u, v \in \mathbf{Z}$，使 $um + vg(0) = 1$. 由于 $x[-vh(x)] + um \in (x,m) \subset N$，$g(x) \in N$，而 N 是 $\mathbf{Z}[x]$ 的理想，所以 $1 = um + vg(0) = um + v[g(x) - xh(x)] = x[-vh(x)] + um + vg(x) \in N$.

从而 $N = \mathbf{Z}[x]$. 因此 (x,m) 是 $\mathbf{Z}[x]$ 的极大理想.

又证　令 $\varphi: f(x) \mapsto [f(0)]$，$\forall f(x) \in \mathbf{Z}[x]$，则 φ 是整数环 $\mathbf{Z}$ 上一元多项式环 $\mathbf{Z}[x]$ 到模 m 的剩余类环 $\mathbf{Z}_m$ 的满射，且 $\forall f(x), g(x) \in \mathbf{Z}[x]$，有

$$\varphi(f(x) + g(x)) = [f(0) + g(0)] = [f(0)] + [g(0)] = \varphi(f(x)) + \varphi(g(x)),$$
$$\varphi(f(x)g(x)) = [f(0)g(0)] = [f(0)][g(0)] = \varphi(f(x))\varphi(g(x)),$$

所以 φ 是 $\mathbf{Z}[x]$ 到 $\mathbf{Z}_m$ 的满同态，其同态核：

$$\begin{aligned}\mathbf{Ker}\varphi &= \{f(x) \in \mathbf{Z}[x] \mid \varphi(f(x)) = [0]\} \\ &= \{f(x) \in \mathbf{Z}[x] \mid [f(0)] = [0]\} = \{f(x) \in \mathbf{Z}[x] \mid m \mid f(0)\} \\ &= \{xf(x) + km \mid f(x) \in \mathbf{Z}[x], k \in \mathbf{Z}\} = (x,m).\end{aligned}$$

于是由同态基本定理，得

$$\mathbf{Z}[x]/(x,m) \cong \mathbf{Z}_m.$$

由于 $\mathbf{Z}[x]$ 是有单位元的交换环，因此

(x,m) 是 $\mathbf{Z}[x]$ 的极大理想 $\Leftrightarrow \mathbf{Z}[x]/(x,m)$ 是域 $\Leftrightarrow Z_m$ 是域 $\Leftrightarrow m$ 是素数

12. 令

$$\varphi: \mathbf{R}[0,1] \to \mathbf{R},$$
$$f(x) \mapsto f(a),$$

容易证明 φ 是满同态，且

$$\begin{aligned}\mathrm{Ker}\,\varphi &= \{f(x) \mid \varphi(f(x)) = 0\} \\ &= \{f(x) \mid f(a) = 0\} \\ &= \mathbf{R}_a[0,1].\end{aligned}$$

所以，由环同态基本定理得：$\mathbf{R}_a[0,1]$是$\mathbf{R}[0,1]$，的理想，且$\mathbf{R}[0,1]/\mathbf{R}_a[0,1]\cong\mathbf{R}$. 由于$\mathbf{R}$是域，因此$\mathbf{R}_a[0,1]$是一个极大理想.

13. $\forall[0]\neq[a]\in R/A$，则$a\notin A$，令

$$A'=\{b+ax \mid b\in A, x\in R\},$$

则A'是R的包含A的理想，且$a^2\in A'$. 但是$a^2\notin A$，所以$A\subset A'$. 由假设A是R的一个极大理想，从而$A'=R$. 所以$\forall r\in R$，$\exists b\in A, x\in R$，使$r=b+ax$，于是$[r]=[ax]=[a][x]$，因此R/A是域.

14. 因为E是K的代数扩域，所以$\forall\alpha\in E$都是K上的代数元. 又由于K是F的代数扩域，由习题3.8第8题，α是F上的代数元，因此E是F的代数扩域.

15. $E=\mathbf{Q}(2^{\frac{1}{3}},2^{\frac{1}{3}}i)=\mathbf{Q}(2^{\frac{1}{3}},i)\supseteq\mathbf{Q}(2^{\frac{1}{3}})\supseteq\mathbf{Q}$. 因为$i\notin\mathbf{Q}(2^{\frac{1}{3}})$，而$i$是$\mathbf{Q}(2^{\frac{1}{3}})$上不可约多项式$x^2+1$的根，所以$[E:\mathbf{Q}(2^{\frac{1}{3}})]=2$. 又因为$2^{\frac{1}{3}}\notin\mathbf{Q}$，而$2^{\frac{1}{3}}$是$\mathbf{Q}$上不可约多项式$x^3-2$的根，所以$[\mathbf{Q}(2^{\frac{1}{3}}):\mathbf{Q}]=3$. 因此

$$[E:\mathbf{Q}]=[E:\mathbf{Q}(2^{\frac{1}{3}})][\mathbf{Q}(2^{\frac{1}{3}}):\mathbf{Q}]=6.$$

因为$K=\mathbf{Q}(2^{\frac{1}{3}},2^{\frac{1}{3}}\omega i)$，所以$\omega i\in K$，$i=-(\omega i)^3\in K$，$\sqrt{3}=\dfrac{2\omega+1}{i}\in K$，从而

$$K=\mathbf{Q}(2^{\frac{1}{3}},\sqrt{3},i)\supseteq\mathbf{Q}(2^{\frac{1}{3}},\sqrt{3})\supseteq\mathbf{Q}(2^{\frac{1}{3}})\supseteq\mathbf{Q}.$$

因此$[K:\mathbf{Q}(2^{\frac{1}{3}},\sqrt{3})]=2$，$[\mathbf{Q}(2^{\frac{1}{3}},\sqrt{3}):\mathbf{Q}(2^{\frac{1}{3}})]=2$，$[\mathbf{Q}(2^{\frac{1}{3}}):\mathbf{Q}]=3$，且$[K:\mathbf{Q}(2^{\frac{1}{3}})]=4$，$[K:\mathbf{Q}]=12$.

16. 因为$\sqrt{2}=(\sqrt[6]{2})^3$，$\sqrt[3]{2}=(\sqrt[6]{2})^2$，所以$\mathbf{Q}(\sqrt{2},\sqrt[3]{2})\subseteq\mathbf{Q}(\sqrt[6]{2})$；反之，因为$\sqrt[6]{2}=\dfrac{\sqrt{2}}{\sqrt[3]{2}}$，所以$\mathbf{Q}(\sqrt[6]{2})\subseteq\mathbf{Q}(\sqrt{2},\sqrt[3]{2})$. 因此$\mathbf{Q}(\sqrt{2},\sqrt[3]{2})=\mathbf{Q}(\sqrt[6]{2})$.

第4章　整环里的因子分解

习　题　4.1

2. $\mathbf{Z}[i]$有且只有四个单位$\pm1,\pm i$.

3. 先一般地证明满足$|a|^2=9$的元a是$\mathbf{Z}[i]$的不可约元. 显然$a\neq0$，而且由第2题知a也不是单位. 现设$b=m+ni$是a的因子，则$a=bc$，$c\in\mathbf{Z}[i]$. 于是$9=|a|^2=|b|^2|c|^2$，而$\forall m,n\in\mathbf{Z}$，$|b|^2=m^2+n^2\neq3$，于是$|b|^2=1$或9. 当$|b|^2=1$时，b为单位；当$|b|^2=9$时，有$|c|^2=1$，即c是单位，于是$b\sim a$. 从而b不是a的真因子. 因此a是$\mathbf{Z}[i]$的不可约元. 由于$|3|^2=9$，从而3是$\mathbf{Z}[i]$的不可约元.

因为$5=(2+i)(2-i)$，所以5是$\mathbf{Z}[i]$的可约元.

6. 若d是$a_1,a_2,\cdots,a_m$的最大公因子，由$a_i=d\,b_i$，$i=1,2,\cdots,m$及$a_1,a_2,\cdots,a_m$不全为零知$d\neq0$. 现设c是$b_1,b_2,\cdots,b_m$的一个公因子，则cd是$a_1,a_2,\cdots,a_m$的公因子，从而$cd\mid d$，于是$c\mid1$，即c是单位. 因此$b_1,b_2,\cdots,b_m$互素.

反之，令d_1是$a_1,a_2,\cdots,a_m$的一个最大公因子，则$a_i=d_1p_i$，$i=1,2,\cdots,m$. 又因为d是$a_1,a_2,\cdots,a_m$的公因子，所以$d\mid d_1$，即$d_1=dh$，于是$a_i=d_1p_i=dhp_i$. 又由$a_i=db_i$可得$db_i=dhp_i$.

而 $d\neq 0$,于是 $b_i=hp_i$,即 h 是 $b_1,b_2,\cdots,b_m$ 的一个公因子. 因为 $b_1,b_2,\cdots,b_m$ 互素,所以 h 是一个单位. 于是 $d\sim d_1$,因此 d 也是 $a_1,a_2,\cdots,a_m$ 的一个最大公因子.

习 题 4.2

1. 3 是 $\mathbf{Z}[\sqrt{10}]$的不可约元,但是 3 不是 $\mathbf{Z}[\sqrt{10}]$的素元. 由定理 4.11 得 $\mathbf{Z}[\sqrt{10}]$不是唯一分解环.

2. 仿习题 4.1 第 3 题,可以证明满足$|a|^2=5$ 的元 a 是 $\mathbf{Z}[i]$的不可约元. 从而 5 有不可约元的因子分解:

$$5=(2+i)(2-i).$$

又若

$$5=p_1p_2\cdots p_r,\quad p_i \text{ 是 } \mathbf{Z}[i] \text{ 的不可约元},$$

因为 5 是可约元,所以 5 的长 $r\geqslant 2$. 另一方面,

$$25=|5|^2=|p_1|^2|p_2|^2\cdots|p_r|^2,$$

其中 p_i 不是单位,从而$|p_i|^2\neq 1$,于是 $r=2$,即 $5=p_1p_2$,且$|p_1|^2=|p_2|^2=5$,所以 5 只有下列四种不可约元的因子分解:

$$\begin{aligned}5&=(1+2i)(1-2i)=(-1-2i)(-1+2i)\\&=(2-i)(2+i)=(-2+i)(-2-i).\end{aligned}$$

然而 $1+2i,-1-2i,2-i,-2+i$ 都相伴,$1-2i,-1+2i,2+i,-2-i$ 也都相伴. 因此 5 是唯一分解元.

3. 设 I 是唯一分解环,p 是 I 中的一个不可约元,且 $p|ab$.

(1) 若 a,b 中有一个为零,不妨设 $a=0$,则 $p|a$.

(2) 若 a,b 中有一个是单位,不妨设 a 是单位,则 $ab\sim b$,从而 $p|b$.

(3) 若 a 与 b 都不是零,也不是单位,则 a 与 b 都是唯一分解元,令

$$\begin{aligned}a&=p_1p_2\cdots p_r,\quad p_i \text{ 是 } I \text{ 的不可约元},\\b&=q_1q_2\cdots q_s,\quad q_j \text{ 是 } I \text{ 的不可约元},\end{aligned}$$

于是

$$ab=p_1p_2\cdots p_rq_1q_2\cdots q_s.$$

因为 $p|ab$,且 p 是不可约元,由 ab 分解成不可约元乘积的唯一性可知,存在某个 i,使 $p_i\sim p$,或存在某个 j,使 $q_j\sim p$. 因此 $p|a$,或 $p|b$.

习 题 4.3

4. 包含(6)的极大理想只有两个,即:(2),(3).

5. $(x^3+1,x^2+3x+2)=(x+1)$.

6. 因为 $\mathbf{Q}[x]$是主理想环,而 x^2+3 是 $\mathbf{Q}[x]$中的不可约多项式,所以(x^2+3)是 $\mathbf{Q}[x]$的一个极大理想,因此 $\mathbf{Q}[x]/(x^2+3)$是一个域.

习 题 4.4

2. $\forall\alpha=a+b\sqrt{-2}\in\mathbf{Z}[\sqrt{-2}]^*$,$\beta=c+d\sqrt{-2}\in\mathbf{Z}[\sqrt{-2}]$,有两种情形:

(1) 当$\alpha|\beta$时,则$\exists q\in \mathbf{Z}[\sqrt{-2}]$,使$\beta = q\alpha + 0$成立;

(2) 当$\alpha \nmid \beta$时,则

$$\frac{\beta}{\alpha} = \frac{c+d\sqrt{-2}}{a+b\sqrt{-2}} = \frac{ac+2bd}{a^2+2b^2} + \frac{ad-bc}{a^2+2b^2}\sqrt{-2}.$$

记$a'=\frac{ac+2bd}{a^2+2b^2}$,$b'=\frac{ad-bc}{a^2+2b^2}$,则$\frac{\beta}{\alpha}=a'+b'\sqrt{-2}$,其中$a',b'\in\mathbf{Q}$. 取$m,n\in\mathbf{Z}$,使

$$|a'-m|\leqslant\frac{1}{2},\ |b'-n|\leqslant\frac{1}{2},$$

并令$q=m+n\sqrt{-2}\in\mathbf{Z}[\sqrt{-2}]$,$\lambda=\frac{\beta}{\alpha}-q$,则

$$\lambda\alpha = \beta - q\alpha \in \mathbf{Z}[\sqrt{-2}].$$

于是$\beta=q\alpha+\lambda\alpha$,而且$|\lambda|=|\frac{\beta}{\alpha}-q|^2=|(a'-m)+(b'-n)\sqrt{-2}|^2=(a'-m)^2+2(b'-n)^2\leqslant \frac{1}{4}+2\cdot\frac{1}{4}<1$.

所以$\varphi(\lambda\alpha)=|\lambda\alpha|^2=|\lambda|^2|\alpha|^2<|\alpha|^2=\varphi(\alpha)$. 因此$\mathbf{Z}[\sqrt{-2}]$是一个欧氏环.

习 题 4.5

1. 因为$f_1(x)$,$f_2(x)$在$Q[x]$中相伴,所以$f_1(x)=\alpha f_2(x)$,$\alpha=\frac{a}{b}\in Q$,$a,b\in I$,且$b\neq 0$.

令$f(x)=bf_1(x)=af_2(x)$,由定理4.20(5)得:$a\sim b$,即$a=\varepsilon b$. 于是$\alpha=\frac{a}{b}=\varepsilon$为$I$的单位,因此$f_1(x)$与$f_2(x)$在$I[x]$中相伴.

2. 因为$g(x)|f(x)$,所以$\exists h(x)\in I[x]$,使$f(x)=g(x)h(x)$. 设$h(x)=ch_1(x)$,$c\in I$,$h_1(x)$是本原多项式,则$af_1(x)=bcg_1(x)h_1(x)$. 由Gauss引理得:$g_1(x)h_1(x)$是本原多项式. 再由定理20(5)得:$a\sim bc$,$f_1(x)\sim g_1(x)h_1(x)$. 因此$b|a$,$g_1(x)|f_1(x)$.

3. 设$\alpha=\frac{a}{b}$,$a,b\in\mathbf{Z}$,$(a,b)=1$,则$\left(x-\frac{a}{b}\right)|f(x)$,即$(bx-a)|bf(x)$,且$bx-a$,$bf(x)\in\mathbf{Z}[x]$. 于是$\exists g(x)\in\mathbf{Z}[x]$,使

$$bf(x) = (bx-a)g(x).$$

因为$f(x)$的首项系数为1,所以$f(x)$是本原多项式,再比较上式两边的首项系数得$g(x)$的首项系数也为1,所以$g(x)$也是本原多项式. 又因为$bx-a$也是$\mathbf{Z}[x]$中的本原多项式,由Gauss引理得:$(bx-a)g(x)$是$\mathbf{Z}[x]$中的本原多项式. 从而$b\sim 1$,即b是$\mathbf{Z}$中的单位,所以$b=\pm 1$,因此$\alpha=\pm a$是整数.

4. $A=\{f(x,y)\in F[x,y]\mid f(x,y)$的常数项为零$\}$是$F[x,y]$的一个理想,但是不是主理想.

习 题 4.6

1. 有4个根:[0],[4],[8],[12].

3. x^5-1在$\mathbf{Z}_5$中有5重根1.

4. (1) x^2+1 在 $\mathbf{Z}_3[x]$中不可约.

(2) 在 $\mathbf{Z}_5[x]$中 $x^2+1=(x-[2])(x+[2])$,所以 x^2+1 在 $\mathbf{Z}_5[x]$中可约.

复习题四

1. (1) 设$\frac{m}{2^n}$是 I 的单位,则$\exists\frac{k}{2^s}\in I$,使$\frac{m}{2^n}\cdot\frac{k}{2^s}=1$,即 $mk=2^{n+s}$,从而 $m=\pm 2^p$,$p\in\mathbf{N}\cup\{0\}$.

反之,若 $m=\pm 2^p$,$p\in\mathbf{N}\cup\{0\}$,则$\frac{2^n}{m}\in I$,且$\frac{m}{2^n}\cdot\frac{2^n}{m}=1$,从而$\frac{m}{2^n}$是 I 的一个单位.

综上所述,$\frac{m}{2^n}$是 I 的单位 $\Leftrightarrow m=\pm 2^p$,$p\in\mathbf{N}\cup\{0\}$.

(2) 设$\frac{m}{2^n}$是 I 的不可约元,则$\frac{m}{2^n}\neq 0$,即 $m\neq 0$,且$\frac{m}{2^n}$不是单位,从而 m 不是 2 的方幂. 将 m 分解成素数的乘积:

$$m=2^t p_1 p_2\cdots p_r,\ r\geqslant 1,\ p_1,p_2,\cdots,p_r \text{ 是奇素数}.$$

若 $r>1$,则$\frac{m}{2^n}=\frac{2^t p_1}{2^n}\cdot\frac{p_2\cdots p_r}{2^0}$,其中$\frac{2^t p_1}{2^n}$与$\frac{p_2\cdots p_r}{2^0}$都不是单位,这与$\frac{m}{2^n}$是不可约元矛盾. 从而 $r=1$,即 $m=2^t p$,p 是奇素数.

反之,显然$\frac{2^t p}{2^n}$(p 是奇素数)既不是零,也不是 I 的单位. 又若$\frac{2^t p}{2^n}=\frac{k}{2^s}\cdot\frac{h}{2^l}$,则 $2^n kh=2^{t+s+l}p$. 因为 p 是奇素数,所以 $k=2^u p$ 或 $k=2^v$. 当 $k=2^u p$ 时,$h=2^v$. 于是由(1)知$\frac{k}{2^s}$与$\frac{h}{2^l}$中必有一个是单位,从而$\frac{2^t p}{2^n}$(p 是奇素数)没有真因子. 因此$\frac{2^t p}{2^n}$(p 是奇素数)是 I 的不可约元.

综上所述,$\frac{m}{2^n}$是 I 的不可约元$\Leftrightarrow m=2^t p$,p 是奇素数.

2. $\mathbf{Z}_8=\mathbf{Z}/(8)$的任意一个理想都是 $A/(8)$形式,其中 A 是 $\mathbf{Z}$ 的理想,且 $A\supseteq(8)$. 由于 $\mathbf{Z}$ 是主理想环,所以$\exists a\in\mathbf{Z}^+$,使 $A=(a)$. 然而

$$(a)\supseteq(8)\Leftrightarrow a\mid 8\Leftrightarrow a=1,2,4,8,$$

因此 $\mathbf{Z}/(8)$的非零理想有且仅有三个:$\mathbf{Z}/(8)$,$(2)/(8)$,$(4)/(8)$.

因为 $\mathbf{Z}\supseteq(2)\supseteq(4)$,所以 $\mathbf{Z}/(8)\supseteq(2)/(8)\supseteq(4)/(8)$. 因此 $\mathbf{Z}/(8)$的所有非零理想的交是 $(4)/(8)$.

3. 若 a,b 之中有一个是零,则 0 是 a,b 的一个最小公倍元. 若 a,b 之中有一个是单位,则另一个是 a,b 的最小公倍元.

现设 a,b 都不是零也都不是单位,则 a,b 都是唯一分解元. 设

$$a=\varepsilon_a p_1^{k_1}p_2^{k_2}\cdots p_n^{k_n},\quad b=\varepsilon_b p_1^{h_1}p_2^{h_2}\cdots p_n^{h_n},$$

其中 ε_a,ε_b 是单位,$p_1,p_2,\cdots,p_n$ 是互不相伴的不可约元,k_i,h_i 是非负整数. 令

$$m=p_1^{r_1}p_2^{r_2}\cdots p_n^{r_n},\ r_i=\max(k_i,h_i),$$

则 $a|m$,$b|m$. 若另有 $c\in I$,满足 $a|c$,$b|c$,则

$$c=\varepsilon_c p_1^{s_1}p_2^{s_2}\cdots p_n^{s_n},\ \varepsilon_c \text{ 是单位}.$$

因为当 $i\neq j$ 时，$p_i\not\sim p_j$，所以 $0\leqslant k_i\leqslant s_i$，$0\leqslant h_i\leqslant s_i$，于是 $r_i\leqslant s_i$，从而 $m|c$. 因此 m 是 a，b 的一个最小公倍元.

4. 由定理 4.10 与第 3 题的结论可证得.

5. 因为 $f_{i+1}(x)|f_i(x)$，所以 $\exists\, g_{i+1}(x)\in I[x]$，使

$$f_i(x)=f_{i+1}(x)g_{i+1}(x).$$

若 $\deg f_{i+1}(x)=\deg f_i(x)$，则 $\deg g_{i+1}(x)=0$，即 $g_{i+1}(x)=a_{i+1}\in I$，于是 $f_i(x)=a_{i+1}f_{i+1}(x)$. 由定理 4.20(5)知 $f_{i+1}(x)\sim f_i(x)$. 从而，若 $f_{i+1}(x)\not\sim f_i(x)$，则 $\deg f_{i+1}(x)<\deg f_i(x)$，从而在本原多项式序列 $f_1(x), f_2(x),\cdots,f_n(x),\cdots$ 中，互不相伴的项的个数不能超过 $\deg f_1(x)$，因此是一个有限数.

6. 设 $(f(x)g(x), f(x)+g(x))=d(x)\neq 1$. 因为 $I[x]$ 是唯一分解环，所以

$$d(x)=\varepsilon_d p_1(x)p_2(x)\cdots p_n(x),$$

其中 ε_d 是 I 的单位，$p_1(x), p_2(x),\cdots,p_n(x)$ 是 $I[x]$ 中的不可约元($n\geqslant 1$). 由定理 4.11，它们也是 $I[x]$ 中的素元.

因为 $d(x)\mid f(x)g(x)$，$p_j(x)\mid d(x)$，所以 $p_j(x)\mid f(x)g(x)$. 于是 $p_j(x)\mid f(x)$ 或 $p_j(x)|g(x)$. 不妨假设 $p_j(x)|f(x)$. 又因为 $d(x)|f(x)+g(x)$，所以 $p_j(x)|f(x)+g(x)$，从而 $p_j(x)|g(x)$. 于是素元 $p_j(x)$ 是 $f(x)$ 与 $g(x)$ 的公因子，这与 $(f(x), g(x))=1$ 矛盾.

7. 因为 $I_0\leqslant I$，所以 d 也是 a，b 在 I 中的一个公因子. 设 d_1 是 a，b 在 I 中的任意一个公因子，则 $a=d_1a_1$，$b=d_1b_1$ $(a_1, b_1\in I)$. 由于 I_0 是主理想环，由习题 4.3 第 1 题知 $d=as+bt$ $(s,t\in I_0)$，于是

$$d=d_1a_1s+d_1b_1t=d_1(a_1s+b_1t),$$

从而 $d_1|d$. 因此 d 也是 a，b 在 I 中的一个最大公因子.

8. 因为 $(f(x))\cap(g(x))$ 是 $I[x]$ 的一个理想，而 $I[x]$ 是主理想环，所以 $\exists\, m_1(x)\in I[x]$，使

$$(f(x))\cap(g(x))=(m_1(x)).$$

于是 $m_1(x)\in(f(x))$，$m_1(x)\in(g(x))$，从而 $f(x)|m_1(x)$，$g(x)|m_1(x)$，即 $m_1(x)$ 是 $f(x)$ 与 $g(x)$ 的公倍元. 于是 $m(x)|m_1(x)$，从而

$$(m_1(x))\subseteq(m(x)).$$

又因为 $f(x)|m(x)$，$g(x)|m(x)$，所以 $m(x)\in(f(x))$，$m(x)\in(g(x))$，于是 $m(x)\in(f(x))\cap(g(x))$，从而

$$(m(x))\subseteq(f(x))\cap(g(x))=(m_1(x)).$$

因此 $(m(x))=(f(x))\cap(g(x))$.

9. (1) 若 $p(x)$ 在 $\mathbf{Z}_2[x]$ 中可约，因为 $p(x)$ 是本原多项式，所以由定理 4.20(4)，有

$$p(x)=f_1(x)f_2(x),$$

其中 $0<\deg f_i(x)<\deg p(x)$，$i=1,2$. 于是 $f_1(x)$ 与 $f_2(x)$ 中必有一个是一次的，不妨设 $f_1(x)=x-\alpha$，则 $(x-\alpha)|p(x)$，从而 $p(\alpha)=0$. 但是

$$p(0)=1\neq 0,\quad p(1)=1^3+1+1=1\neq 0,$$

即 $\forall\,\alpha\in\mathbf{Z}_2$，都有 $p(\alpha)\neq 0$，矛盾. 因此 $p(x)$ 是 $\mathbf{Z}_2[x]$ 中的不可约多项式.

(2) 因为 $\mathbf{Z}_2$ 是域，所以 $\mathbf{Z}_2[x]$ 是欧氏环，从而是主理想环. 又由(1)知，$p(x)$ 是 $\mathbf{Z}_2[x]$ 中的不

可约多项式，由定理 4.16 得：$(p(x))$是 $\mathbf{Z}_2[x]$中的极大理想. 再由定理 3.23 知，$\mathbf{Z}_2[x]/(p(x))$是域.

10. 当 a 是不可约元时，(a)是 I 的一个极大理想，因此 $I/(a)$是一个域. 当 a 是可约元时，设 $a=bc$，b,c 都不是单位，则 $b\not\sim a$，$c\not\sim a$，从而 $b\notin(a)$，$c\notin(a)$，即在 $I/(a)$中，$[b]\neq0$，$[c]\neq0$，而$[b][c]=[bc]=[a]=[0]$. 于是$I/(a)$有零因子，因此它不是整环.

11. (1) 因为 x^4+1 是 $\mathbf{Q}[x]$中不可约多项式，所以(x^4+1)是 $\mathbf{Q}[x]$的极大理想. 又 $\mathbf{Q}[x]$是有单位元的交换环，因此 $\mathbf{Q}[x]/(x^4+1)$是域.

因为在 $\mathbf{R}[x]$中，有分解式：$x^4+1=(x^2+\sqrt{2}x+1)(x^2-\sqrt{2}x+1)$，所以 x^4+1 是 $\mathbf{R}[x]$中可约多项式，所以(x^4+1)不是 $\mathbf{R}[x]$的极大理想. 又 $\mathbf{R}[x]$是有单位元的交换环，因此 $\mathbf{R}[x]/(x^4+1)$不是域.

(2) 因为 x^2+1 是 $\mathbf{Q}[x]$中不可约多项式，所以(x^2+1)是 $\mathbf{Q}[x]$的极大理想. 又 $\mathbf{Q}[x]$是有单位元的交换环，因此 $\mathbf{Q}[x]/(x^2+1)$是域.

因为在 $\mathbf{Z}[x]$中，$(x^2+1)\subset(x^2+1,2)$，其中

$$(x^2+1,2)=\{(x^2+1)f(x)+2g(x)\mid f(x),g(x)\in\mathbf{Z}[x]\},$$

若 $1\in(x^2+1,2)$，则 $\exists\, f(x)=a_0+a_1x+\cdots+a_nx^n$，$g(x)=b_0+b_1x+\cdots+b_{n+2}x^{n+2}\in\mathbf{Z}[x]$，使

$$1=(x^2+1)(a_0+a_1x+\cdots+a_nx^n)+2(b_0+b_1x+\cdots+b_{n+2}x^{n+2}).$$

于是

$$\begin{cases}a_0+2b_0=1,\\ a_1+2b_1=0,\\ a_0+a_2+2b_2=0,\\ a_1+a_3+2b_3=0,\\ \cdots\cdots\\ a_{n-3}+a_{n-1}+2b_{n-1}=0,\\ a_{n-2}+a_n+2b_n=0,\\ a_{n-1}+2b_{n+1}=0,\\ a_n+2b_{n+2}=0.\end{cases}$$

由前 n 个等式得 $a_{2k}(k=0,1,\cdots)$是奇数，$a_{2k+1}(k=0,1,\cdots)$是偶数，即 $a_0,a_1,a_2,a_3,\cdots,a_{n-1},a_n$ 是奇数、偶数相间，但是后两个等式得 a_{n-1},a_n 都是偶数，出现矛盾. 所以 $1\notin(x^2+1,2)$，即$(x^2+1,2)\neq\mathbf{Z}[x]$. 从而$(x^2+1)$不是 $\mathbf{Z}[x]$的极大理想. 而 $\mathbf{Z}[x]$是有单位元的交换环，因此 $\mathbf{Z}[x]/(x^2+1)$不是域.

又证　因为 $\mathbf{Q}[x]/(x^2+1)\simeq\mathbf{Q}[i]$，而 $\mathbf{Q}[i]$是域，因此 $\mathbf{Q}[x]/(x^2+1)$是域. 又 $\mathbf{Z}[x]/(x^2+1)\simeq\mathbf{Z}[i]$，而 $\mathbf{Z}[i]$不是域，因此 $\mathbf{Z}[x]/(x^2+1)$不是域.